国家出版基金项目
NATIONAL PUBLICATION FOUNDATION

气候变化科学丛书

区域气候变化模拟与预估

高学杰　周天军　主编

科学出版社
龙門書局
北京

内 容 简 介

本书对区域气候模拟和预估研究进行系统介绍，内容包括区域气候模式作为重要动力降尺度工具的原理、区域气候模式的评估方法、全球和区域气候模式对中国气候的模拟评估及预估结果、误差订正及不确定性分析等。

本书适合从事气候模拟和影响评估等相关研究的高等院校、科研机构的师生、科研人员以及有关部门的管理人员参考使用。

审图号：GS 京（2025）0979 号

图书在版编目（CIP）数据

区域气候变化模拟与预估 / 高学杰，周天军主编. 北京 ：科学出版社，2025.6. --（气候变化科学丛书）（中国科学院大学研究生教学辅导书系列）. -- ISBN 978-7-03-081814-0

Ⅰ. P46

中国国家版本馆 CIP 数据核字第 2025244VC0 号

责任编辑：董 墨 赵晶雪 / 责任校对：郝甜甜
责任印制：徐晓晨 / 封面设计：无极书装

科学出版社 出版
龙门书局
北京东黄城根北街 16 号
邮政编码：100717
http://www.sciencep.com

北京中科印刷有限公司印刷
科学出版社发行 各地新华书店经销
*

2025 年 6 月第 一 版 开本：720×1000 1/16
2025 年 6 月第一次印刷 印张：18 1/4
字数：360 000
定价：138.00 元
（如有印装质量问题，我社负责调换）

本书编写委员会

主　编　高学杰　周天军

编　委　邹立维　韩振宇　吴　佳　江　洁
　　　　富元海　汪　君

丛 书 序 一

气候是人类赖以生存发展的基本条件之一，在人类历史进程中发挥着至关重要的作用。然而，自工业革命以来，全球气候因人类排放温室气体增多而不断升温，并演变为以加速变暖为主要特征的系统性变化。政府间气候变化专门委员会（IPCC）第六次评估报告显示，气候变化范围之广、速度之快、强度之大，是过去几个世纪甚至几千年前所未有的，至少到 21 世纪中期，气候系统的变暖仍将持续。快速变化的全球气候已经对自然系统和经济社会多领域造成不可忽视的影响，成为当今人类社会面临的最为重大的非传统安全问题之一。进入 21 世纪，大量珊瑚礁死亡、亚马孙雨林干旱、大范围多年冻土融化、格陵兰冰盖和南极冰盖加速退缩等非同寻常的事件接连发生。随着气候系统的变化愈演愈烈，一些要素跨越其恢复力阈值，发生不可逆变化可能性越来越大，这威胁着人类福祉和可持续发展。

气候变化科学已逐渐由最初的气候科学问题转变为环境、科技、经济、政治和外交等多学科领域交叉的综合性重大战略课题。习近平总书记和党中央一直高度重视应对气候变化工作，党的二十届三中全会通过了《中共中央关于进一步全面深化改革 推进中国式现代化的决定》，明确提出积极应对气候变化，完善适应气候变化工作体系。中国气象局正组织深化落实《中共中央 国务院关于加快经济社会发展全面绿色转型的意见》，加快构建气候变化研究型业务体系，强化应对气候变化科技支撑。我很高兴地看到，继《气候变化科学概论》于 2018 年出版以来，IPCC 第四次和第五次评估报告第一工作组联合主席、中国气象局前局长秦大河院士带领 IPCC 中国作者团队，融合自然科学、社会科学等领域的最新知识，历时五年精心打造了受众广泛的"气候变化科学丛书"。相信这套丛书的出版一定可以为提高读者气候变化科学认知、加强社会应对气候变化能力、促进国际合作与交流带来积极影响。

气候变化带给人类的挑战是现实的、严峻的、长远的，极端天气气候事件已经给全球经济社会发展造成前所未有的影响，应对气候变化已成为全球各国密切关注的共同议题。早期预警是防范极端天气气候事件风险、减缓气候变化影响的第一道防线，可以极大减少经济损失和人员伤亡，是适应气候变化的标志行动。中国气象局与世界气象组织和生态环境部签署了关于支持联合国全民早期预警倡议的三方合作协议，共同开发实施应对气候变化南南合作早期预警项目，搭建了推动全球早期预警和气候变化适应能力提升的交流合作平台；同时签署了《共建"一带一路"全民早期预警北京宣言》，呼吁各方支持联合国全民早期预警倡议、全球发展倡议和全球安全倡议。在《联合国气候变化框架公约》第二十九次缔约方大会上，中国发布《早期预警促进气候变化适应中国行动方案（2025—2027）》，将助力提升发展中国家早期预警和适应气候变化能力，推动构建更加安全、更具气候韧性的未来。

"地球是个大家庭，人类是个共同体，气候变化是全人类面临的共同挑战，人类要合作应对。"习近平总书记在党的二十大报告中就提出"推动绿色发展与促进人与自然和谐共生"，强调"积极稳妥推进碳达峰碳中和"和"积极参与应对气候变化全球治理"。"气候变化科学丛书"的出版，是完善气候变化工作体系的重要一环，为全面落实《气象高质量发展纲要（2022—2035 年）》奠定了重要科学基础。让我们共同为应对气候变化、践行生态文明、实现人类可持续发展作出积极努力。

中国气象局党组书记、局长

2025 年 1 月

丛 书 序 二

近百年以来，全球正经历着以全球变暖为显著特征的气候变化，这深刻影响着人类的生存与发展，是当今国际社会面临的共同重大挑战。在习近平新时代中国特色社会主义思想特别是习近平生态文明思想指导下，中国持续实施积极应对气候变化国家战略，努力推动构建公平合理、合作共赢的全球气候治理体系。2020年9月22日，习近平主席在第75届联合国大会一般性辩论上做出我国二氧化碳排放力争于2030年前达到峰值、努力争取2060年前实现碳中和的重大宣示，这是基于科学论证的国家战略需求，对促进我国经济社会高质量发展、构建人类命运共同体具有非常重要的现实意义。

科学认识气候变化，是应对气候变化的基础。我国是受气候变化影响最大的国家之一。实现中华民族永续发展，要求我们深入认识把握气候规律，科学应对气候变化。中国科学院高度重视气候变化科学研究，围绕气候变化科学与应对开展了系列科技攻关，并与中国气象局联合组织了四次中国气候变化科学评估工作，由秦大河院士牵头完成《中国气候与生态环境演变：2021》等评估报告，系统地评估了中国过去及未来气候与生态变化过程、其带来的各种影响、应采取的适应和减缓对策，为促进气候变化应对和服务国家战略决策提供了重要科技支撑。

自2015年以来，秦大河院士领衔来自中国科学院、中国气象局、国家发展和改革委员会等部门相关单位以及北京大学、清华大学、北京师范大学、中山大学等高校的顶尖科学家团队参与政府间气候变化专门委员会（IPCC）评估报告撰写及国际谈判，率先在中国科学院大学开设了"气候变化科学概论"课程，并编写配套教材《气候变化科学概论》，我也为该教材作了序。作为国内率先开设的全面、系统讲授气候变化科学最新研究进展的课程，"气候变化科学概论"在全国范围内产生了广泛影响，授课团队还受邀在北京大学、清华大学、南京大学、北京师范大学、中山大学、兰州大学、云南大学、南京信息工程大学、重庆工商大学等高校同步开课。该课程获得2020年中国科学院教育教学成果奖一等奖，为气候变化科学的发展和中国科学院大学"双一流"学科建设做出了重要贡献。

  气候变化科学涉及的内容非常丰富，一本《气候变化科学概论》远不足以涵盖各个方面。在秦大河院士的带领下，授课团队经过近五年的充分准备，组织编写了"气候变化科学丛书"。这是国内第一套系统、全面讲述气候变化科学及碳中和的丛书，内容从基础理论到气候变化应对、适应与减缓政策，再到国际谈判、碳中和，科学系统地普及气候变化科学最新认知和研究进展。在当前中国提出碳中和国家承诺背景下，丛书的出版不仅对于认识气候变化具有重要的科学意义，也对各行各业制定碳中和目标下的应对措施具有重要的参考价值。在此，我对丛书的出版表示热烈祝贺！希望秦大河院士团队与各界同仁一起，继续深入认识气候变化的科学事实，在此基础上进一步提升应对气候变化科技支撑水平和服务国家战略决策的能力，为实现碳达峰碳中和和人类命运共同体建设作出更大贡献！

中国科学院院士

2025 年 1 月

丛书序三

    人类世以来，人类活动对地球的作用已经远超自然变化和历史范畴，创造了一个人类活动与环境相互作用新模式的新地质时期。气候变化是人类世最显著的特征之一，反映了人类活动对气候系统的深远影响。20世纪50年代，随着科学家对大气、冰芯和海洋二氧化碳含量的测量取得关键突破，气候变化科学研究进入"快车道"。20世纪末，科学家们逐渐认同气候变化会对人类的生存和发展构成挑战，政府间气候变化专门委员会（IPCC）发布第一次评估报告。这份报告的主要结论也为推动《联合国气候变化框架公约》的制定与通过提供了重要科学依据，其最终目标设定为"将大气中温室气体的浓度稳定在防止气候系统受到危险的人为干扰的水平上，从而使生态系统能够自然地适应气候变化，确保粮食生产免受威胁，并使经济发展能够可持续地进行"。

    IPCC第六次评估报告显示，人类活动毋庸置疑已引起大气、海洋和陆地的变暖，全球变暖对整个气候系统的影响是过去几个世纪甚至几千年前所未有的。近期全球温室气体排放仍在攀升，与气候变化相关的极端灾害事件频发，气候变暖已对全球和区域水资源、生态系统、粮食生产和人类健康等自然系统和经济社会产生广泛而深刻的影响。气候变化关乎全球环境和经济社会的平稳运行，需要全球共同努力，及时采取应对行动。

    纵观人类世历史，我们既可以看到人类活动造成气候变化所引起的挑战，也不应忽视人类在应对生存和发展问题时所展现出的智慧与创造力，以及推动文明进步的能力。中国提出了生态文明建设、人类命运共同体等中国方案，重视生态平衡、自然恢复力、减污降碳协同，并将这些绿色要素纳入到新质生产力的内涵，将积极应对气候变化作为实现自身可持续发展的内在要求。加强国际合作是全球气候治理不变的主旋律。通过携手推动绿色低碳转型，在降低发展的资源环境代价的同时，能够为可持续发展注入动力并增强潜力。

    气候变化科学进步是推动全球气候治理和实现可持续发展的关键力量，当前全球对于气候变化的认识和基于科学的解决方案有着迫切需求。"气候变化科学丛书"应运而生。丛书共包含十六册，每册聚焦气候变化科学的不同维度，涵盖从古气候到当前观测再到未来预估，从大气圈到水圈再到生物圈，从全球到区域再到国家，从气候变化影响到检测归因再到科学应对，共同构成了一个全面性、系统性的气候变化科学框架。

本丛书的编纂汇聚了一批学术成就卓越、教学经验丰富的专家学者，他们亲自执笔，针对各册不同主题方向贡献权威科学认知和最新科学发现，促进跨学科对话，并以深入浅出的方式帮助读者理解气候变化这一全球性挑战。相信本丛书的出版将有助于提升气候变化科学知识的普及，促进气候变化科学的发展，助力"双碳"人才的培养。同时也希望这些知识能够激发气候行动，形成全社会发出合力共同应对气候变化挑战的良好氛围！

中国科学院院士

"气候变化科学丛书"总主编

2024 年 12 月

前　言

　　应对气候变化需要开展未来气候变化预估。除在全球尺度外，对世界各地区域尺度的气候变化进行预估同样具有迫切的应用需求，这直接关系到各地气候变化影响适应措施的制定和未来风险变化的评估。本书从介绍降尺度方法入手，阐述区域气候模式的发展历史、在中国区域的应用以及相关评估方法，给出全球气候模式和区域气候模式对中国气候的模拟评估及预估结果，特别是区域气候模式结果在多方面研究中的应用，并介绍区域气候变化预估的不确定性问题，最后对两个应用广泛的模式（RegCM 和 WRF）进行介绍。

　　全书共分为 10 章。第 1 章为绪论，对气候模式和降尺度方法进行简要介绍；第 2~3 章回顾区域气候模式的发展历史和主要评估方法及数据；第 4~6 章给出全球气候模式和区域气候模式对中国气候模拟的评估和预估结果；模式产生的气候变化情景，在影响评估模式应用中，需要进行误差订正工作，第 7 章对误差订正进行专门介绍；第 8 章介绍《巴黎协定》1.5℃和 2℃温升情景下中国及周边地区气候变化的预估结果；第 9 章对目前区域气候变化预估中存在的问题和未来工作进行展望；第 10 章介绍两个应用较为广泛的区域气候模式 RegCM 和 WRF。本书编委会成员主要来自中国科学院大气物理研究所和中国气象局国家气候中心。全书由高学杰和周天军负责统稿，各章节的编写分工为：第 1 章，高学杰、周天军；第 2 章，邹立维、韩振宇、高学杰；第 3 章，韩振宇、邹立维、吴佳；第 4 章，吴佳、韩振宇、周天军；第 5 章，周天军、韩振宇、江洁；第 6 章，高学杰、吴佳、韩振宇、邹立维、富元海；第 7 章，韩振宇、高学杰；第 8 章，周天军、韩振宇；第 9 章，吴佳、高学杰；第 10 章，韩振宇、汪君。本书经多位本领域内权威专家审阅，他们提出了很多宝贵的修改意见和建议。吴婕、童尧、陈梓铭、唐宪冰和游庆龙等对全书撰写提供了建议和素材。

　　衷心感谢本书的每一名作者、贡献者、审稿专家、项目办和秘书组成员，感谢他们辛勤的劳动和认真负责的科学态度。本书集结了本领域诸多专家学者的共同智慧，素材大部分也来源于他们的研究结果，是大家共同努力的成果和结晶。此外，科学出版社负责本书的编辑与出版，他们认真细致的工作使得本书的质量得到保证。本书出版得到中国科学院大学教材出版中心和国家出版基金的支持。在此，我们一并表示衷心感谢。

由于气候变化科学的复杂性和相关学科的迅速发展，加之编写团队的能力和水平有限，本书存在不足与疏漏之处，还请及时批评指正！

作 者

2024 年 12 月于北京

目　　录

第1章

绪　论

1.1　气候模式的发展历程

气候模式的发展要追溯到数值天气预报的产生。数值模拟是近代科学技术和气象科学,特别是动力气象发展的产物。尽管早在 20 世纪初,皮叶克尼斯（V. Bjerknes）提出,要把天气预报作为数学物理问题来考虑。1922 年,理查森（L. Richardson）利用数值计算的方法进行了制作天气预报的尝试,但是由于计算技术、观测资料和气象科学等发展不成熟,人们并没有得到有用的预报。只是在第二次世界大战后,由于探空站的大量增加、电子计算机的出现,以及计算方法、程序、长波理论、滤波理论等的问世,1950 年查尼（J. G. Charney）等才做出了世界上第一张北半球可用的 500 hPa 的 24 h 天气形势预报图。

早期的数值天气预报模式都是区域性的,直到 1956 年,菲利普斯（N. Phillips）才推出了全世界第一个真正的大气环流模式(简称大气模式)(Atmospheric General Circulation Model,AGCM)。此后,应用于气候研究的三维气候模式开始逐步发展。其中,20 世纪 60 年代初期是启蒙阶段,重点研究大气环流与气候的平均状态,关注气候模式能否计算出与实况接近的海平面气压场、高空流场及温度场等。

20世纪60年代中期到70年代中期，气候模式进一步得到发展，包括提高水平和垂直分辨率，改进辐射、凝结和对流参数化方法，引入更接近实际情况的下边界条件等。当时世界上主要的模式发展团队和成员有：美国加利福尼亚大学洛杉矶分校（University of California, Los Angeles，UCLA），明茨（Y. Mintz）和荒川明夫（A. Arakawa）等；美国地球物理流体力学实验室（Geophysical Fluid Dynamics Laboratory，GFDL），斯马戈林斯基（J. Smagorinsky）和真锅淑郎（S. Manabe）等；美国国家大气研究中心（National Center for Atmospheric Research，NCAR），华盛顿（W. Washington）和笠原彰（A. Kasahara）等；美国戈达德空间研究所（Goddard Institute for Space Studies，GISS），利斯（C. Leith）等；英国气象局，科比（G. A. Corby）和萨克尔（N. J. Saker）等。发展到该阶段，气候模式已经能够模拟出大气环流、水分循环的季节变化，甚至能模拟出副热带沙漠、季风、热带辐合带等。早期查尼和菲利普斯等开展的具有开拓性的工作推动了气候模式的发展，但遗憾的是他们没能留下当时的气候模式代码，现代气候模式的多个发展分支主要是源于20世纪60年代后发展起来的模式。政府间气候变化专门委员会第五次评估报告（IPCC AR5）从支撑气候变化科学评估的角度出发，对20世纪70年代以后的气候模式研发阶段性进展进行了总结。图1-1基于政府间气候变化专门委员会第五次评估报告（IPCC AR5）的有关图形，进一步补充了政府间气候变化专门委员会第六次评估报告（IPCC AR6）以及最新的进展信息，从中可看出全球气候模式的历史发展脉络。

除了大气环流模式，气候模式的其他子模式也在快速发展。其中，陆面模式（Land Surface Model，LSM）的发展经历了3个阶段。最初是真锅淑郎等在20世纪60年代末期提出的简单的"水桶"（Bucket）模式，仅对土壤水的蒸发和地表径流进行简单的参数化。20世纪80年代，陆面模式的发展进入第二个阶段，是土壤、植被与大气间的输运模型，即"大叶模型"。这类模式显式地引入植被生物物理过程，建立了复杂的关于植被覆盖表面上空的辐射、水分、热量和动量交换等过程的参数化方案，较为真实地考虑了植被在陆面过程中的作用，特别是细致地考虑了植被对陆面水分和能量收支所起的作用。这一阶段的模式以生物圈–大气

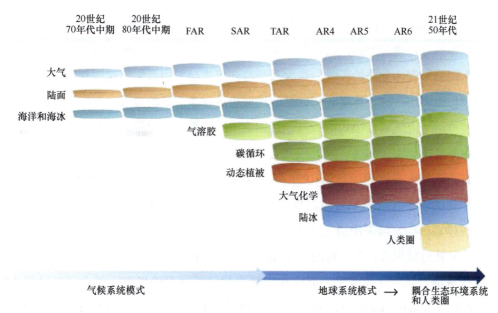

图 1-1 全球气候系统模式发展的历史、现状和未来示意图

圆柱体高度表示分量模式模块的完善和复杂程度,其中 FAR、SAR、TAR 和 AR4~6 表示 IPCC 第 1~第 6 次评估报告。本图是在 IPCC AR5 的图 1.13 基础上,增加 IPCC AR6 的模式信息和模式研发领域最新动态设计绘制,得到了 IPCC 的使用授权

传输方案(Biosphere-Atmosphere Transfer Scheme,BATS)、简单生物圈模式(Simple Biosphere Model,SiB)及简化的简单生物圈模式(Simplified Simple Biosphere Model,SSiB)等为代表。第三阶段的陆面模式是从 90 年代发展起来的,主要根据光合作用和植物水分的关系,考虑了植物的水汽吸收,并将植物吸收 CO_2 进行光合作用的生物化学模式引入陆面模式中,对地表碳通量和 CO_2 浓度的日循环和季节循环具有较好的模拟能力,可用于模拟由于大气中 CO_2 浓度增加而增强的温室效应。这类模式的代表,包括改进的简单生物圈模式(Simple Biosphere Model 2,SiB2)、通用陆面模式(Community Land Model,CLM)和 Noah 模式等。

在海洋方面,虽然布赖恩(K. Bryan)很早就提出建立海洋环流模式(简称海洋模式)(Oceanic General Circulation Model,OGCM),但其快速发展时期还是在 20 世纪 80 年代以后,世界各个主要国家均先后建立起三维原始方程大洋环流模式,并在此基础上实现了海洋模式与大气模式的耦合,称为海气耦合模式

（Atmosphere-Ocean General Circulation Model，AOGCM）。当时的海洋模式不仅包括基本的海洋物理过程，而且考虑了洋流、上翻和次网格尺度垂直与水平混合过程对海温和海冰分布的影响。绝大部分海洋模式已采用真实海岸线和海底地形分布及自由表面，对计算格式和参数的选取也进行了大量的改进。海洋模式的快速发展推动了海气耦合模式的研发。最初由于耦合界面上各种通量的误差在耦合过程中不稳定地增长，海气耦合模式会产生气候漂移现象。为解决这一问题，"通量订正"技术得到应用。到 1998 年，美国国家大气研究中心（NCAR）气候模式率先实现了大气模式与海洋模式的直接耦合。目前国际上多圈层耦合的气候系统模式已均不再采用通量订正技术。

其他分量模式，如气溶胶、碳循环、动态植被、大气化学及陆冰模式等，也陆续被耦合到气候模式中，其中化学和生物学等过程的引入，使全球气候模式（Global Climate Model，GCM）成为复杂的地球系统模式（Earth System Model，ESM）。与此同时，模式的分辨率也逐渐提高，如由早期的水平方向 500 km 格距、垂直 9 层左右，发展到目前的一般水平方向 100 km 格距、垂直近百层，并且在继续增加。根据 IPCC AR6，大气模式的平均分辨率已接近 100km，海洋模式的分辨率则接近 75km。此外，分辨率达到 25km 乃至 10km 的海气耦合模式已经开始出现（周天军等，2019）。

此外，人类社会经济发展会影响气候变化，气候变化对社会经济带来的影响也不容忽视，由此逐渐发展出气候系统与社会经济系统的双向耦合模式，在研究人类活动与自然系统的相互作用方面又向前迈进了一步。

1.2　降尺度方法综述

利用物理或统计方法，将较粗分辨率的气候模式输出并进行细网格化，获得精细尺度变量的过程，称为"降尺度"（Downscaling）。当前开展百年长期预估模拟的全球气候（地球）系统模式的分辨率平均在 100km，部分可以达到 50km，但这样的时空分辨率仍然无法准确再现局地尺度的过程或现象，不足以直接用于影响评估、适应性和脆弱性研究。因此，需要使用降尺度技术，来提升全球气候系统模式的时空分辨率。该技术的基本原则是，利用全球气候系统模式的大尺度气候场，获得全球模式次网格更精细的气候信息，用于过程研究或气候服务。因此，在概念上，全球气候系统模式用于模拟全球和大尺度强迫（如温室气体和气溶胶等的变化）对大尺度环流特征的影响，而降尺度技术则用于阐释区域和局地尺度强迫与过程（如地形、土地利用、海岸带等）对大尺度气候场的调制。根据不同方法，降尺度可分为两类：动力降尺度和统计降尺度。

动力降尺度法是利用高分辨率全球大气模式或有限区域高分辨率大气模式[即区域气候模式（Regional Climate Model，RCM）]嵌套全球气候模式结果。其基本思路是，在全球模式提供的大尺度强迫下，利用上述两种高分辨率模式，模拟次网格尺度强迫（如复杂地形特征和地表非均匀性）的响应，从而在精细的空间尺度上丰富和增强各气候变量分布的细节表现。除上述两种模式外，全球变网格大气模式（局地加密）也可以归为动力降尺度的工具之一。区域气候模式需要粗分辨率全球气候模式提供侧边界条件，而高分辨率全球大气模式或者全球变网格大气模式仅需要粗分辨率全球气候模式提供下垫面海表面温度/海冰信息。自 20世纪 90 年代以来，动力降尺度在气候研究中的应用取得了长足进展，特别是在区域气候模式的应用上。

统计降尺度方法通过在大尺度模式结果与观测资料（如环流与地面变量）之间建立联系，得到降尺度结果。统计降尺度方法的计算量小，可以得到局地尺度上的信息，还可以得到一些区域气候模式不能直接输出的变量。在实际操作过程中，首先，利用历史观测资料建立气候模式输出（大尺度气候要素如环流等，非常小范围空间尺度的气候要素如气温、降水等）和区域气候要素之间的统计关系，并经独立的观测资料检验这种关系后，将这种关系应用于全球气候模式输出的气候信息，预估所关心区域未来的气候变化情景，其所需的计算量相对较小，相对简便易行。常用的统计降尺度方法传统上可以分成三种：转换函数法、环流分型法和天气发生器；近年来，还有学者将其划分为理想预报、模型输出统计（Model Output Statistics，MOS）和天气发生器几种。其中，理想预报包括传统上的转换函数法和环流分型法，模型输出统计是天气预报中常用的方法，这些方法在气候学领域也得到了广泛应用（陈杰等，2016）。然而，统计降尺度方法对观测资料的依赖较大，它要求有足够长的时间序列来调试和验证模型，因此在没有当代观测数据的地区较难进行未来气候变化的预估。此外，该方法还存在所得到的变量之间缺乏物理协调性的问题。

相比统计降尺度方法而言，动力降尺度有比较明确的物理意义，可以刻画出较小尺度的非线性作用，所提供的气候变量之间具有协调性，并且能够应用于全球任何地方而不受观测资料的限制。此外，动力降尺度能够再现和刻画非均匀下垫面对中尺度环流系统的影响，展现出大尺度背景场和局地强迫之间复杂的非线性相互作用。因此，动力降尺度是目前国际上应用最为广泛的降尺度手段。

1.3 动力降尺度和区域气候模式

如上文所述，动力降尺度技术可分为三类，即高分辨率全球大气模式、全球变网格大气模式和区域气候模式。具体而言，高分辨率全球大气模式和全球变网格大气模式本质上有着相同的基本特征。高分辨率全球大气模式没有包括气候系统的其他分量（海洋、海冰等），因此能够在比耦合模式分辨率更高的情况下运行。它们有着标准的三维网格，在空间上分辨率相对均匀。全球变网格大气模式，有时又被称为"拉升网格模式"，同样只有大气分量的模式，但是它们能够在一个或者多个关心的区域加密网格，而在其他区域的网格则相对较粗。

作为单独模型开展气候预估试验时，高分辨率全球大气模式和全球变网格大气模式需要外强迫场（如温室气体、气溶胶、土地利用类型和地形等），同时需要有时间变化的海表面温度和海冰分布。这些数据来源于需要模拟的情景，海表面温度和海冰等信息来源于相应耦合气候系统模拟。

全球变网格大气模式亦可用于"逼近"运行方式（Zou et al.，2010）。在这种运行方式下，全球变网格大气模式运行时，加密区外的某些预报量（大多数是风场和温度场）向中等分辨率模式模拟结果逼近（通常以加入牛顿松弛项的方式），或者是全球变网格大气模式模拟结果（风场、温度场）的长波分量向粗分辨率模式的模拟结果逼近。这种模拟方式和区域气候模式技术很相似，客观上保证了全球变网格大气模式和用于驱动的全球耦合气候模式的大尺度气候态一致。

高分辨率全球大气模式和全球变网格大气模式降尺度技术的优点在于，它们能够模拟加密区内高分辨率气候（至少是大气）与全球气候的双向相互作用。但当它们单独运行时，主要问题是高分辨率全球大气模式分量的气候态，可能与提供下垫面海温信息的粗分辨率全球模式的气候态不一致。全球变网格大气模式的另外一个问题是粗网格分辨率区的模拟效果较差，可能会反过来影响细网格分辨率区的模拟效果。另外，模式的物理过程可能依赖分辨率，因此模拟可能在粗分辨率区和高分辨率区有着不同的表现。最后，虽然高分辨率全球大气模式和全球变网格大气模式只包含大气模式分量，但它们仍旧是全球模式，计算的代价仍较大，限制了其分辨率的提高与模拟时间的长度。

最常用的动力降尺度技术是嵌套单向区域气候模拟技术，该技术通过在特定区域内，利用全球再分析资料（作为完美的边界条件）或者全球耦合气候系统模式的输出结果，为有限区域的气候模式提供初始值和随时间变化的气象侧边界条件及海表面温度，从而驱动该模式完成模拟（图 1-2）。所需要的初始值和边界场变量，包括风场、温度场、水汽、表面气压或者这些变量的其他变形（如相对湿

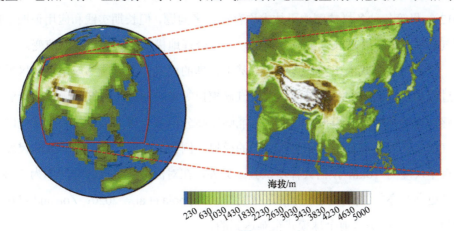

图 1-2 全球与区域气候模式示意图

填色部分为地形

度等）。采用这种方法，经过一段时间（该时间长度取决于模式区域的大小），模式侧边界信息和模式内部将达到动力和物理上的平衡。这种平衡将使得区域模式结果不至于偏离侧边界太多。

区域气候模式的模拟结果一般不反馈给全球气候模式驱动场，因此它不会对大尺度气候态有很大的影响，但将增加中尺度强迫和过程驱动的小尺度信息。这一点实际上依赖区域气候模式的模拟区域大小，模拟区域越大，区域气候模式内部的物理过程就越加重要，有时其模拟的大尺度气候亦会较之驱动场有较大差异（Zou and Zhou，2013b）。

有限区域模拟的重要一环是提供侧边界的方法。一种常用的方法是"松弛技术"（Davies and Turner，1977）。这种方法的本质是在区域模式的每一个预报量上加上一个牛顿松弛项，使模式预报的变量在一个缓冲区内趋近侧边界场。

另一种提供区域气候模式边界条件的方法是"谱逼近"技术。利用这种技术后，整个区域气候模式模拟区域的某些预报量（通常是风场）的长波分量将利用松弛的方法向强迫场趋近，而区域气候模式则自由地模拟短波分量（von Storch et al.，2000）。该方法使得区域气候模式模拟的大尺度场更加趋近于提供边界条件的全球气候系统模式或者再分析场，但一定程度上限制了模式自身的物理过程，且由于湿度本身的正定和保形特性，湿度变量上无法应用这种方法（Omrani et al.，2012）。尽管各种各样的侧边界技术均存在许多问题，但长期实践和应用证明了区域气候模式可以开展长期的气候模拟，并可合理地模拟出天气系统的演变。

区域气候模式的主要优点在于，基于物理的模式，并且能够应用于从区域气候过程和现象的研究到古气候、未来气候模拟等多种问题。区域气候模式能够仅在感兴趣的区域开展模拟，这使得其能够比高分辨率全球大气模式和全球变网格大气模式开展更高分辨率和更长时间的模拟。例如，目前已经可以在大陆尺度开展百年尺度的 10km 预估大样本试验。另外，在对流分辨尺度（分辨率为 3.5km 或者更高）亦能够开展几十年的区域模拟（Coppola et al.，2020；Zou and Zhou，2024），这些都是目前全球模式很难达到的。

经过过去三十多年的发展，区域气候模拟已经有了长足的进步。现今有很多灵活、通用的区域气候模式可以在世界各地使用。这些模式中应用最为广泛的包括国际理论物理中心（Abdus Salam International Centre for Theoretical Physics，ICTP）发展的区域气候模拟系统（Regional Climate Modeling System，RegCM），美国国家大气研究中心发展的天气研究与预报（Weather Research and Forecasting，WRF）模式等。区域气候模拟的时间长度和分辨率也从早期的几年和 50 km，到现在上百年和 10 km 左右。同时区域气候模拟的分辨率也已经向几千米的尺度发展，虽然时间长度还相对较短。

1.4　区域气候变化国际比较计划 CORDEX

早期的区域气候模拟工作较为碎片化，不同的研究者使用不同的模拟方式和区域设置，关注不同的问题，使得区域模拟的结果缺乏可比性。因此，针对不同区域、不同科学问题的比较计划也应运而生，包括针对欧洲区域的 PRUDENCE（Prediction of Regional Scenarios and Uncertainties for Defining European Climage Change Risk and Effects）、ENSEMBLES（Ensembles-Based Predictions of Climate Changes and Their Impacts），亚洲区域的 RMIP（Regional Climate Model Inter-Comparison Project for Asia），北美地区的 NARCCAP（North American Regional Climate Change Assessment Program），南美地区的 CLARIS（A Europe-South America Network for Climate Change Assessment and Impact Studies）和东南亚地区的 SEACLID（Southeast Asia Regional Climate Downscaling Project）等。这些计划帮助研究者认识了不同模式在不同区域的具有系统性的行为特征。但是，仍要注意的是，不同的比较计划实际上仍然采用了不同的模拟方法，这也使得结果之间难以比较以及很难将一个区域的发现扩展到其他区域。因此，需要一个更加统一的框架来评估不同区域的结果的可传递性（Takle et al.，2007）。在这个理念下，2009 年，Giorgi 等发起了"协同区域气候降尺度试验"（Coordinated Regional Climate Downscaling Experiment，CORDEX），这是国际在区域气候模式发展领域取得的一个里程碑式进展。

CORDEX 旨在利用降尺度技术对全球范围内不同地区的未来气候进行准确预估,通过全球的努力,推动气候降尺度科学的发展,其结果为气候变化影响评估分析和政府间气候变化专门委员会(IPCC)科学评估报告提供支撑和服务。它成为自 2000 年以来区域气候模拟研究中最重要的发展之一,并被纳入世界气候研究计划(World Climate Research Programme,WCRP),成为区域降尺度领域中最主要的参考框架,其地位类似于全球模拟领域中的"国际耦合模式比较计划"(Coupled Model Intercomparison Project,CMIP)。

CORDEX 在区域模式模拟中,划定了全球各地统一的模拟区域并统一模拟时段,检验当代气候模拟能力试验的驱动场均使用欧洲中期天气预报中心(European Center for Medium-Range Weather Forecasts,ECMWF)的 ERA-Interim 再分析数据,鼓励在不同团队间开展区域模式性能评估、观测资料收集共享,并在更大范围内引起公众对计划的关注及开展相关讨论。CORDEX 为全球从事区域气候模式降尺度技术发展及对未来气候情景进行预估的研究人员提供了一个共同检验模式性能、改进模拟技术、提高模式应用能力的良好平台。

CORDEX 中包含多个区域气候模式的动力降尺度和统计降尺度的气候变化预估结果。其第一阶段的动力降尺度模拟试验统一在 50km 水平分辨率下进行,驱动区域气候模式的边界场资料来自 CMIP5 的全球环流模式结果,区域气候模式模拟范围几乎覆盖了全球整个陆地,其中包括多个已有模式比较计划的模拟区域(如 ENSEMBLES 和 NARCCAP 等)。在 CORDEX 的第二阶段,推荐的模式水平分辨率为 25 km,部分区域如欧洲地中海地区的模式分辨率达到 8~10 km。

在 CORDEX 的组织下,产生了大样本多模式的动力降尺度预估产品,使得研究人员可以更好地理解区域气候预估的不确定性。同时,这些产品也广泛地应用于气候变化影响评估和气候风险适应等研究中,为世界各国的国家和区域气候变化评估报告、气候服务活动提供了基础的科学数据。

第 2 章
区域气候模式简介

区域气候模式（RCM）的基本原理和思路是：在全球模式或再分析资料提供的大尺度强迫下，利用高分辨率有限区域数值模式，模拟区域范围内对次网格尺度强迫的响应，从而得到更高空间尺度上气候信息的细节，即所谓的动力降尺度。具体为：将全球气候模式模拟的结果或大尺度气象分析资料作为初始场和边界条件，提供给区域气候模式，再用它来进行选定区域的气候模拟，以揭示大尺度背景场下区域气候更准确、更详细的特征。这一想法最早由 Dickinson 等（1989）和 Giorgi（1990）提出。

区域气候模式是模拟中小尺度气候、极端天气气候事件及变化的有力工具，能够细致刻画区域尺度强迫的气候效应，如气溶胶、地形、内陆湖、海岸线、中尺度对流系统、土地利用与覆盖变化等；得到模拟区域范围内，模式对次网格尺度强迫（如复杂地形特征和陆面非均匀性）的响应，从而在精细时间–空间尺度上再现大气环流及地面气候场的细节。

2.1 发 展 历 史

2.1.1 区域气候模式的产生和完善

由 Giorgi 等开发的第一代区域气候模式 RegCM1 在中尺度天气模式（Mesoscale Model 4，MM4）的基础上建立。其动力框架源于 MM4，是一个可压的、满足静力平衡的有限差分模式，在垂直方向上采用 σ 坐标。随后 1993 年所发布的 RegCM2 中又添加显式分离时间积分方案和减弱在陡峭地形下水平扩散的算法，从而使模式的动力核心相似于 MM5 的静力平衡版（Giorgi et al.，1993a，1993b）。

RegCM2 的各个物理过程包括 BATS 陆面方案、NCAR CCM2 辐射传输方案、Grell 和 Kuo 积云对流参数化方案、Holtslag 的非局地边界层方案等。RegCM2 形成后，区域模式的概念被广泛接受，并在气候和气候变化等领域及世界各地（如模拟研究的地区已经包括北美洲、欧洲、亚洲、澳大利亚和非洲等，基本覆盖全球）得到越来越多的研究和应用。RegCM 系列模式目前由国际理论物理中心（ICTP）进行维护和不断发展，目前的版本序列号为 RegCM5，其中包括气溶胶和沙尘模块，以及与不同区域海洋模式的耦合、CLM4.5 的耦合等内容，其大气部分同时具有非静力平衡选项，能进行云可分辨尺度的模拟，并拥有区域地球系统模式版本（详细内容可参见 10.1～10.3 节）。

RegCM 系列模式在中国和东亚地区有着广泛的应用（Gao and Giorgi，2017），它是一个开源的模式，程序和数据可以在互联网上公开下载，在 Linux 或 Unix 平台下运行。

目前国际和国内应用较多的区域模式，除 RegCM 系列外，还有 MM5 及后来的 WRF（气候版）、PRECIS（Providing Regional Climates for Impacts Studies）、HadRM（Hadley Centre Regional Model）、IPRC-RegCM（International Pacific Research Center Regional Climate Model）、RAMS（Regional Atmospheric Modeling System）、RSM（Regional Simulation Model）、HIRHAM（High Resolution Limited Area Model-European Center Hamburg Max Planck Model）、REMO（Regional

Climate Model)、RCA（Atmospheric Regional Climate Model）、CRCM（Canadian Regional Climate Mode)、CCLM（Consortium for Small-Scale Modeling in Climate Mode)、P-σ RCM（P-σ Regional Climate Model）和 RIEMS（Regional Integrated Environmental Modeling System）等，这些模式在不断完善的同时，新的区域模式也不断被提出，如其中的 CCLM 就是近年来出现并被广泛应用的一个。

2.1.2　区域地球系统模式

耦合区域地球系统模式的发展是区域模式研究的一个重要方向。区域地球系统模式的分量包括大气、海洋、生态、冰雪模块，以及气溶胶/化学模块（Giorgi and Gao，2018）。以 RegCM 为例，其气溶胶模块的耦合工作最早始于 20 世纪 90 年代末（Qian and Giorgi，1999），并应用于研究气溶胶对东亚和其他地区气候的影响。区域气候模式和湖泊模式的耦合研究也在 20 世纪 90 年代开展（Hostetler et al.，1993），并被应用于多个大湖气候影响研究中。

最近的研究则将三维区域的海洋模式与区域气候模式耦合，现在这些耦合区域模式关注了多个海洋面积较大的区域，包括地中海、波罗的海、印度洋、里海及周边、北极、海洋大陆和中国东部及邻近海域等（Zou and Zhou，2016a）。这些耦合模式试验结果表明，耦合改进了模式在海洋区和邻近陆地的模拟性能，并可能影响区域气候变化信号（Zou and Zhou，2016b）。区域气候模式与动态植被模式的耦合更少一些，但总体已经有了一些耦合入多个分量模式的较为完整的区域地球系统模式（Sitz et al.，2017）。

发展高分辨率区域地球系统模式是耦合区域模拟的另一个重要方向。随着分辨率的进一步提高，分辨率将非常接近一些现象/分量的自身尺度，如水文过程、陆地生态系统、城市环境、湖泊、气溶胶和冰川等。较之非耦合模式，运行完全耦合区域模式需要增加相当多的计算量，因此需要认真考虑耦合区域模式带来的增量，这也与所选择的区域有关。

耦合区域模拟研究的一个特别的挑战，是包含人类活动交互的模块。迄今为止，人类活动，如土地利用变化、城镇化和污染排放等，被认为是气候模式的外强迫。然而，人类社会同样对这些环境的压力有所响应，因此需要考虑重要的社会–环境反馈。区域模式环境是研究人类交互模块的绝佳平台，耦合地球系统模式的发展亦能够研究某些特定区域的气候变化影响，如发展中国家快速发展的海岸大城市环境等。显然，耦合区域地球系统模式的发展，需要物理和社会科学等交叉学科的持续合作。

2.1.3　区域对流可分辨模式及模拟

现在区域气候模拟的主要发展方向之一是对流分辨模拟（也称为对流允许模拟，Convection Permitting Modeling），模式能够产生几公里局地尺度的气候降尺度信息。若要完成这样的模拟，绝不仅仅是增加模式的分辨率，需要模式升级/发展为非静力动力框架，并且对包含边界层和云微物理在内的物理过程有更细致的描述。许多区域模式系统正在向这个方向升级，一些对流分辨模拟的试点研究也正在开展（Ban et al.，2014；Coppola et al.，2020）。需要强调的是，用于天气预报的模式不能简单直接地应用于气候研究，需要开展大量的工作（包括试验和发展等）才能完成。

当水平分辨率提升后，许多气候变量的自然变率将显著增加，使得检测信号更加困难。这意味着识别局地尺度强迫的信号，需要大量的集合试验，给对流分辨尺度下开展气候模拟试验带来巨大的计算和存储挑战。将对流分辨尺度模拟应用于气候变化研究时，需要对集合试验的方式进行详细的设计。

相较于粗分辨率的区域气候模式，对流分辨区域气候模拟带来哪些增值（added value）？早期的一些研究显示，对流分辨区域气候模拟改进了降水强度、极端降水的模拟，较之对流参数化的模式，对流分辨区域气候模拟更好地抓住了观测对流的日循环特征（Prein et al.，2015）。对流分辨区域气候模拟也更好地描述了局地尺度环流和有组织的中尺度对流系统及热带风暴。同时，对流分辨区域气候模拟改进了局地反馈的描述，如土壤湿度和降水间的相互作用关系等（Hohenegger et al.，2009）。亦有研究表明，对流分辨区域气候模拟可以改进模式系统性的偏差，如对热带对流系统、热带大西洋的静风区模拟等（Klocke et al.，2017）。

使用对流分辨区域气候模拟的一个关键问题为是否有高质量的、高分辨率的观测数据来验证模式结果，这样的观测数据在全球许多地区仍然难以获取。同时，模式的一些输入场（如土地利用、土地覆盖、地形等）亦需要高分辨率的数据，有时这些数据难以得到。转向对流分辨区域气候模拟需要科学界从模拟和基础设施的角度开展大量工作，这可能是未来几十年区域气候模拟研究的一个主要关注点。

第三极对流分辨模拟（Convection Permitting Third Pole，CPTP）计划，是在亚洲区域所开展的对流分辨区域气候模拟的比较计划。这个计划于 2019 年开始，总联络人是陈德亮教授。其包括两个工作组，分别是模拟工作组和数据工作组，所关注的科学问题包括：①在第三极地区，对流分辨区域模拟和对流参数化模拟有何区别，为什么会有区别？②对流分辨区域模式在对流活动、中尺度对流系统和降水的模拟方面，有哪些增值？③是否在揭示第三极对流和降水变化的关键特征方面，有最优的模式设置？④哪些过程影响了青藏高原对流降水的变率及其对总降水的贡献？CORDEX CPTP 设计了多组试验，包括个例、月、年和十年的模拟计划。该项目将增进和加深我们对第三极地区水循环区域特征及其变率和变化的理解（Prein et al.，2023）。

2.2　CORDEX-CORE 试验

区域气候变化及其影响的评估，对高分辨率气候信息的需求不断增加。相比以往历次评估报告，IPCC AR6 新增了区域气候变化评估的相关内容。为支持 IPCC 的相关评估，CORDEX 于 2016 年决定在当前阶段的比较试验中补充CORDEX-区域评估协调输出计划（CORDEX-Coordinated Output for Regional Evaluations，CORDEX-CORE）系列试验（Giorgi et al.，2022）。同样是 CMIP5模式驱动的模拟试验，各个区域已完成的试验以 50km 分辨率为主要目标（有时也称为第一阶段试验），而 CORDEX-CORE 扩展到 25km 分辨率或者更高（有时也称为第二阶段试验)。CORDEX-CORE 的基本目标是:在全球绝大多数区域,以核心(CORE)的一组全球气候模式模拟驱动核心(CORE)的一组区域气候模式,实现动力降尺度集合模拟;同时要确保系列模拟试验能够快速完成以及时支撑 IPCC 报告的编写。

模拟试验覆盖了非洲(Africa,AFR)、南亚(South Asia,SAS)、东亚(East Asia,EAS)、东南亚(Southeast Asia,SEA)、中亚(Central Asia,CAS,中亚的模拟结果最终未在 IPCC 评估报告中引用)、中美洲(Central America,CAM)、南美(South America,SAM)、北美洲(North America,NAM)、欧洲(Europe,EUR)和澳大利亚(Australia,AFR)10 个 CORDEX 设定的标准区域。视各区域和各模式组的计划,动力降尺度模拟的水平分辨率选择 12.5km 或 25km。模拟试验包括评估试验和气候变化试验。评估试验是以再分析数据 ERA-Interim 驱动,模拟时段至少涵盖 1979~2015 年;气候变化试验以 CMIP5 的全球模拟结果驱动,模拟时段为 1970~2100 年。CORDEX CORE 的试验框架规定,模拟试验至少要完成 RCP8.5[①]高排放情景和 RCP2.6 低排放情景下的模拟;作为驱动场的全球气候模式至少有 3 个,对基本气候要素以及厄尔尼诺–南方涛动(El Niño-Southern Oscillation,ENSO)等大尺度特征有较好的模拟效果,且能够基本覆盖所有 CMIP5 模式气候敏感度的范围。优先推荐的模式是 NorESM(Norwegian Earth System Model,低敏感度)、MPI-ESM(Max Planck Institute Earth System Model,中等敏感度)和 HadGEM2-ES(Hadley Centre Global Environment Model Version 2-Earth System,高敏感度),完成后可继续进行 GFDL-ESM(Geophysical Fluid Dynamics Laboratory's Earth System Model,低敏感度)和 EC-EARTH(European Consortium of National Meteorological Services and Research Institute's Earth System Model,中等敏感度)驱动下的降尺度模拟。同时,试验框架对模拟输出的文件格式以及输出变量的优先级也有严格规定,以便于后续的数据共享和集合分析。

最终 IPCC AR6 的图集章节(Atlas)中,采用了 RegCM4 和 REMO 两组区域

---

① RCP 表示典型浓度路径(Representative Concentration Pathway)。

气候模式提供的 25km 分辨率的 CORDEX-CORE 模拟结果（欧洲为 12.5km），覆盖了全球主要的陆地区域（IPCC，2021）。其中，东亚区域的 RegCM4 动力降尺度模拟由中国科学院大气物理研究所和国家气候中心研究团队共同完成（Gao et al.，2018；韩振宇等，2022），在本书中简称为 CORDEX-EA RegCM4 模拟，详细内容见 2.3.2 节。

CORDEX-CORE 区域模拟结果与 CMIP 全球模拟结果，以及仅能覆盖有限区域的 CMIP5 驱动下的其他 CORDEX 模拟结果，共同支撑了 IPCC 对各个区域的气候变化评估。所有的 CORDEX-CORE 模拟结果以及其他公开的 CORDEX 模拟结果，通过地球系统网格联盟（Earth System Grid Federation，ESGF）共享开放（如 https://esg-dnl.nsc.liu.se/search/esgf-liu/），其气候变化信息也可通过 IPCC 在线图集获取（https://interactive-atlas.ipcc.ch/）。

从模拟效果的评估来看，由于分辨率的提高，相比提供驱动场的全球模式，CORDEX-CORE 对很多极端气候指数的模拟性能更高。相比 CMIP5 或 CMIP6 模拟，CODREX-CORE 是个模拟数量较小的集合。但是，在绝大多数 CORDEX 模拟区域，对于年均气温和降水未来变化的预估，CORE 集合模拟基本能够覆盖 CMIP5 集合模拟所展现出的模式不确定性的范围。而对于极端气候指数的未来变化，CORE 集合预估与 CMIP 集合表现出明显的差异。例如，CORE 预估未来在南美洲的拉普拉塔平原、非洲的刚果盆地、北美洲东部、欧洲东北部、印度和中南半岛有明显的极端降水增加，而 CMIP 集合预估的变化信号较弱（Coppola et al.，2021）。

CORDEX 和 CMIP 计划共同为区域变化评估提供了大量的数据。海量的气候变化信息以及气候变化预估本身的不确定性，给数据使用者和最终决策者带来诸多挑战。然而，对于如何在气候变化及其影响评估中合理使用这些数据，目前还缺少能达成广泛共识的规范或者指南，这与气候变化科学的多学科交叉性和复杂性有关，需要众多学者的共同努力。

2.3　针对中国区域的区域气候模式发展

2.3.1　区域气候模式物理过程优选及参数优化

近年来,国内学者在区域气候模式的应用与发展方面进一步开展了大量工作。在模式模拟方面,为提高东亚区域气候模拟能力,他们对模式的参数化方案和缺省参数等进行不同的组合调试和测试,以提高模式的综合模拟效果。

气候模式中许多无法分辨的次网格尺度过程都是采用参数化方案来解决的,参数化方案中的一些参数涉及无法观测的中间物理过程,对这些过程的确定通常是基于经验的或者非常有限的观测证据,由此造成参数化过程的不确定性。估算其不确定性并优化这些不确定参数是改进模式性能的有效方法(Yang et al.,2012,2015b;Qian et al.,2015,2018)。

气候模式中的不确定参数多达上百个,逐一改变关键参数进行模拟试验并通过比较模拟与观测来确定最佳参数的方法有效但是计算量太大,因此如何提高参数采样的计算效率、减少参数采样的次数是一个重要问题。Duan 等（2017）发展了自动模式优化方法,首先利用全局敏感性分析方法挑选出对模式结果影响最大的几个（15 个或更少）参数,然后利用有限的模式结果构建数值模式的伴随模式（统计算子）,最后利用多目标优化方法寻找该伴随模式的最优参数集,该最优参数集即近似为数值模式的最优参数集。该方法利用参数筛选和伴随模拟的方法,减少了大量的计算耗费。利用该方法从区域模式 WRF 的 23 个参数中挑选出对降水和温度模拟影响最大的 9 个参数进行优化,最终显著改进了北京地区夏季 5 天降水的模拟效果（Di et al.,2017,2018;Duan et al.,2017）。

另外一种优化方法是在多维参数集采样过程中,根据模式的结果逐步调整参数并收敛到最优参数集,这同样能够减少采样次数,提高计算效率。快速收敛的采样方法,如多链退火（Multiple Very Fast Simulated Annealing,MVFSA）算法、随机估计退火（Simulated Stochastic Approximation Annealing,SSAA）算法等,被广泛地应用于气候模式的参数优化和不确定性研究中(Jackson et al.,2008;Yang

et al.，2013，2015a；Yan et al.，2014)。针对东亚夏季风的降水模拟难题，利用
MVFSA 的采样技术，在 CORDEX 东亚地区对 RegCM 的 MIT-Emanuel 对流参数
化方案的性能进行了优化 (Zou et al.，2014)。选择的七个参数基于前人的敏感性
试验，可分为三类：第一类在对流参数化过程中考虑大尺度环境场的影响；第二
类为对流参数化方案中控制对流质量通量和云水雨水转换百分比的参数；第三类
为层云方案中控制格点尺度云生成的湿度参数。以 1998 年夏季为例，研究结果显
示，优化后的夏季平均降水较之参照试验（默认设定）有一定程度的改进（改善
幅度 20%）。优化试验极大地缓解了参照试验中西北太平洋地区和孟加拉湾地区模
拟降水偏多的误差，并且改进了参照试验在热带辐合带（Intertropical Convergence
Zone，ITCZ）地区降水模拟偏少的误差。此外，进一步分析了分区降水对七个参
数的敏感性，总体而言，降水的模拟对第一类参数最为敏感。

2.3.2　东亚区域的 CORDEX-EA RegCM4 模拟

在多个全球模式的分别驱动下，使用 RegCM4 模式，开展了 CORDEX 东亚
区域的 21 世纪气候变化试验 (Gao et al.，2018)。大规模气候变化试验开始前，
需要对区域模式进行测试、调试和改进工作。RegCM4 模式相对于前一版本
RegCM3 的最大改动之一是引入了新的陆面模式 CLM，替代原有的 BATS 方案。
测试以对中国气候影响较大的不同对流参数化方案为主进行，开展了五种不同积
云对流参数化方案 [Grell、Emanuel、Tiedtke、Mix（陆地上为 Emanuel 方案，海
洋上为 Grell 方案）和 Mix2（陆地上为 Grell 方案，海洋上为 Emanuel 方案）] 对
中国气候模拟影响的试验。结果表明，通过将模拟的冬、夏季平均气温和降水与
观测进行对比分析，Emanuel 方案是综合模拟效果最好的一个 (Gao et al.，2016)。

在此基础上，对 RegCM4 中的陆面参数进行了优化，包括使用基于中国植被
图制作的地表覆盖数据来替代原误差较大的缺省植被数据（韩振宇等，2015），及
对地表发射率进行进一步改进等，形成一个适用于东亚地区气候模拟的推荐版本，
并进行了 1990~2010 年 20 年长度的长期积分试验，进一步确认其模拟效果，最
终形成用于气候变化试验的最终版本 (Gao et al.，2017)，其中对气温的检验结果，

可参见 4.2.1 节。

具体试验所采用的物理参数化方案，除 CLM 陆面过程和 Emanuel 积云对流参数化方案外，还包括 NCAR CCM3 辐射对流方案、Holtslag 边界场方案和 SUBEX 大尺度降水方案等。模式运行区域为 CORDEX 东亚区域，包括整个中国、朝鲜半岛、日本、蒙古等相邻区域和海洋（参见 https://cordex.org/domains/region-7-east-asia/）；水平分辨率为 25 km×25 km，垂直方向分为 18 层，模式层顶的高度为 50 hPa。

用于驱动 RegCM4 的全球模式，除 CORDEX-CORE 所推荐的 NorESM1-M、MPI-ESM-MR 和 HadGEM2-ES 外，还包括 EC-Earth 和 CSIRO-Mk3-6-0 共计 5 个模式，并开展了除低排放情景 RCP2.6 和高排放情景 RCP8.5 外的中等排放情景 RCP4.5 的模拟，具体见表 2-1。此外，各个全球模式和区域模式的集合场分别简称为 ensG 和 ensR。本书以这套模拟为例，给出了相关区域模式在中国地区应用的大量实例。

表 2-1　CORDEX-EA RegCM4 系列模拟所使用的全球模式驱动场、积分时段及排放情景

全球气候模式/简称	积分时段	排放情景	RegCM4 模拟简称
ERA-Interim	1990~2010	（模式评估）	
EC-Earth / EC	1971~2099	RCP4.5、RCP8.5	EdR
MPI-ESM-MR / MPI	1971~2099	RCP 2.6、RCP4.5、RCP8.5	MdR
HadGEM2-ES / Had	1971~2099	RCP 2.6、RCP4.5、RCP8.5	HdR
CSIRO-MK3-6-0 / CSIRO	1971~2099	RCP4.5、RCP8.5	CdR
NorESM1-M / Nor	1971~2099	RCP 2.6、RCP4.5、RCP8.5	NdR

2.3.3　区域环境系统集成模式

20 世纪 90 年代末，中国科学院东亚区域气候–环境重点实验室和南京大学开始联合研发区域环境系统集成模式 RIEMS，2008 年左右发布 RIEMS1.0，并于 2013 年左右升级为 RIEMS2.0（Fu et al.，2005；Wang et al.，2015）。

在 RIEMS2.0 中，动力框架采用美国国家大气研究中心和美国宾夕法尼亚大学发展的中尺度模式 MM5v3 的非静力动力框架，模式耦合了研究气候所需的物理过程方案，包括修改过的 CCM3 中的辐射方案、BATS1e、普林斯顿海洋模式

（Princeton Ocean Model，POM）和气溶胶化学模式实时空气质量模拟系统（Realtime Air Quality Modeling System，RAQMS），其主要特色在于耦合了中国科学院东亚区域气候–环境重点实验室自主研发的大气–植被相互作用模式（Atmosphere- Vegetation Interaction Model，AVIM）。Wang 等（2015）介绍了该模式的发展历程及 RIEMS2.0 在东亚地区的基本性能。RIEMS 能综合考虑植被–大气、气溶胶–大气之间的相互作用，改善了通常意义上的区域气候模式对水、土、气、生相互作用过程的描写，能够提供可信度较高、区域特征较为细致的东亚季风系统模拟结果，已被广泛应用于与东亚季风系统相联系的区域气候模拟和预测，是开展全球变化区域影响与适应的理想工具。RIEMS 模式被证明是国际上运行良好的模式之一，其发展和应用，作为代表性成果之一，获得 2004 年国家自然科学二等奖。此外，Fu 等（2025）基于 RIEMS 发起并领导了国际区域模式比较计划（RMIP）。

2.3.4　东亚–西北太平洋区域海气耦合模式

亚洲季风区复杂的海陆分布使得亚洲季风的模拟成为一个国际难题。研究表明，季风模拟难题与该区域复杂的海气相互作用过程有关。采用海温驱动大气模式的动力前提，是该区域的海气相互作用主要表现为海洋对大气的强迫。但是，资料诊断和模拟研究表明，在东亚–西北太平洋季风区，夏季的海气相互作用主要表现为大气对海洋的强迫，即季风在驱动海洋。因此，考虑局地海气相互作用过程对亚洲季风尤其是夏季风降水和环流的模拟十分重要。基于全球气候模式所开展的有、无海气耦合过程的模拟试验比较分析证明，考虑海气相互作用过程后，无论对于季风降水的气候态特征还是年际变率都有显著改善，印度夏季风降水的预报技巧亦有显著提高。

近年来，基于全球海气耦合模式的研发经验，区域气候模拟研究领域开始注重在针对亚洲区域的区域气候模拟中考虑海洋过程（邹立维和周天军，2012b；周天军等，2016）。例如，为适应东亚–西北太平洋地区气候加密模拟研究的需要，发展出一个区域海气耦合模式 FROALS（Flexible Regional Ocean-Atmosphere-Land

System Model），作为对全球模式模拟和预估结果进行动力降尺度的工具（周天军等，2016）。

FROALS 是一个基于国际通用耦合器 OASIS3 的灵活的区域海气耦合模式系统（图 2-1）。该区域海气耦合模式系统有多个大气模式分量和多个海洋模式分量可供选择。在大气模式分量中，包括中国科学院大气物理研究所大气科学和地球流体力学数值模拟国家重点实验室（LASG/IAP）发展的区域气候模式区域 Eta 坐标气候模式（Climate Version of Regional Eta Model，CREM），另一个为 ICTP 发展的区域气候模式 RegCM 系列（Pal et al.，2007；Giorgi et al.，2012），以及通用的 WRF 模式。在海洋分量中包括美国普林斯顿大学发展的 POM2000、LASG/IAP 发展的全球海洋模式 LICOM2.0 及其高分辨率版本 LICOM_np。多个大气分量模式和海洋分量模式的配置，将有利于针对特定问题选择合适的分量模式，同时也便于在同一框架下讨论不同大气分量模式和海洋分量模式对区域海气耦合模式性能的影响，分析模式模拟偏差的来源，减少模拟结果的不确定性。下文将重点介绍 RegCM3 与 LICOM 全球海洋模式耦合的版本（FROALS），其他耦合配置以此类推。

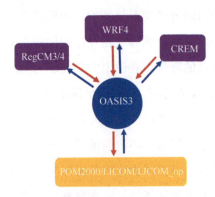

图 2-1　区域海气耦合模式 FROALS 框架

在 FROALS 耦合模式中，大气模式分量提供海表风应力、潜热、感热、海表净短波辐射及海表净长波辐射给海洋模式，而海洋模式则反馈预报的海面温度（Sea Surface Temperature，SST）给区域大气模式。由于耦合过程中未考虑淡水通量，因此模式的海表盐度向观测的 Levitus 气候态恢复。当大气模式分量和海洋模式分量采用不同的水平分辨率时，在通量交换过程中，采用"马赛克"（mosaic）面积加权插值方法来保证通量交换的守恒。

对 RegCM3-LICOM 开展长期积分模拟评估之前，首先通过改进对流参数化方案中的对流触发机制（Zou and Zhou，2011），改进了海气耦合模式模拟的中国近海海温的冷偏差。在改进模式性能的基础上，针对西北太平洋地区开展了1982～2007 年长期积分模拟试验（图 2-2）。在西北太平洋地区，RegCM3 和LICOM2 为完全耦合。在其他区域，海洋模式读入日平均的 NCEP[①]2 再分析资料中的海表风场和温度场，通过总体公式（Large and Yeager，2004）计算得到海洋模式运行所需的海表风应力及热通量。RegCM3 运行所需的侧边界条件来自 6h 的NCEP2 再分析资料（Kanamitsu et al.，2002）。大气模式的水平分辨率为 45 km，海洋模式纬向分辨率为均匀的 1°，经向分辨率由南北纬 10°之间的 0.5°逐渐过渡到南北纬 20°之外的 1°。模式耦合模拟积分的时段为 1982～2007 年（Zou and Zhou，2013a）。为比较耦合前后的区别，单独区域大气模式（RegCM3）也积分相同时间长度（1982～2007 年），所用的下边界 SST 资料来源于周平均的 OISSTv2。

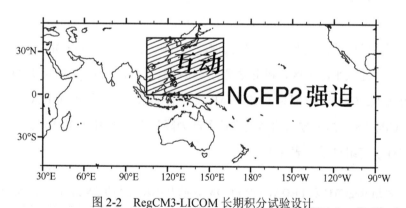

图 2-2　RegCM3-LICOM 长期积分试验设计

图 2-3 为西北太平洋中心区（10°～25°N，120°～150°E）、中国南海中心区（5°～20°N，110°～120°E）降水距平百分比的年际变化。未耦合试验对西北太平洋中心区降水年际变化的模拟能力有限，与观测的相关系数（COR）仅为 0.14。耦合模

---

① NCEP 表示美国国家环境预报中心（National Centers for Environmental Prediction）。

式则改善了该地区降水年际变化的模拟，与观测的相关系数提高至 0.50，超过了 5%的信度检验水平。

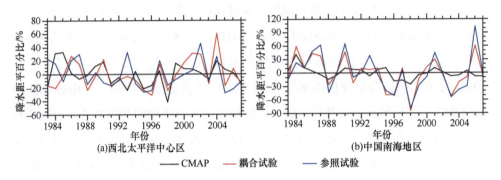

图 2-3 西北太平洋中心区、中国南海地区降水距平百分比的年际变化（Zou and Zhou，2013a）

中国南海地区亦是如此，未耦合试验明显高估了降水变化振幅，与观测的相关系数为 0.37。耦合后，减小了模拟降水年际变化的振幅，与观测更加接近，与观测的相关系数提高至 0.55。由此可见，海气耦合过程改善了中国南海地区降水年际变化的模拟。这是由于区域海气耦合模式减少了非耦合的大气模式对观测的海温虚假、偏强的响应，因此改善了对降水的模拟（Zou and Zhou，2013a）。

在评估发展的区域海气耦合模式性能的基础上，基于 CORDEX 的设计，针对东亚—西北太平洋地区，利用发展的区域海气耦合模式 RegCM3-LICOM2 和非耦合模式 RegCM3，分别对 LASG/IAP 发展的全球气候系统模式 FGOALS-g2 模拟和 RCP4.5/8.5 情景预估的结果进行了动力降尺度。采用每 30 年的片段积分方式，进行了多组试验（表 2-2）。

表 2-2 利用 RegCM3 和 FROALS 对 FGOALS-g2 模拟和预估的结果进行的动力降尺度试验

模式	FGOALS-g2	RCP4.5	RCP8.5
RegCM3	1981～2005 年	2041～2070 年 2011～2040 年 2070～2099 年	2041～2070 年 2011～2040 年 2070～2099 年
FROALS	1981～2005 年	2041～2070 年 2011～2040 年 2070～2099 年	2041～2070 年 2011～2040 年 2070～2099 年

图 2-4 给出观测和模拟的 1981～2005 年东亚地区夏季平均降水量。由于全球气候模式 FGOALS-g2 的空间分辨率较低，对东亚地区夏季降水的模拟存在较大偏差，表现为在青藏高原下游存在虚假降水中心。通过动力降尺度，该偏差在区域海气耦合模式和非耦合模式模拟中都得到明显减少。考虑区域海气耦合过程后，耦合模式对中国南方和长江流域降水的模拟较非耦合模式更为合理，这将增加区域海气耦合模式降尺度预估的未来气候变化的可信度。

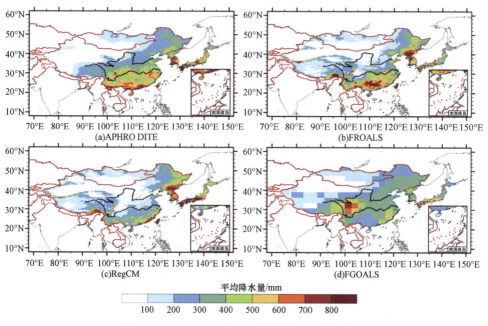

图 2-4　1981～2005 年东亚地区夏季平均降水量

比较 FROALS 和非耦合模式 RegCM3 预估的东亚地区 RCP8.5 情景下 2046～2070 年夏季总降水和极端降水的变化，发现 FROALS 预估东亚绝大多数区域降水强度将增加，整体降水变化型更为接近全球模式的结果，但增加了局地尺度的信息（"增值"）（图 2-5）。与非耦合模式相比，差别最大的区域位于中国西北地区东部至黄河中游，非耦合模式预估的降水强度将减少。

进一步分析显示，考虑局地海气耦合过程的区域海气耦合模式预估的东亚夏季风将增强，与全球模式非常接近。而非耦合模式则表现出对东亚近海 SST 增暖的过强响应，预估东亚夏季风减弱（Zou and Zhou，2016a）。该结果表明，区域气候模式预估的气候变化不仅受到侧边界强迫的影响，在东亚这个较大的区域也受到模式内部物理过程的影响，不合理的物理过程甚至会改变全球模式驱动场预估的大尺度气候变化信息。这一方面凸显了区域模式物理过程的重要性，另一方面则显示在东亚地区气候变化动力降尺度过程中，考虑局地海气耦合过程的重要性。

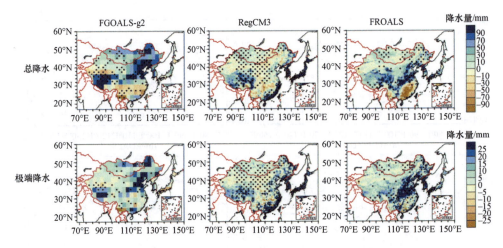

图 2-5　2046～2070 年 RCP8.5 情景下东亚地区夏季总降水和极端降水的变化

第3章

区域尺度气候模式的评估

气候模式的可靠性如何是一个基本科学问题，在很大程度上也决定了气候模式所进行的敏感性试验过程和获取的气候变化预估结果的可信程度，需要从多种时空尺度对多个气候变量进行全面考察。除全球范围外，在区域尺度上对气候模式开展评估也非常重要并具有一些独特之处。本章将介绍对模式进行检验的主要方法，包括对总体模拟结果的评估、过程分离、仪器模拟器、古气候研究、资料同化和初值技术的使用、区域气候模式评估技术及集合评估技术等。

3.1 评 估 方 法

3.1.1 总体模拟结果的评估

气候模式最直接的评估方法是与观测进行定量比较，这种方法可以用来评估气候模态的变化及极端事件。除直接的偏差分析（模拟结果与观测结果之差）外，一般使用统计方法（如均方根误差 RMSE、相关系数 COR 等的计算）对模式模拟性能进行定量评估，如广泛使用的泰勒（Taylor）图，可将多个模式、多个指标综合在一起和观测进行对比，是开展多模式评估和集合方面的重要工具。检验模拟结果的 3 个重要方面包括其对气候平均态、变率（一般用方差表示，降水可使用变异系数）和趋势的模拟能力。此外，一些研究将一系列指标集合成一个总的指标对模式进行评估，如同时使用气温和降水指标的柯本气候分类等，还有一些研究使用聚类分析的方法来减少多种指标带来的误差。

Taylor 图综合反映了均方根误差和相关系数所表征的模式模拟性能。以图 3-1 为例，Taylor 图中横纵轴都是标准差，反映的是基于观测数据或者模拟数据得到的标准差，有时也会除以标准差的观测值来进行标准化；数值对应黑色的弧线，其中黑色虚线表示观测到的标准差。以"0"为圆心的角度是相关系数，数值对应蓝色的放射线。以"观测值"为中心点的距离是均方根误差，数值对应绿色的弧线，距离中心点越近的模式（变量）模拟的效果越好。以 F 模式为例，其与观测的相关系数为 0.65，相对于观测的均方根误差约为 2.6mm/d。同时，模拟值的标准差约为 3.3mm/d，对应观测的标准差为 2.9mm/d。

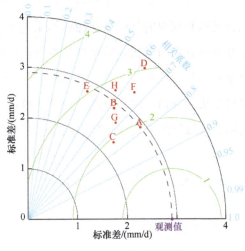

图 3-1　Taylor 图示例[①]

3.1.2　过程分离

过程分离方法经常用来评估主要过程在整个模式和过程本身中的代表性。目

---

① https://pcmdi.llnl.gov/staff/taylor/CV/Taylor_diagram_primer.pdf.

前已发展了一系列能够实现模式过程和组成部分分离的评估技术。其中的一种过程评估方法称为"性质导向",具体为首先根据研究系统的不同物理特性分类后,再进行模式结果的平均,而不是对时间和空间进行简单平均。这种方法现在得到了广泛应用,其优势在于可以分离出可能引起某些误差的过程。另一种方法是在离线模拟中移除模式某个部分或者某个物理参数化过程,将离线模拟结果与观测或者更复杂的模式模拟进行对比,这种方法可十分有效地检测支撑气候模式的重要过程的可靠性。

3.1.3 仪器模拟器

目前,卫星的探测范围几乎覆盖全球,使获取各类气象条件下的数据成为可能,为气候模式评估提供坚实基础。传统的方法是将卫星观测到的辐射信息通过反演技术转换成模式当量,反演结果已经被广泛用于云和降水的模拟评估。但存在的主要问题是,用于反演卫星探测数据的算法所基于的假设具有传感器依赖性,导致模式和反演变量定义出现不一致的情况。另外一种方法是通过辐射传输模式计算观测当量,即计算假设卫星系统对模式进行监测所得到的结果,这种方法称为"仪器模拟器"。这一术语不都是用来描述特定工具,通常用来描述评估模式"观测当量"的方法。模拟器中包含了微物理假设(随着模式的不同而存在差异),从而避免了反演的不一致性。近十几年来,国际卫星云气候学计划(International Satellite Cloud Climatology Project,ISCCP)的云特性模拟器被广泛用来进行模式评估研究,并且与统计方法结合,将模式中的云从云系中分离出来。新的其他卫星产品模拟器也正在研制,并且在模式评估中的应用也越来越多。仪器模拟器方法除主要运用于云和降水过程方面的研究之外,也已经成功应用于其他变量,如对流层上层的相对湿度等。

3.1.4 古气候研究

过去的气候状态为模式响应的评估提供了足够的时间范围,但这需要基于时间维覆盖充分的数据。目前末次盛冰期和全新世中期的数据自研制完成后应用广泛，是全球海洋重建数据及生物群落 6000 项目（BIOME6000）的一部分。古气候代用指标，如花粉及冰芯中的 $\delta^{18}O$ 等，是古气候条件评估的间接方法，在比较模式模拟的这些指标波动特征时需要予以注意。近年来，关于海洋特性的模拟结果表明，随着区域的变化，单一指标已不能准确指示同一种气候特征。而另外一种"正演"的方法，则是通过模拟自身代用指标来进行研究。现在很多地球系统模式的陆面过程中包含了动态植被模块，因此其模拟结果可以直接与过去植被重建结果进行比较。一些模式可以表征水的同位素，因此能直接将结果与观测进行对比。

3.1.5 资料同化和初值技术的使用

在天气模式中，为了预报几天后的天气，必须知道当前的大气状态。相比之下，气候预测和预估则是模拟天气从季节尺度到百年尺度的统计信息。尽管两者有差别，但天气预报和未来气候预估都有非常相似的大气模式组成部分。如果给予适当的初始化，气候模式的大气部分可以被集成为一个天气预报模式。这就需要测试次网格尺度过程的参数化，并且不考虑那些基本上改变了大气基本状态的复杂反馈所带来的影响。使用以上技术得到许多新的研究结果，如研究指出许多气候模拟的系统性误差在模拟的前几天就产生，并且强调了参数化过程对这些误差的重要性，如一些模式中云特性的误差等。其他研究强调资料同化和初值技术对于评估模式物理过程的优势，仅适用于拥有观测数据的有限时间和地区，难以应用于长时间的气候模拟。随着大气资料同化技术的广泛使用，海洋资料同化也将为评估海洋过程的尺度特征提供新的机会。

3.1.6 区域气候模式评估技术

全球气候模式的各种评估方法同样适用于区域气候模式，由于其更高的分辨率，对评估和检验所需观测数据的要求也就更高。区域气候模式评估方面的复杂之处在于，其误差同时来源于如全球气候模式边界条件和其本身。一般在区域气候模式评估中，通常使用全球再分析资料作为统一的边界条件，以最大限度地减少边界场带来的误差，从而更好地检验模式性能并对模式进行改进。此外，如果全球模式的气候变化模拟预估试验中，其模式年和实际年并不存在对应关系，则不能进行时间序列的对比，如逐年模拟的检验；而再分析资料驱动下的模拟结果则可以直接与观测时间序列进行比较，从而评估区域气候模式对各气候要素场逐年变率的模拟能力。

3.1.7　集合评估技术

集合方法被用来研究气候模式内部变率、边界条件、给定的模式参数值所带来的不确定性及不同模型公式所带来的结构不确定性，现在也已经发展出集合成员模拟性能的评估技术。集合评估技术由于可以更好地减少模拟不确定性，因此应用较为广泛。目前一般有两种集合方法，分别为多模式集合（Multi-Model Ensembles，MMEs）和扰动参数化集合（Perturbed Parameter Ensembles，PPEs）。相对于全球气候模式，在特定区域所开展的区域气候模式，除个别地区之外（如欧洲等），往往集合样本比较少，限制了集合评估技术的广泛推广和应用。未来期望集合评估技术在 CORDEX 框架的引领下，能取得更多进展。

3.1.8　评估中需要注意的问题

对气候模式进行系统性评估是其得以可靠应用的前提，目的是指导模式的发展，以及在很大程度上判断模式预测预估的可信度。以往气候模式的定量评估主要通过与观测场（如时间序列和空间分布）进行比较实现，后来将模式和观测建立统计关系的方法已经被广泛应用。评估指标源于一系列基于观测的诊断分析，使模式性能客观化和可视化，并有助于模式改进的定量评估。这些指标也可用于探讨其在模式预估中的权重，但需要对重要气候反馈过程进行评估。

由于缺乏资料同化过程，气候变化模拟中的模式年和实际年不存在逐一对比关系，气候变化模拟结果仅可以进行平均态、变率（一般以方差表示）和趋势等的检验，不能进行逐年比较，这是在模式评估中经常会犯的错误，必须避免。

尽管有了很多进展，但气候模式的评估技术仍然受到一些因素的限制。不同于天气预报模式可以针对特定的时间进行特定的预报，并且随后便可利用观测结果进行验证，气候模式关注的是气候态分布，要求样本具有长时间序列。因此，气候模式中大气、海洋以及耦合系统的评估需要长期的、连续的全球和区域观测数据（卫星和实际观测）及全球格点化再分析数据。近年来，地球观测领域已开始致力于开发选定的基本气候变量（Essential Climate Variables，ECVs）数据集，如果可能的话，模式评估中观测资料的不确定性也可以通过观测误差估计得到，或者使用一个以上的数据集来对比。

长时间序列的观测数据、对关键过程评估的观测数据或者特定地区（如极区、对流层上层/平流层下层及深海）观测数据的缺乏，仍然会阻碍气候模式的评估。

3.2 增值问题

降尺度技术中存在一个很重要的问题，即相对于提供侧边界条件的全球耦合气候系统模式，降尺度技术能提供多少有用的精细尺度的信息。这就是经常提及的且有争议的降尺度方法的增值（add value）问题。

一般认为，降尺度技术并不旨在为全球耦合气候系统模式的每个方面（或者每个尺度）都带来增值。例如，降尺度可能不会对平坦地区大尺度平均量有增值，因为全球耦合气候系统模式已经能够准确地再现这个尺度的过程。

增值通常表现在小尺度过程或者强迫很重要的情形中，如复杂地形、局地极端事件和中尺度对流系统。在这些情形下，我们能够从全球耦合气候系统模式在其分辨率尺度所没有的、更精细尺度的气候信号中，发掘出增值信息。

增值问题的讨论依赖所使用的模式。区域气候模式也存在与物理过程有关的系统性偏差，而其本身的误差有可能放大驱动场的误差。出现这种情况时，应当认为这只是某个模式模拟的特定行为（也就是个例），而不能被错误地解释为降尺度技术的失败。另外，会有增值只出现于部分变量或部分地区，而不是在所有变量或地区都能观察到的情况。这些应该与某些模式和特定模式配置有关。

在开展气候变化试验时，一个重要问题是在现代气候条件下发现的增值信息是否能够传递到气候变化信号中。例如，与粗分辨率全球耦合气候模式相比，由于地形对温度的影响，区域气候模式通常能够在复杂地形处模拟出更精细尺度的温度空间型。然而，如果这是一个线性的影响，在气候变化背景下，这种线性的效应就被抵消了。因此，现代气候下区域气候模式的增值是否能够传递到气候变化信号中，取决于这样的增值是否来源于非线性的过程。

上文提到的内容对增值评估有着重要的影响。首先，对于增值在哪里找，应利用合适的定量指标，并将其体现在合适的尺度和变量上。比较典型的是，增值表现在有复杂地形、复杂土地利用类型和海岸带区域，或者是与次全球耦合气候系统模式分辨率有关的过程和现象中（如极端事件、局地风环流系统或者有组织的中尺度对流系统）。常用的指标，包括观测和模拟的空间场相关系数或者观测和模拟的降水强度分布。降水的概率密度函数（Probability Density Function，PDF）和泰勒图被认为是考察增值时较好的两个指标。增值的评估也凸显了高质量、高时空分辨率观测数据的重要性。现在许多区域仍然没有这样的数据，尤其是 10km 以下的尺度。

为了避免模式间的差异，增值的评估最好基于多模式或区域设置的集合试验，使特定模式配置或区域系统性误差的影响最小化。另外，现代气候条件下的增值未必传递到相应的气候变化信号中。由于气候预估试验是没有观测验证的，因此气候预估试验里增值的评估应有物理过程方面的严格论证。Giorgi 等（2016）的研究发现，在 RCP8.5 情景下，高分辨率（10km）区域气候模式预估 21 世纪末阿尔卑斯山顶处的夏季降水是增加的，而驱动的粗分辨率全球耦合气候系统模式在整个阿尔卑斯山地区预估的夏季降水是减少的。对于这样的不一致，他们认为是高分辨率区域气候模式带来的增值。物理上，高分辨率区域气候模式能够合理刻画增暖背景下陡峭地形处的增暖和增湿，使得对流增强导致山顶处降水增加。这是一个典型的模式高分辨率对所预估未来气候变化信号产生增值的例子。

3.3 应用于气候模式评估的全球尺度观测数据

一般而言，基于模式同化系统所产生的各种再分析资料，其高空环流场等相对可靠，但各地面气候要素在分布和变化趋势上都会有较大的误差，在气候模式模拟评估中应尽量避免使用，需要使用实际观测资料。由于气候模式是在规则的网格上进行计算，而用来检验模式的气象台站观测资料在空间上的分布是不均匀的，这要求首先对观测资料进行插值。目前，基于各种方法插值得到的全球格点化观测数据集已广泛用于气候模拟评估研究，其中常用的全球尺度数据集如下。

（1）英国东英吉利大学气候研究组最早研制的格点化时间序列（Climatic Research Unit gridded Time Series，CRU TS）（Harris et al.，2020），现在由英国国家大气科学中心（National Centre for Atmospheric Science，NCAS）继续发展和维护，其较早地基于台站观测数据，使用"距平插值"方法得到格点化数据，包括日平均气温和最高气温、最低气温、降水、湿度、云量和潜在蒸散发等多种要素。其空间范围涵盖全球陆地（南极洲除外），分辨率为 0.5°×0.5°，时间跨度从 1901 年至今，时间分辨率为月平均，在早期气候变化研究及模式检验中有非常广泛的应用。其数据来源包括世界气象组织（World Meteorological Organization，WMO）国家之间交换、通过美国国家气候资料中心/美国国家海洋和大气管理局（National Climatic Data Center/National Oceanic and Atmospheric Administration，NCDC/NOAA）获得的世界逐月气候数据（Monthly Climatic Data for the World，MCDW）、通过英国气象局获得的澳大利亚最低和最高气温及一些临时站点的信息。

（2）全球降水气候中心（Global Precipitation Climatology Centre，GPCC）逐月降水数据由德国气象局（Deutscher Wetterdienst，DWD）管理，基于全球近 9 万个雨量计和台站观测制作。除 7000 多个台站监测数据外，所提供的主体格点化数据，有 0.25°×0.25°、0.5°×0.5°、1°×1°和 2.5°×2.5°多种空间分辨率，供不同研究需要，时间长度为 1891～2021 年（Schneider et al.，2008），同时还有部分逐日格点化数据可以使用。

（3）基于观测的全球逐日降水分析数据，是国家海洋和大气管理局（NOAA）的气候预测中心（Climate Prediction Center，CPC）正在进行的 CPC 降水整合计划（CPC Unified Precipitation Project）的部分数据产品，基于最优插值（Optimal Interpolation，OI）客观分析方法制作，覆盖全球陆地，分辨率为 0.5°×0.5°，时段为 1979 年至近期。

（4）美国 NOAA 的全球海陆月平均降水重建数据集（PREC/PRECL），为 1948 年至今的国家环境预报中心（NCEP）/美国国家海洋和大气管理局（NOAA）全球月降水分析数据集。其中，PRECL 为陆地部分，基于 17000 多个台站观测经最优插值得到，分辨率包括 0.5°×0.5°、1°×1° 和 2.5°×2.5° 几种；海洋部分 PRECO 由岛屿和陆地台站资料经经验正交函数（EOF）重建获得，分辨率为 2.5°×2.5°。

（5）美国特拉华大学所观测的特拉华大学数据集（University of Delaware Datasets，UDEL）中，全球陆地气温和降水逐月数据也是比较常用的一种，其分辨率为 0.5°×0.5°，时段为 1900～2014 年。

为解决海洋和部分偏远地区数据稀少或空白问题，同时也为了提供更高的时空分辨率的数据，全球各组织机构发展出多种基于卫星资料和台站观测等的融合数据和直接基于卫星反演的数据，具体如下。

（1）全球降水气候计划（Global Precipitation Climatology Project，GPCP）（Adler et al.，2003）数据集，由美国国家航空航天局（NASA）和戈达德空间研究所研制，基于多种卫星和陆地台站观测数据，覆盖全球陆地和海洋，目前版本为 v2.3。其中，逐月降水量的分辨率为 2.5°×2.5°，时间长度为 1979 年至今；逐日降水量的分辨率为 1°×1°，时间长度为 1996 年 10 月至今。

（2）全球降水融合分析（The CPC Merged Analysis of Precipitation，CMAP）数据集，包括标准和加强两个版本，其中后者融入了 NCEP/NCAR 美国国家大气研究中心再分析降水数据，包括逐候和逐月尺度，分辨率为 2.5°×2.5°，时间长度为 1979 年至今。

（3）热带降雨测量任务（Tropical Rainfall Measuring Mission，TRMM）多卫星降水分析数据集，如 TRMM 3B42 等，由美国和日本联合研制，是基于 TRMM

卫星的遥感数据，关注热带地区的降水，范围为全球 50°S～50°N，空间分辨率为 0.25°×0.25°，包括每 3h、逐日和逐月不同时间分辨率，时段为 1998～2019 年。

（4）美国气候预测中心变形（Climate Prediction Center Morphing，CMORPH）数据，由美国 NOAA 的 CPC 开发，基于静止卫星和低轨卫星的遥感数据，范围为全球 60°S～60°N，空间分辨率为 8 km，包括每 30min、3h、逐日和逐月不同时间分辨率，时段为 1998 年至近年。

除上述外，还有一些全球尺度的数据可以使用，如美国国家航空航天局（NASA）提供的全球降水测量计划-集成多卫星反演（The Integrated Multi-Satellite Retrievals for the Global Precipitation Measurement Version 06B，GPM IMERG V06B）30min 降水数据，分辨率为 0.1°×0.1°，时间跨度为 2000～2021 年（Huffman et al.，2015）；NASA GISS 表面温度逐月资料 GISTEMP，空间分辨率为 2°×2°，时间跨度为 1880 年 1 月至 2011 年 12 月，覆盖全球（Hansen et al.，2010）；NASA 水汽计划（NVAP）逐月大气可降水量资料，空间分辨率为 1°×1°，时间跨度为 1988 年 1 月至 1999 年 12 月（Trenberth and Guillemot，1998）；NASA 大气红外探测（AIRS）逐月大气可降水量资料，空间分辨率为 1°×1°，时间跨度为 2002 年 1 月至 2010 年 12 月（Aumann et al.，2003）等。

海表面温度数据在驱动大气模式及检验海气耦合模式结果方面非常重要，常用的包括英国气象局哈德利（Hadley）中心的逐月海温资料（HadISST），空间分辨率为 1°×1°，时间跨度为 1870 年 1 月至今，覆盖全球（Rayner et al.，2003）；NOAA 扩展重建的逐月海温资料（ERSST），空间分辨率为 2°×2°，时间跨度为 1854 年 1 月至今，覆盖全球（Smith et al.，2008）等。

3.4 东亚区域格点化观测数据 CN05.1

随着科学和计算机技术的发展，气候模式的分辨率在逐渐提高，早期全球低时空分辨率的格点化观测数据，已经不能满足气候模式评估的需要，特别是在评估极端天气气候事件方面，发展高时空分辨率格点化数据的必要性逐渐增加。不同地区也发展出不同的区域尺度资料。

　　基于台站观测的日尺度格点数据可应用于东亚和中国区域，包括 EA05、APHRODITE（Asian Precipitation-Highly-Resolved Observational Data Integration Towards Evaluation）、CN05 和 CN05.1 等，这些数据或只包括降水，或同时包括气温，分辨率在 0.25°~0.5°（经纬度），其中 CN05.1 数据基于中国 2400 余个气象观测台站资料得到。除气温和降水外，变量还包括相对湿度、风速和蒸发等，在中国区域气候变化研究中得到了广泛应用（吴佳和高学杰，2013），下文中将针对这套数据展开介绍。

3.4.1　制作方法

　　气候要素由在空间上分布不规则的站点观测向规则的格点插值，可以使用多种方法，除分别对各个时次的要素场进行插值外，使用更多的是所谓的"距平逼近"方法（New et al.，2000），即首先进行气候场的插值，之后进行距平场的插值，最后将两者叠加，得到所需结果。之所以首先进行气候场的插值，是因为一般气候要素，特别是降水等在空间分布上具有较大的不连续性，而气候场则相对连续性较好，对气候场首先进行插值，有利于在一定程度上减少由这种不连续性带来的分析误差，从而提高插值的准确率。上文所述的 CN05、EA05 和 APHRODITE 均使用这种方法得到，但所使用的插值方法则有所不同。具体地，CN05 气温资料（Xu et al.，2009）是参照 CRU 资料（New et al.，1999，2000）的插值方法制作的，气候场的插值使用了薄板样条方法，通过 ANUSPLIN 软件实现（Hutchinson，1995；Hutchinson et al.，1999）。

　　ANUSPLIN 是一套 FORTRAN 插值程序包，由澳大利亚国立大学基于平滑样条原理开发而来，通过拟合数据序列计算并优化薄盘平滑样条函数，最终利用优化的样条函数进行空间插值（Hutchinson，1995；Hutchinson，et al.，1999）。

　　局部薄盘平滑样条函数 f 的模型（Hutchinson，1995）表述如式（3-1）所示：

$$Z_i = f(x_i) + \varepsilon_i \qquad (i = 1, 2, \cdots, n) \tag{3-1}$$

式中，x_i 为地理位置信息，如所处的经纬度、海拔；ε_i 为一个期望为 0 的随机误差协方差矩阵，并假设 $\varepsilon_i = V\sigma^2$，其中 V 代表 $n \times n$ 维正定矩阵，通常是已知的对角阵，σ^2 通常是未知的；函数 f 一般通过最小二乘法使式（3-2）的值最小而得到。

$$(z-f)^{\mathrm{T}} V^{-1} (z-f) + J_m(f) \tag{3-2}$$

式中，$z = (z_1, z_2, \cdots, z_n)^{\mathrm{T}}$，$f = (f_1, f_2, \cdots, f_n)^{\mathrm{T}}$，T 表示转置，$f_i = f(x_i)$；$J_m(f)$ 为粗糙度，通常由样条函数 f 的 m 阶偏导确定；ρ 为正的光滑参数，需要在曲面粗糙度和数据准确性之间取平衡，通过广义交叉检验（Generalised Cross Validation，GCV）的最小化得到，也可以用最小的广义最大似然估计（Generalised Max Likelood，GML）或真实均方误差（True Mean Square Error，MSE）来确定。ANUSPLIN 中同时提供了 GCV 和 GML 两种方法用于平滑参数的判断，具有灵活与可视化特点，最多可以处理维数为 10 的样条（如经度、纬度等），也允许引入协变量子模型，如考虑气温随海拔的变化，其结果可以反映气温垂直递减率的变化、降水和海岸线之间的关系，以及水汽压随海拔的变化可以反映其垂直递减率的变化等。

ANUSPLIN 软件经常在地理和生态学研究等领域被用于产生非常高分辨率的气候要素场（如 1km 等），以满足其特定需求，CN05.1 同样使用此软件，以经度和纬度作为薄盘样条函数的自变量，以海拔作为协变量，对气候场（站点数据 1971～2000 年 365 天的日平均）进行插值。对于距平场（站点数据 1961～2005 年相对 1971～2000 年的日距平），采用的是角距权重（Angular Distance Weighting，ADW）法，格点上的数值是通过考虑站点数值到格点的角度和距离的权重后计算得到的。New 等（2002）曾对比了各种插值方法的结果，发现这种首先使用 ANVSPLIN 插值气候，再叠加使用 ADW 插值距平场方法，所得到的最终格点场效果较好。CN05 和 CRU 产生气候场的时段有所不同，前者为 1971～2000 年，后者为 1961～1990 年。

在 EA05 的制作中（Xie et al., 2007），降水的气候场（时段为 1978～1997 年）及其百分率距平场，均采用的是基于 Gandin（1965）的最优插值方法。气候场的计算中，首先对各站点多年观测序列进行傅里叶展开，并选取其前 6 个阶段的平均作为气候场，以减少高频噪声。气候场的插值中应用了 PRISM（Parameter-Elevation Regressions on Independent Slopes Model）（Daly et al.，2002）进行地形订正，同时为更好地进行地形订正，气候场和距平场都是首先插值到 0.05°×0.05° 的格点上，然后使用面积平均的方法，得到最终所需的 0.5°×0.5°资料。基于 EA05 的方法，沈艳等（2010）建立了中国逐日网格降水量实时分析系统 v1.0，并在国家气象信息中心进行业务试运行。

APHRODITE 数据（Yatagai et al.，2009）的制作方法和 EA05 基本类似，但没有使用黄河流域的水文站点观测资料，同时没有进行 PRISM 的地形订正，最终产生的资料分辨率为 0.25°×0.25°。韩振宇和周天军（2012）曾对这一数据在中国的适用性进行了分析。

CN05.1 的制作中沿用了 CN05 的做法（Xu et al.，2009），但引入了更多的观测台站资料。此外，除日平均、最高、最低气温外，增加了降水这一变量，得到的最终格点数据的分辨率为 0.25°×0.25°。这套数据已经过基础的质量控制，包括删除与气候态或周边站点值差别过大的数据等。观测台站分布情况见图 3-2，其中的填色部分为插值中所使用的海拔分布，圆点为 CN05 所使用的 751 个站点（国家基准气候站和基本气象站），十字标记为新增加的站点（国家一般气象站），总

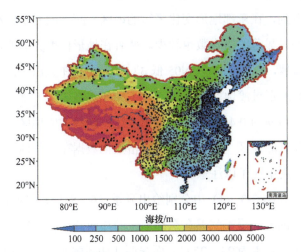

图 3-2 插值所用的 2416 个站点的空间分布和海拔

图中的圆点标记为国家基准气候站和基本气象站，十字标记为国家一般气象站

计 2416 个。由图 3-2 中可以看到，中国的气象观测站点主要集中在东部经济发达地区及平原地带，每几至十几公里便设有一个站。而在西部地区相对较少，特别是在青藏高原北部至昆仑山北麓，及新疆的塔克拉玛干沙漠腹地等，几乎没有观测站点的分布，导致这些地区通过插值获得的数据具有相对较大的不确定性。

3.4.2 与其他数据的比较

为进一步评估 CN05.1 数据在中国地区的适用性，将该数据与其他常用数据进行对比分析。除平均气候场外，还包括以极端事件指数为代表的近段时间检验，气温以多年平均的每年最高的 3 个日气温值的平均（TX3D）和最低的 3 个日气温值的平均（TN3D）表示，降水以多年平均的每年最大的 3 个日降水量的平均（R3D）表示。

图 3-3（a）中首先给出基于 CN05.1 绘制的 1961～2005 年中国区域冬季（12 月至次年 2 月）平均气温分布。其特点基本为东部地区明显受纬度影响，呈现北冷南暖的趋势，华南和海南地区气温最高，在 12℃ 以上，东北的北部地区则达到-24℃以下，为全国最冷。中国西部受地形影响显著，地形较低的塔克拉玛干盆地的气温为-6～-3℃，而天山和阿尔泰山的部分地方则低于-21℃。为比较 CN05.1 与 CN05 的差别，图 3-3（b）给出两个平均场的差值中达到 99%显著性检验部分的分布。可以看到，在东部地形变化平缓的地区，两者的差别较小，数值基本为 -0.5～0.5℃，差异显著的格点数也较少。两者在地形梯度大的西部地区有显著差别，如准噶尔盆地，CN05.1 比 CN05 低 3℃ 以上，而在天山、昆仑山以及青藏高原东麓这些复杂地形过渡地区，CN05.1 比 CN05 偏高 3℃ 以上。这两个数据集区域平均的冬季气温差为 0.48℃。可以看出上述差别较大的地区，一般都对应着观测站点稀少或没有的地区（图 3-2），所得格点化数据在这些地区存在较大的不确定性，在实际应用中应予以注意。

图 3-3（c）和图 3-3（d）中分别给出夏季（6～8 月）CN05.1 的平均气温分布及其与 CN05 的差。夏季气温在东部地区的纬向分布特征较冬季要弱，中国东部自南方至华北，基本为 24～27℃，而在西北如新疆等地随地形的变化更明显，夏季最低气温出现在青藏高原北部，但一般都在 0℃以上。夏季 CN05.1 与 CN05

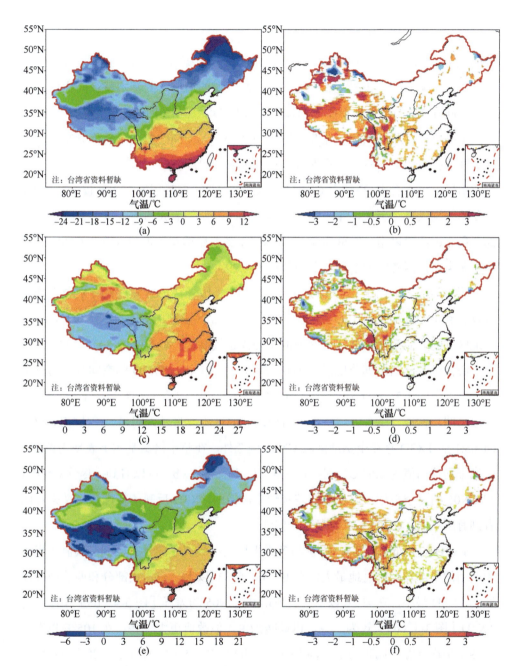

图 3-3　1961～2005 年 CN05.1 平均气温分布（左）及其 CN05.1 与 CN05 的气温差（右）

（a）、（b）冬季；（c）、（d）夏季；（e）、（f）年平均。（b）、（d）、（f）的差值中仅给出达到 99% 显著检验的地区，

余图同

的气温差值分布基本上与冬季类似，同样在东部较小、西部较大，并在大部分地区的差异显著，但总体数值较冬季要小，两套数据在中国区域的平均差值为0.30℃。图3-3（e）和图3-3（f）为年平均气温的情况，其基本特征同样以在东部呈纬向分布，西部受地形影响明显为主，年平均气温在中国南方沿海地区最高，低温中心位于青藏高原和东北北部等地。CN05.1与CN05的气温差值分布及差异显著性情况总体上和冬、夏季保持一致，区域平均差值为0.44℃。

由以上可以看出，整体上CN05.1较CN05偏暖，偏暖程度在西部较东部更大，且冬季差别较夏季更大，年平均介于两者之间。偏差最大的地区位于青藏高原北部至昆仑山西段以南。但总体而言，CN05.1冬、夏季及年平均气温与CN05的空间分布类似，两者间的空间相关系数达到0.99以上。

图3-4（a）给出由CN05.1数据计算得到的1961～2005年平均TX3D分布，可以看到TX3D极大值中心主要出现在新疆的几个盆地中，数值大于39℃，除沿海地区外的华北至江南及四川盆地的TX3D也较高，一般为36～39℃。TX3D低值中心位于青藏高原部分地区，不到15℃。总的来说，TX3D的空间分布与夏季平均气温［图3-3（c）］较为一致。CN05.1与CN05的差异［图3-4（b）］在青藏高原与四川盆地、昆仑山与塔里木盆地之间的过渡地带最为明显，差值超过3℃。CN05.1的TX3D除在个别地区较CN05偏低外，在整个区域基本上表现为偏高，区域平均偏高值为0.62℃。对比图3-3（d）和图3-4（b）可以看到，尽管CN05.1和CN05的夏季平均气温在东部差别较小，但由TX3D反映的极端暖事件来看两者则有所不同，CN05.1中的暖事件偏强。

TN3D的分布［图3-4（c）］与冬季平均气温类似［图3-3（a）］，数值在华南和西南的南部及四川盆地最大，在0～3℃或3℃以上，东北大部分和西北部分地区的TN3D最小，在-33℃以下。CN05.1与CN05的差异［图3-4（d）］在西部与TX3D［图3-4（b）］较为一致，以偏暖为主，但数值更大一些；在105°E以东，与冬季平均气温以偏暖为主不同［图3-3（b）］，CN05.1中的极端冷事件的数值较CN05更低。对比图3-3（b）和图3-4（d）可以看到，CN05.1和CN05的冬季平均气温在东部差别较小，但在CN05.1中极端冷事件强度更大一些。CN05.1和

CN05 中的 TX3D 和 TN3D 的相关系数均在 0.99 以上。

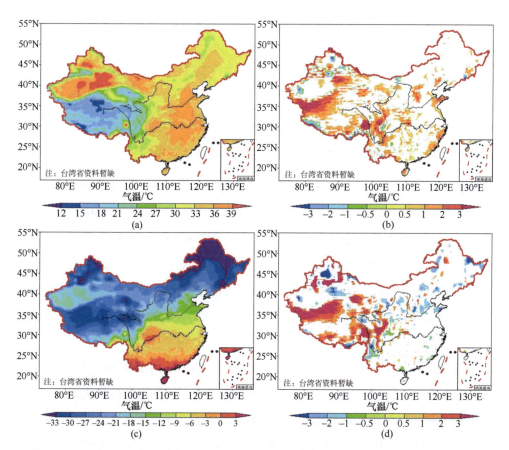

图 3-4　1961～2005 年 CN05.1 的气温极端气温（左）及 CN05.1 与 CN05 的气温差（右）
(a)、(b) TX3D；(c)、(d) TN3D

为更好地了解不同月份两个资料的差别，图 3-5 给出各月平均气温、最高气温和最低气温的区域平均数值。从图 3-5 中可以明显看到，两组资料集的平均气温、最高气温和最低气温间的差异在各月相近。相比 CN05，CN05.1 的气温在 2～6 月均偏低，以 3 月最低（−0.9℃）；7 月至次年 1 月偏高，其中以 9～11 月最明显，最大偏高值出现在 11 月，达到 1.8℃。总体来说，CN05.1 在春季偏低，其他季节偏高，并以秋季的偏高值最大，年平均表现为偏高。从空间分布上看，这种平均差值主要来自东部地区（图略）。

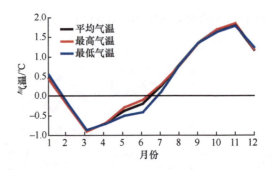

图 3-5 中国区域平均的 CN05.1 与 CN05 的平均气温、最高气温、最低气温在各月的差值

图 3-6（a）中给出 CN05.1 数据中年平均降水的分布。其分布特点基本为由东南沿海向西北内陆地区逐渐减少，东南沿海地区降水中心值在 1500 mm 以上，西北地区的塔里木盆地等的降水不足 50 mm。图 3-6（c）和图 3-5（e）为 CN05.1 的年平均降水与 EA05 和 APHRODITE 的差值。在东部地区，CN05.1 的降水量较 EA05 和 APHRODITF 的差别均较小，尤其是相对于前者，差别基本在±10%内，差异达到显著水平的格点数很少；相对于 APHRODITF 则偏大一些，部分地区偏大值可达 10%～25%，差异显著。

在青藏高原的西北部至昆仑山西段地区，CN05.1 中的降水量较 EA05 和 APHRO 偏大，特别是后者，这与实际气候更符合。这些地区存在的较大降水使得冰川能够稳定存在，其融化并成为塔里木盆地南侧各河流水量的来源（沈永平和梁红，2004）。但在塔里木盆地中的降水则较其他两个资料略微偏大，一般为 25%～50 %。实际上有研究表明，这里的降水量一般小于 25 mm，可以达到 10 mm 以下（《中华人民共和国气候图集》编委会，2002），而这些地区没有观测台站（图 3-2），其降水量是由盆地周边降水量较大台站的结果插值过来的，会导致 CN05.1 在这里的降水量和 EA05、APHRODITE 一样有所高估。此外，一些区域气候模式的结果，也报告了降水在昆仑山地区较多，而在盆地中较少的现象（Gao et al.，2012）。但总体来说，所得格点化数据在这些地区的应用中，需要注意其不确定性。

区域平均 CN05.1 的年平均降水与 EA05 和 APHRODITE 的差值分别为 6.5% 和 21.2%。APHRODITE 降水较 EA05 偏少的原因，可能与其未像 EA05 一样，经

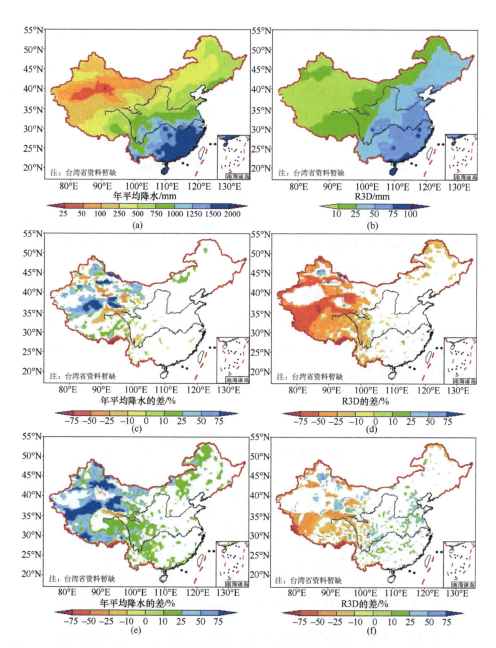

图 3-6　1961～2005 年 CN05.1 的年平均降水（左）和极端降水指数 R3D（右）及其 CN05.1 与
EA05 和 APHRODITE 数据的差值

（a）、（b）年平均降水和 R3D；（c）、（d）CN05.1 与 EA05 的年平均降水和 R3D 的差；（e）、（f）CN05.1 与 APHRODITE
的年平均降水和 R3D 的差值

过 PRISM 的地形订正处理有关。计算得到的 CN05.1 与 EA05 和 APHRODITE 多年平均降水间的空间分布相关系数分别为 0.92 和 0.87。

CN05.1 给出的 R3D 的分布型［图 3-6（b）］与年平均降水［图 3-6（a）］类似，均为由东南向西北递减。R3D 的最大值出现在中国南方沿海地区，数值在 75 mm 以上，自华北南部至长江中下游和江南地区、四川盆地等地的 R3D 均在 50 mm 以上，而西北地区则除天山等地外，普遍低于 10 mm。

图 3-6（d）和图 3-6（f）分别给出 CN05.1 的 R3D 与 EA05 和 APHRODITE 的差。两者均在东部差别较小，西部差别较大。CN05.1 的 R3D 与 EA05 相比，在东部除东北部分地区偏少较多并显著外，一般不超过 ±10%，在西部山区的差别则比较显著，数值可以达到 25% 以上。

图 3-7 展示了中国区域逐月降水 CN05.1 与 EA05 和 APHRODITE 的差值。由图 3-7 可以看出，CN05.1 的降水量在上半年的各月较 EA05 少，下半年各月较 EA05 多，幅度一般为 ±10%，年平均的差别因正负相抵，相对较小；而 CN05.1 与 APHRODITE 的降水量在上半年接近，下半年则明显多很多，最大出现在 9 月，达 22.0%，年平均差异较大。

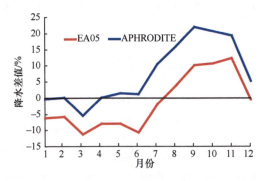

图 3-7　中国区域平均的 CN05.1 降水与 EA05 和 APHRODITE 在各月的差值

在空间分布上，这种逐月偏差主要发生在东部（图略），是因为东部地区降水量更大。此外，EA05 与 APHRODITE 相比，各月均小 5% 左右，其形成原因有待进一步深入分析。

总体来说，年平均的 CN05.1 中的平均气温、最高气温、最低气温与 CN05 相比，在东部地区差别较小，西部地区差别较大（以偏暖为主）。区域平均的差别在各个季节中除春季偏低外均为偏高，以秋季最大。此外，CN05.1 的 TX3D 也比 CN05 要整体偏大，TN3D 则在东部地区有所偏小，但整体上仍表现为偏大。

CN05.1 的年平均降水量相对于 EA05 和 APHRODITE 均偏大，尤其是后者，偏大在西部更明显。逐月平均结果则表明，这三种降水数据在冬春季偏差较小，秋季较大。对于 R3D 而言，CN05.1 较 EA05 在西部偏小明显，与 APHRODITE 整体上的差异相对较小。

3.5 应用于中国区域的其他数据

3.5.1 中国区域多源融合分析产品

随着气象观测系统的迅猛发展，利用地面自动气象站、雷达、卫星等获取的观测数据越来越多，多种数值模式模拟的数据质量也在不断提高，同时各行业对格点化的时空连续的气象数据产品要求越来越高。利用数据融合与数据同化技术，综合多种来源观测资料及多模式模拟数据，获得高精度、高质量、时空连续的多源数据融合气象格点产品是行之有效的手段。多源气象数据融合的研究重点是，地面站点观测数据与卫星、雷达等遥感手段获取的面观测数据，不同分辨率的面观测数据之间的时空匹配技术，不同观测之间系统性偏差订正技术，以及多源观测资料融合分析技术等。中外多源数据融合气象格点产品研究成果众多，涉及陆面、海洋、大气等多个领域，已在天气、气候研究与业务，以及防灾、减灾等应用中发挥了重要作用。

中国多源气象数据融合研究起步相对较晚，中国气象局（China Meteorological Administration，CMA）在 2014 年启动了国家气象科技创新工程"气象资料质量控制及多源数据融合与再分析"（以下简称创新工程），其攻关任务目标之一是研制高质量的陆面、海洋与三维云雨多源数据融合产品及相关技术。依托创新工程，中国气象局国家气象信息中心在引进国际先进融合技术的基础上，消化吸收并自主创新，建成了业务化的亚洲区域中国气象局陆面数据同化系统（CMA Land Data Assimilation System，CLDAS）和中国降水融合多源分析系统（CMA Multi-Source Merged Precipitation Analysis System，CMPAS）等。2017 年，中国气象局天气预报业务由原来的站点预报升级为智能网格预报，一系列多源数据融合产品（包括气温、降水、湿度、风、总云量、能见度等）通过优化产品时效、调整网格，已能提供智能网格预报业务应用。此外，包括地面气象要素及土壤温湿度、径流、蒸散发等在内的由 CLDAS 生产的系列产品也提供中国气象局智慧农业业务应用。

融合降水产品结合了不同来源降水资料的优势，在天气气候监测、气候变化研究、模式检验及水文预报领域得到了广泛应用。中国气象局在降水数据融合方面取得的一些研究进展包括：基于"概率密度函数（PDF）+贝叶斯模式平均（Bayesian Model Averaging，BMA）+最优插值（OI）"和降尺度技术研制的高分辨率的地面–雷达–卫星三源降水融合产品，采用红外冷云外推技术研制的东亚多卫星集成降水（East Asian Multi-Satellite Integrated Precipitation，EMSIP）产品，采用时空多尺度数据分析同化系统（Space-Time Multiscale Analysis System，STMAS）方法制作的 1 km 陆面数据同化分析系统（High Resolution China Meteorological Administration Land Data Assimilation System，HRCLDAS）v1.0 的降水驱动，以及引进美国 Climate Forecast System Reanalysis-Land（CFSR/Land）降水驱动融合技术研制的全球融合降水产品等。

在 CMPAS 建设方面，2011 年 11 月基于改进的"PDF+OI"技术研制的中国多源降水融合分析业务化系统 1.0 版本投入业务试运行，实时发布 1 h、10 km 分辨率的地面、卫星二源降水融合产品。2015 年 7 月，基于"PDF+BMA+OI"方法研制的中国区域地面自动气象站、卫星、雷达三源降水融合系统（CMPA_Hourly V2.0）投入实时运行，通过中国气象数据网和中国气象局卫星广播系统（CMACast）实时发布 1 h、5 km 分辨率且质量更高的地面、卫星、雷达三源降水融合产品。2016 年 12 月，CMPA-Hourly V2.0 升级成中国多源降水融合分析业务化系统 2.1 版本（CMPAS-Hourly V2.1），进入业务试运行，产品分辨率由 5 km 提高到 1 km。

近些年，多源降水融合分析产品的技术方法和产品时空分辨率都有明显的提升，在智能网格天气预报、数值模式检验评估等业务中发挥积极作用；但因其普遍时间序列偏短，适用于气候变化分析、气候变化模拟评估的数据产品仍较少。

3.5.2 中国全球大气/陆面再分析产品

大气再分析是利用气象观测资料、数值模式和资料同化技术对过去大气状况的重现，在天气、气候、海洋和水文等领域具有广泛应用。从 20 世纪 90 年代中期开始，美国、欧盟和日本等国家和地区先后组织和实施了一系列全球大气资料再分析计划。目前，已经完成了 4 代全球大气资料再分析。第一代再分析主要包括：美国 1948 年至今的 NCEP/NCAR 全球大气再分析，欧洲中期天气预报中心（ECMWF）的 15 年（1979~1993 年）全球大气再分析（ERA-15），以及 NASA 资料同化局（Data Assimilation Office，DAO）的 15 年再分析。第二代再分析主要包括：NCEP/DOE 再分析（1979 年至今），ECMWF 的 ERA-40（1958~2001 年）以及日本气象厅（Japan Meteorological Agency，JMA）和电力中央研究所（Central Research Institute of Electric Power Industry，CRIEPI）联合组织实施的 JRA-25（1979 年至今）。第三代再分析主要包括：ECMWF 的 ERA-Interim（1979~2019 年）、NCEP 的 CFSR（1979 年至今）、NASA 的 MERRA（Modern-Era Retrospective Analysis for Research and Applications）（1979 年至今），以及 JMA 的 JRA-55（1958~2012 年）。其中，JRA-55 还包括两个额外的版本：JRA-55C（1972~2012 年，只同化常规观测）和 JRA-55AMIP（1958~2012 年，不同化观测，相当于气候模拟）。最近，ECMWF 发布的最新一代再分析（ERA5），与前几代不同的是引入集合信息来表征"流依赖"的背景误差协方差矩阵。

2013 年 11 月，中国气象局启动全球大气再分析计划（图 3-8），总体目标是建成中国第一代全球大气再分析业务系统，并建成 40 年（1979~2018）全球大气再分析数据集，质量超过国际第二代大气再分析水平，在中国区域接近或达到国

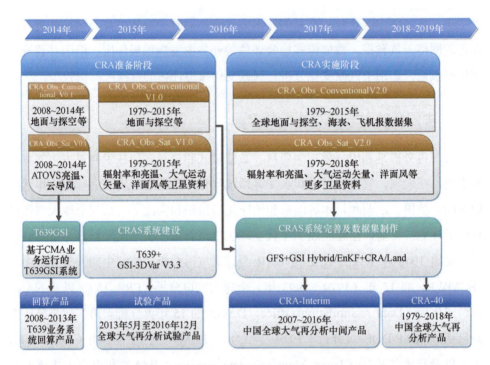

图 3-8　中国全球大气再分析产品研制计划（https://data.cma.cn/analysis/cra40）

际第三代大气再分析水平。依托 2014 年启动的国家气象科技创新工程"气象资料质量控制及多源数据融合与再分析"和 2014 年立项的公益性行业（气象）科研专项"全球大气再分析技术研究与数据集研制"，由国家气象信息中心牵头，多部门、多单位参与协同创新，有层次地开展多组全球大气再分析试验，解决中国实时气象业务资料和长序列历史资料中的诸多隐蔽性问题，提升中国基础气象资料质量及同化效果，探明再分析发展技术路径，成功研制出 1979～2018 年全球大气再分析（CMA Global Atmospheric Reanalysis，CRA）产品，时间分辨率为 6h，空间分辨率为 34km，垂直层次 64 层，模式层顶 0.27hPa。每个时次产品包括 47 个等压面层、8 个位势涡度层、地面层和云层，共约 755 个产品。

为了获取更高质量的陆面要素信息，许多国际主流的全球大气再分析产品都基于离线的陆面模式模拟研制出一套单独的陆面再分析数据集。同样地，建立了与 CRA 全球大气再分析配套的全球陆面再分析系统和 40 年全球陆面再分析数据集（CRA/Land），时间跨度为 1979～2018 年，时间分辨率为 3h，空间分辨率约 34km，垂直层次 4 层。通过利用同化和融合算法提高近地面气温、湿度、风、降水等大气驱动数据质量，并优化地表植被/土壤参数，CRA/Land 能够为 CRA 中的陆面要素提供非常有益的补充。CRA/Land 包括两类数据集：大气驱动融合产品（2m 气温、2m 比湿、10m 纬向和经向风、降水）和陆面产品（含地表温度、土壤温度、土壤湿度、通量等 30 个陆面要素）。

以 ERA5 为基准，评估显示，CRA 与国际第三代全球大气再分析产品质量相当：①从天气学来看，CRA 的三维大气温度场、湿度场、风场，总体上优于国际第一、第二代全球大气再分析产品，与国际第三代全球大气再分析产品质量相当，如 CRA 500hPa 位势高度的均方根误差（6.2gpm[①]）明显小于 NCEP1（11.85 gpm）、NCEP2（12.68gpm），与 JRA-55（7.17gpm）、CFSR（5.56gpm）、MERRA（6.15gpm）等相当。②从气候学来看，CRA 在海平面气压、温度、位势高度等各关键层次变量的气候指标上优于 JRA-55，在大气涛动指数、遥相关指数和季风指数的表现上，总体上与 JRA-55 接近，优于 CFSR、NCEP1 和 NCEP2。③从近地面要素来看，CRA 在中国区域的降水、2m 气温、相对湿度、10m 风方面明显优于 CFSR 产品。④以独立观测资料对陆面要素的评估显示：CRA/Land 土壤湿度（0～10cm）产品在中国区域的质量优于 GLDAS 和 CFSR-Land，地表温度和各层土壤温度的精度优于 CFSR-Land。

---

① gpm, geopotential meters, 位势高. $H(\mathrm{m})=H(\mathrm{gpm})\times\dfrac{9.81}{1000}$

第 4 章

全球和区域气候模式对中国气候的模拟及评估

中国位于欧亚大陆东部、太平洋西岸，幅员辽阔，气候类型多样，其中东部地区呈现出明显的季风气候特征，冬季寒冷干燥，夏季湿热多雨；西部地区的青藏高原海拔高，具有独特的高原山地气候；西北地区则呈现内陆干旱气候特征。气候模式对中国区域气候的模拟难度明显大于世界其他一些地区。本章将对参加CMIP5 和 CMIP6 的全球气候模式以及区域气候模式模拟中国气候的效果进行检验，其中全球气候模式部分以气温和降水及部分极端事件为主，区域气候模式部分则同时包括具有特色的如热带气旋及大气环境容量（Atmosphere Environmental Capacity，AEC）等模拟。

4.1 全球气候模式

4.1.1 气温和降水

CMIP5 模式对全球平均地表气温变化有很高的再现能力，能较好地模拟出 20

世纪的变暖趋势，尤其是 20 世纪后 50 年的显著增暖（IPCC，2013）。与之前的 CMIP3 模式相比，分辨率增加后对于较小区域尺度的模拟能力有所提高。多模式集合平均在一定程度上减少了模式误差，相对于单个模式能更好地代表模式的模拟水平（Zhou and Yu，2006）。研究结果也表明，26 个 CMIP5 多模式集合平均结果的整体变化与观测结果有较好的一致性。中国参与 CMIP5 的五个模式 [BCC-CSM1.1、BCC-CSM1.1（m）、BNU-ESM、FGOALS-g2 和 FGOALS-s2] 与观测的相关系数均超过了 0.80，并处于 CMIP5 多模式模拟范围内。因此，就全球平均气温年际变化而言，这五个中国的模式已经实现了较好的模拟效果。随着计算机能力的提高，全球多个国家参加了 CMIP6，其中 13 个全球气候模式对全球平均气温的模拟结果如图 4-1（a）所示，结果表明：13 个全球气候模式对于全球平均气温变化趋势的模拟与观测相比具有较高的一致性，能够模拟出温度上升的整体趋势，各个模式间的一致性较好，不过与 CMIP5 相比，并没有明显改进。

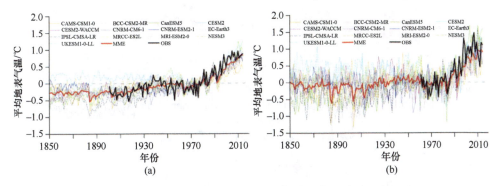

图 4-1　CMIP6 对中国区域平均地表气温的模拟及与观测的对比

（a）全球平均地表气温相对于 1961～1990 年均值的异常序列；（b）中国平均地表气温相对于 1961～1990 年均值的异常序列。中国观测资料为 CN05，黑色粗线为 HadCRUT3 全球平均观测序列（Brohan et al.，2006），红色粗线为 CMIP6 模式的历史实验集合平均结果（秦大河和翟盘茂，2021）

与 IPCC AR5 所使用的 CMIP5 模式的评估结果类似（Zhou and Yu，2006），CMIP6 模式对中国区域表面气温变化的再现能力低于全球平均结果。相对于全球平均而言，中国平均地表温度模拟序列间的离散度更大 [图 4-1（b）]；模式对 20 世纪 20～30 年代中国地区的增暖基本没有再现能力。无论 CMIP5 还是 CMIP6，当今模式对 20 世纪中国地区地表气温变化的模拟能力仍亟待提高。

由于中国地区地形复杂，模式对降水的模拟能力还存在较大不足。一方面，模式物理参数化方案的选取对区域降水的模拟情况有很大影响；另一方面，空间分辨率以及次网格尺度刻画能力的提高能显著改善一些模式对降水的模拟结果。相对于 CMIP3 模式，CMIP5 模式改进了对东亚夏季风的气候平均态、年循环、年际变率以及季节内变率等特征的模拟。但需要注意的是，不同模式对东亚夏季风的模拟能力存在较大差异（田芝平和姜大膀，2013）。同时，CMIP5 模式提高了对中国春季持续性降水的模拟能力，但仍然存在降水中心数值偏大（高估）以及主雨带位置偏北的现象（Zhang et al.，2013）。

从 CMIP6 多模式集合模拟与观测的年平均降水分布来看［图 4-2（a）和图 4-2（b）］，和 CMIP5 类似，CMIP6 模式能够模拟出中国降水由西北向东南递增的

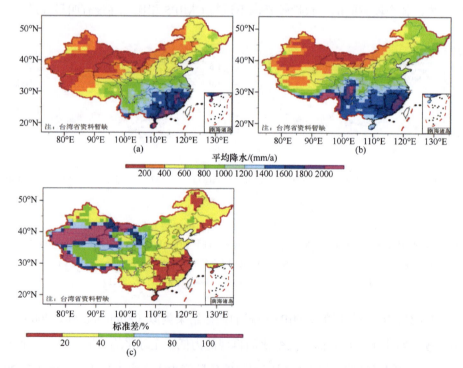

图 4-2　观测（a）和 CMIP6 多模式（b）模拟的 1986～2005 年平均降水的集合平均结果以及模式间的标准差（c）（相对于观测值）（秦大河和翟盘茂，2021）

地理分布特征，但降水模拟值在中国大部分地区偏多，尤其是在西北部及青藏高原地区，青藏高原东部地区存在虚假的降水中心，而在新疆北部及华南地区降水量模拟则偏少，反映了 CMIP6 模式对中国降水的模拟改进有限。对于青藏高原、西北等地，90%以上的模式模拟的降水偏多，对中国北方降水的模拟存在一致性系统高估，这可能与全球气候模式不能很好地描述复杂地形有很大关系；而在东南沿海季风区，由于模式不能够很好地模拟季风特征，多数模式对降水的模拟存在系统性低估（陈晓晨等，2014）。

4.1.2　极端气候事件

在全球变暖背景下，极端天气和气候事件的观测事实表明，自 1950 年以来，很可能在全球尺度上冷昼和冷夜的天数已减少，而暖昼和暖夜的天数已增加。全球许多地区，如欧洲、亚洲和澳大利亚的大部分地区，热浪的发生频率可能已增加。鉴于极端事件对社会发展和人类生命财产的重大影响，近年来人们对区域极端气候和变化的关注程度越来越高。对极端天气气候事件的表征一般通过极端气候指数来进行，表 4-1 列出一些常用极端气候指数及其定义。

利用多个 CMIP5 全球气候模式对中国区域极端气温的模拟能力进行评估，发现模式能够较好地模拟出各个极端气温指数的时间变化趋势。从空间分布特征来看，各种极端气温指数的模拟结果存在不同程度的偏差，如 TX10p、TN10p、TN90p、FD、ID、CSDI 在全国范围或局地模拟结果偏高，TXn、TNn、TX90p、GSL、SU、WSDI 模拟结果偏低等。CMIP5 模式对东部大部分地区极端气温指数的模拟能力优于西部地区，其中青藏高原模拟能力较差。与多模式集合平均结果相比，单个模式对极端气温指数的模拟能力有限。与气温相关的 20 年一遇、50 年一遇、100 年一遇的极值分布可以得到较好再现。

评估发现 CMIP5 模式对中国地区极端降水的时间变化趋势的模拟能力有限。除了 CDD 和 R99p 之外，观测到的极端降水指数的变化趋势难以被多数模式模拟出来。观测到的极端降水空间分布特征与多模式集合平均结果较为相似，但对青藏高原存在高估，对东南地区存在低估（Dong et al.，2015）。

表 4-1 常用极端气候指数及其定义

指数类型	英文名称	中文名称	定义
气温指标	TN10p	冷夜指数	日最低气温<10%分位数的天数
	TN90p	暖夜指数	日最低气温>90%分位数的天数
	TX10p	冷昼指数	日最高气温<10%分位数的天数
	TX90p	暖昼指数	日最高气温>90%分位数的天数
	TXx	最高气温极大值	年内日最高气温的最大值
	TNx	最低气温极大值	年内日最低气温的最大值
	TXn	最高气温极小值	年内日最高气温的最小值
	TNn	最低气温极小值	年内日最低气温的最小值
	FD	霜冻日数	年内日最低气温<0℃的天数
	ID	冰冻日数	年内日最高气温<0℃的天数
	TR	热夜日数	年内日最低气温>20℃的天数
	SU	夏日日数	年内日最高气温>25℃的天数
	GSL	生长季长度	北半球从 1 月 1 日开始,连续 6 日平均气温>5℃的日期与 7 月 1 日以后连续 6 日平均气温<5℃的时间跨度
	WSDI	持续暖日日数	连续 6 日最高温>90%分位数日数
	CSDI	持续冷日日数	连续 6 日最低温<10%分位数日数
	DTR	气温日较差	年平均日最高气温和最低气温之差
降水指标	Rx1day	最大 1 日降水量	年最大日降水量
	Rx5day	最大 5 日降水量	年最大连续 5 日降水量
	R95p	强降水总量	日降水量>95%分位数的年累积降水量
	R99p	极端强降水总量	日降水量>99%分位数的年累积降水量
	R1mm	降水日数	年内日降水量≥1mm 的总日数
	R10mm	大雨日数	年内日降水量≥10mm 的总日数
	R20mm	极端大雨日数	年内日降水量≥20mm 的总日数
	CWD	连续湿润日数	日降水量≥1mm 的最长连续日数
	CDD	连续干旱日数	日降水量<1mm 的最长连续日数
	PRCPTOT	年降水量总量	日降水量>1mm 的年累积降水量
	SDII	日降水强度	降水量≥1mm 的总降水量与日数的比值

以简单降水强度指数(降水距平百分比)代表的干旱面积、干旱频率的时空分布以及干旱分布型的变化为指标,对 CMIP5 模式模拟中国干旱的能力进行评估,结果表明:多全球模式集合对中国区域的干旱变化特征有一定的模拟能力,

较好地模拟出中国年平均干旱指数的时间变化趋势，但模拟的干旱强度偏弱；模拟的严重干旱面积与观测值的变化趋势基本一致，但长江以南干旱强度偏强，西北干旱强度偏弱；通过经验正交函数（EOF）的分析表明，多模式集合可以较好地模拟出 1961～2005 年内蒙古和华北地区与长江以南呈反位相关系及中国东部地区的"旱—涝—旱"或者"涝—旱—涝"的两种分布型（张冰等，2014）。

CMIP6 模式对中国极端气温指数的模拟虽然仍存在偏差，但相较于 CMIP5 模式有显著改善。CMIP6 模式再现了极端气温指数的空间分布特征，大的冷偏差出现在青藏高原地区；在全国范围内对 TNn 的模拟从 CMIP5 模式的暖偏差为主变为冷偏差为主；对 TXx 的模拟在华北和新疆部分地区模拟的偏差显著减小。相比之下，CMIP6 模式对百分位极端气候指数的模拟能力稍弱。CMIP6 模式高估了 TN10p 而低估了 TX90p，对 TX90p 的模拟在北方以负偏差为主，而南方以正偏差为主。CMIP6 模式间的离散度与 CMIP5 模式相当，多模式平均的结果要优于单个模式对极端气温指数的模拟能力（Zhu et al.，2020）。

与温度指数相比，CMIP6 模式对中国区域极端降水指数的模拟能力较弱，但对指数的空间分布有一定的模拟能力，相较于 CMIP5 模式，CMIP6 模式对南方地区极端降水模拟的干偏差有显著减少。CMIP6 模式对 PRCPTOT、R95p 和 SDII 的模拟能力有显著提高，但是在青藏高原东部地区仍存在较大的湿偏差。CMIP6 模式对 CDD 和 R20mm 的模拟能力较差。不同于温度指数，CMIP6 模式相较于 CMIP5 模式对降水指数模拟的模式间离散度显著减小，模式间一致性提高。中国南方地区平均和极端降水的干偏差也显著减小（Zhu et al.，2020）。

除了单变量驱动的极端气候事件，由于复杂的多元关系特征，模式对多变量驱动的复合型极端事件的模拟更具有挑战性。CMIP6 模式对复合型极端事件的模拟能力得到了证明：对于影响最大的暖干复合事件，CMIP6 模式合理再现了历史时期中国区域事件的变化趋势，但在东北地区，CMIP6 模式不能模拟出复合事件的增加趋势；在东南地区，CMIP6 模式高估了复合事件的增加趋势（Pan et al.，2023）。对空间复合型洪涝–热浪事件的模拟发现，CMIP6 模式能够模拟再现观测的变率特征（Qian et al.，2023）。

4.2　区域气候模式

中国拥有广阔的国土面积，典型的季风气候特征，复杂的地形和下垫面，漫长的海岸线以及独特的天气气候系统。过去几十年间我国社会经济发展迅速，城市化范围不断扩张，人类活动在改变下垫面的同时，也增加了大气中气溶胶和痕量气体的浓度。与全球气候模式相比，当前的区域气候模式具有更高的分辨率和较完善的物理过程，能够改善对区域至局地尺度强迫要素的描述，从而较好地模拟出我国所处的东亚季风气候特征及其变化（Gao and Giorgi，2017）。区域气候模式由于水平分辨率较高，由此所带来的增值在受地形、湖体等影响较大的中小尺度气候现象和极端事件的模拟上尤其明显（Gao et al.，2012，2017；Bao et al.，2015；Yu et al.，2015；Qin et al.，2014；Koo and Hong，2010）。目前区域气候模式的水平分辨率逐渐提高，由20世纪末的50 km提高到25 km及更高。在中国，对流可分辨尺度（<5 km）的模拟工作也逐渐开始。高分辨率区域气候模式能够更好地模拟气候极值的频率和强度，并能够很大程度上修正目前一些全球气候模式对中国和东亚地区降水时空变化的系统模拟偏差。

4.2.1　气温

研究人员对不同区域气候模式所模拟的中国地区气温开展了检验，包括单个模式与观测数据的对比分析，以及多模式之间的协同比较等（Gao et al.，2012；Li Q et al.，2016；Tang et al.，2016；Zhou et al.，2016；Zou and Zhou，2013b）。与全球气候模式相比，区域气候模式能很好地再现中国地区观测地面气温年均和季节平均气候态，并刻画其空间细节，一般而言，多年平均误差范围为-4～4℃（Tang et al.，2016）。大部分区域气候模式对夏半年的地面气温气候态模拟较冬半年的好，但在冬季的高纬度和山区气温模拟偏低（冷偏差）较为明显（Bucchignani et al.，2014；董思言等，2014）。区域气候模式的系统偏差也与模式物理过程（如

积云对流、边界层、陆面过程和云的辐射效应等）的选择和处理有关（Gao et al.，
2017；Hui et al.，2015）。对 WRF 模式物理过程影响的分析发现，在中国和东亚
地区，陆面过程和对流参数化是影响 WRF 模式气温模拟的关键控制因素，且模
式对辐射的计算也有一定影响（Yang et al.，2015）。

　　评估结果显示，区域气候模式除自身的模拟偏差外，对气温气候态的模拟也
受到大尺度驱动场误差的影响。Gao 等（2017）利用 RegCM4 对 ERA-Interim 再
分析资料开展水平分辨率为 25 km 的长期（1990～2010 年）模拟试验。结果表明，
模式在冬季高纬度地区存在暖偏差（气温模拟偏高），而类似的气温偏差已存在于
驱动模式的 ERA-Interim 再分析资料中。

　　图 4-3 给出 CORDEX-EA RegCM4 模拟中，4 个冬季全球气候模式及其驱动
下 4 个 RegCM4 区域气候模式模拟的集合与观测的气温偏差（Wu and Gao，2020）。
全球气候模式除东北部和西北部山脉外，普遍表现为冷偏差。最大的冷偏差超过
7.5℃，出现在青藏高原南部 [图 4-3（a）]，可以注意到模式偏差也与大多数其他
全球气候模式一致，区域平均值为-1.3℃，也接近 Jiang 等（2016）的结果（-1.1℃）。
对于小规模地形复杂区域（如西北部的山脉和附近盆地），区域气候模式的改进明
显 [（图 4-3（b）]。值得注意的是，尽管全球气候模式的偏差数值及分布不同，但
降尺度后 RegCM4 的偏差则表现出较好的一致性，表明区域气候模式的偏差相对
于驱动全球气候模式有一定的独立性。区域气候模式的主要偏差包括中国东北部
和西北部的暖偏差、青藏高原和西南地区的冷偏差等。这也与以往 RegCM 模拟
的结果一致（Gao and Giorgi，2017），表明该区域内模式内部的物理过程占主导
地位。

　　与冬季相比，模式对夏季气候的模拟性能更好，偏差在-5～5℃ [图 4-3（c）
和图 4-3（d）]。全球气候模式在山脉表现出普遍的暖偏差，在山坡和盆地则为冷
偏差。各个全球气候模式模拟偏差之间的空间一致性较小，导致全球气候模式集
合的区域平均偏差值接近 0。全球气候模式的一些偏差被引入区域气候模式中，
如偏暖的全球气候模式驱动下的区域气候模式也趋向于偏暖。区域气候模式在中
国北部、东部沿海地区和青藏高原，以及西北部沙漠，表现出一致的冷偏差。同

时，区域气候模式的区域平均偏差通常比驱动它的全球气候模式低 1℃左右。上述结果表明，区域气候模式本身性能（与动力框架和物理过程等相关）会对模拟产生较为重要的影响，多全球气候模式驱动多区域气候模式的集成模拟技术，是提高区域尺度气候模拟和预估可靠性的有效方法。

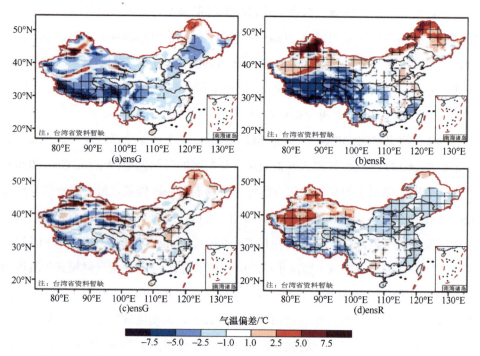

图 4-3　中国地区 1986～2005 年气温模拟与观测的偏差（Wu and Gao，2020）
（a）全球模式集合，冬季；（b）区域模式集合，冬季；（c）全球模式集合，夏季；（d）区域模式集合，夏季。图中的交叉线代表所有模式偏差一致的区域

4.2.2　降水

中国降水受季风气候影响显著，春、夏季降水受东亚夏季风系统和西太平洋副热带高压的影响，雨带呈现逐次北进现象。区域气候模式是否能正确模拟季风雨带的北进和南撤，是影响模式模拟中国气候态降水和极端降水的关键因素之一，并能反映区域气候模式对东亚夏季风系统及其演变的模拟能力。区域气候模式对东亚季风降水的模拟性能，与模拟区域范围、季节和模式的物理参

数化方案的选择等有关。

目前现有的全球气候模式对东亚季风环流的模拟存在的偏差，导致其对东亚地区夏季风降水的模拟能力有限，中国东部和东南部地区的季风降水偏差较大。在驱动区域气候模式时，全球气候模式对亚洲季风区大尺度环流的模拟偏差（如西太平洋副热带高压的位置），以强迫场的形式传递到模拟区域，可能导致区域气候模式在中国东部和东南部模拟的水汽输送偏弱和降水量偏低。即便如此，采用区域气候模式进行动力降尺度能有效地修正全球气候模式的环流和降水带北推的误差（Gao et al.，2017；Niu et al.，2015），模拟结果与观测降水的空间相关性更高，均方根误差更小，总体能够再现观测的中国地区年总降水的空间分布，以及降水的季节变化，表明区域气候模式对于中小尺度区域过程的正确描述对中国夏季降水模拟的性能至关重要，即较高分辨率的区域气候模式对于夏季降水的空间分布、降水量和极端降水的模拟具有较为明显的优势。

与全球气候模式类似，区域气候模式倾向于高估中国北方及西北干旱–半干旱区和华南地区的降水（Gao et al.，2017），因此对夏季的降水空间分布模拟比冬季要好。Niu 等（2015）比较了多个区域气候模式对中国夏季风降水的模拟，发现降水模拟的模式间差异比较明显。这种源于各个模式物理过程的不确定性，对未来降水预估可能会产生较大影响。

研究表明，在模式中耦合区域海–气相互作用过程可以显著改善对东亚季风环流的模拟，从而可以更好地模拟季风降水（Cha et al.，2016；Zou et al.，2016；Zou and Zhou，2013，2012）。Zou 等（2016）利用区域海气耦合模式 FROALS 对东亚地区气候进行 25 年（1980～2005 年）模拟，发现与非海–气耦合区域气候模式相比，FROALS 能修正模式对东亚和西北太平洋低层大气季风环流的空间模拟偏差，并在北太平洋西部模拟出较驱动场偏低的海表温度。这导致 FROALS 模拟的西太平洋副热带高压增强，并抑制海表蒸发，减弱海表温度的年际变化，改善区域季风环流和底层水汽通量的模拟，从而改善对东亚地区夏季风降水量和降水年际变化分布特征的模拟（图 4-4）。

模式物理过程及其组合对中国降水模拟有较显著的影响。Gao 等（2017）的模拟分析发现，RegCM4 在耦合 CLM 的情况下，相较于 Kain-Fristch 和 Tiedtke 方案，使用 Emanuel 对流参数化方案可以提高地面气候场的模拟性能。Yang 等（2015a）分析 WRF 模式物理过程对区域气候的影响时发现，积云对流参数化方案的选择对降水的影响最为显著，是中国和东亚地区的关键控制因素之一。另外，模拟的降水对物理参数的敏感性显示出一定的区域依赖性。

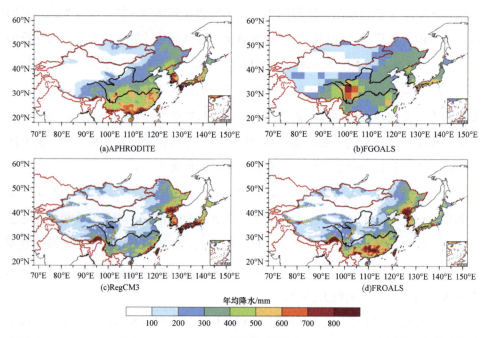

图 4-4　APHRODITE（a）、FGOALS（b）、区域气候模式 RegCM3（c）和区域海气耦合模式 FROALS（d）模拟的 1981～2005 年年均降水（Zou et al.，2016）

　　与全球气候模式相比，区域气候模式对年均和季节平均降水的年际变率模拟有明显的优越性，冬季降水年际变率的模拟更符合观测，对干旱地区的模拟效果优于湿润地区（Zou and Zhou，2016a，2016b；Zou et al.，2016；Zhao，2013）。

4.2.3　极端天气气候事件

　　目前的研究结果表明，与全球气候模式比较，区域气候模式有更强的模拟当代中国极端气候的能力，能够更好地再现温度和降水极端指数的空间分布（Bao et al.，2015；Yu et al.，2015；Qin et al.，2014）。不同区域气候模式对表征极端气温、降水的变量模拟能力有所差别，如 Hui 等（2018a）利用两个全球气候模式驱动 WRF 和 RegCM4，发现相较于全球气候模式，在中国地区进行极端气候模拟时，区域气候模式具有不同程度的优势，如 WRF 模式对极端降水指数描述较好，而 RegCM4 模式可以更好地刻画极端气温指数。

区域尺度模拟的误差来源包括大尺度驱动场和模式物理过程的作用，全球气候模式对极端气候事件的模拟偏差会传递给区域气候模式。在 RMIP Ⅲ 的框架下，Niu 等（2018）分析六个区域气候模式对中国极端气候指数的模拟能力，表明所有模式均能合理地再现观测到的极端气候，但对于极端低温事件和地形复杂地区的极端降水，模式存在偏冷-偏湿的误差；模式对于极端气候事件的增值与模拟季节和分析区域有关，基于性能的集合平均优于多个模式和参照气候的等权重平均。

总体而言，对于极端气温的模拟，区域气候模式相比全球气候模式有较为显著的改进，尤其是在地形复杂的地区；同时，山区和盆地之间地形引起的降水差异在区域气候模式中得到了更好的再现；集合平均的模拟总体上优于单个模式。

下面使用表 4-1 中定义的极端气候指数，以 CORDEX-EA RegCM4 集合模拟为例，评估区域气候模式对中国区域极端事件的模拟能力。

1. 极端气温

图 4-5 和图 4-6 给出观测和区域气候模式集合平均模拟的中国地区极端气温指数的空间分布。可以看到，集合模拟的 TNn 的分布总体和观测较为类似，高值中心位于华南地区，低值中心则位于东北及青藏高原等地。集合模拟能够较好地再现观测中 TNn 的分布型，但模拟的东北、华北及西北的盆地附近数值偏大，青藏高原则数值偏低。集合模拟的 TNx 与观测一致性较好，高值中心位于长江流域及西北的盆地附近，低值中心位于青藏高原，模拟的数值除在中高纬地区偏高外，其他区域均为偏低。集合模拟对 TXn 和 TXx 均有较好的模拟能力，但仍然存在一定偏差，如模拟的 TXn 数值偏低，TXx 数值偏高。4 个模式模拟的 TNn、TNx、TXn

和 TXx 与观测的相关系数均较高,除 MPI 对 TNn 的模拟与观测的相关系数为 0.89 外,其他均超过 0.90,集合平均的表现优于单个模式(表 4-2)。对 CSDI 和 WSDI 的模拟则相对较差,集合模拟的 CSDI 数值在中部地区偏大,东北、西北及华南南部则偏小,模拟的 WSDI 数值则表现为在西北地区西部偏大,其他地区总体表现为偏小。就相关系数来看,WSDI 的模拟相对较好,同时 HAD 表现最好。

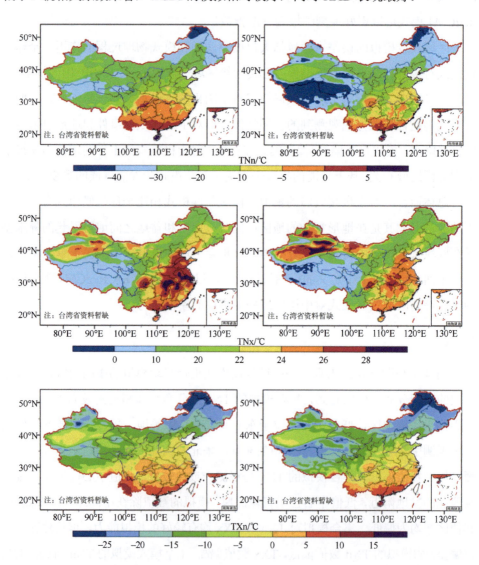

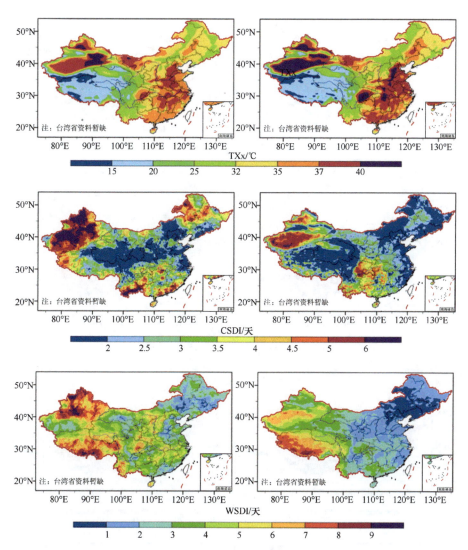

图4-5 中国地区极端气温指数（TNn、TNx、TXn、TXx、CSDI、WSDI）的空间分布
左列：观测结果；右列：模拟集合结果

区域气候模式集合对中国地区 DTR 有一定的模拟能力，但模拟存在北方地区偏小、南方及青藏高原地区偏大的误差，与观测的相关系数为 0.49。4 个模式中，HAD 表现最好，与观测的相关系数为 0.53，MPI 则相对要差，为 0.37（表 4-2）。模式对 GSL、FD、ID、SU 和 TR 均具有较好的模拟能力，与观测的空间分布较

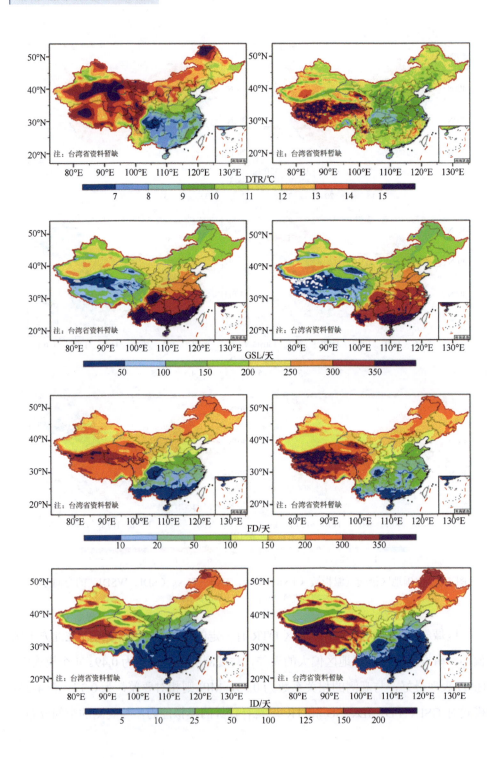

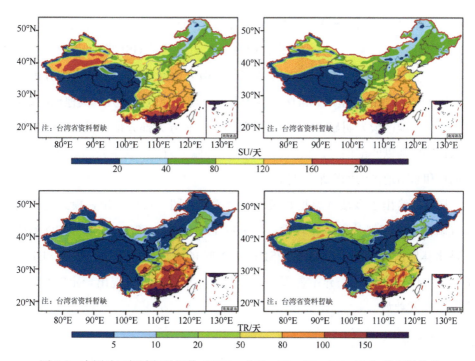

图 4-6　中国地区极端气温指数（DTR、GSL、FD、ID、SU、TR）的空间分布

左列：观测结果；右列：模拟集合结果

表 4-2　模式模拟的极端气温指数与观测的相关系数

指数	集合平均	CSIRO	EC	HAD	MPI
TNn	0.92	0.94	0.90	0.93	0.89
TNx	0.98	0.96	0.98	0.97	0.98
TXn	0.95	0.96	0.94	0.96	0.93
TXx	0.98	0.98	0.98	0.98	0.98
CSDI	0.56	0.48	0.50	0.50	0.49
WSDI	0.64	0.50	0.54	0.66	0.61
DTR	0.49	0.49	0.52	0.53	0.37
GSL	0.97	0.97	0.97	0.97	0.97
FD	0.97	0.97	0.96	0.97	0.96
ID	0.91	0.93	0.89	0.92	0.90
SU	0.97	0.97	0.96	0.97	0.96
TR	0.92	0.87	0.92	0.91	0.92

为吻合，模拟与观测的相关系数较高，大部分达 0.90 以上，并且集合模拟较单个模式表现稳定（表 4-2）。其中，集合模拟存在的问题是 GSL 在西北和华北地区偏长，其他地区偏短；FD 则在青藏高原及南方地区偏长，北方大部分地区偏短；ID 除在新疆的塔里木和准噶尔盆地及南方部分地区偏短外，其他地区偏长，以青藏高原地区最为明显；SU 的模拟表现为在北方大部分地区偏短，西南地区偏长；TR 则以西部偏长、东部除东北地区外偏短为主，其中新疆塔里木盆地等的偏长和东南地区的偏短最为明显。

图 4-7 给出了极端气温指数模拟能力的泰勒图。可以看出，模式对不同极端气温指数的模拟效果差异较大，其中对 TXn、TNx、SU、GSL 及 FD 的模拟明显比其他指数要好，CSDI、WSDI 和 DTR 的表现相对要差。除 WSDI 外，不同模拟结果之间的差异不显著，总体来说，集合平均表现出一定的稳定性，比单个模式要好。

2. 极端降水

观测和 CORDEX-EA RegCM4 区域气候模式集合平均模拟的中国地区极端降水指数的空间分布见图 4-8 和图 4-9。可以看出，集合模拟基本能够较好地再现观测中 Rx1day、Rx5day、SDII、PRCPTOT 和 R1mm 的分布。模拟的 Rx1day、

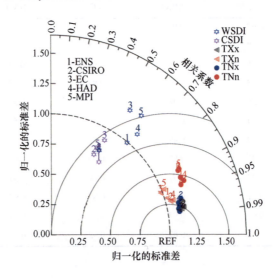

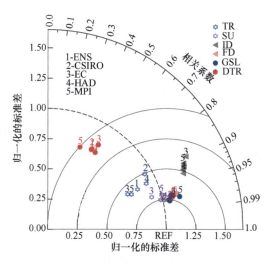

图 4-7　极端气温指数模拟能力的泰勒图

ENS 表示集合平均，REF 表示观测值

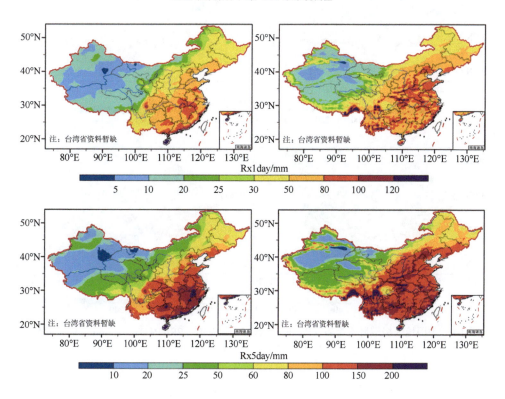

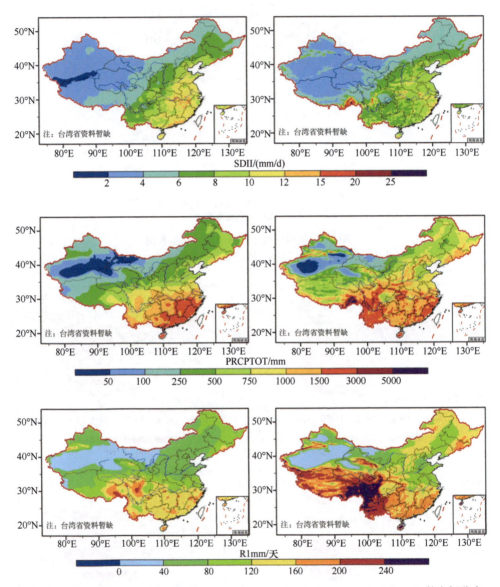

图 4-8 中国地区极端降水指数（Rx1day、Rx5day、SDII、PRCPTOT、R1mm）的空间分布
左列：观测结果；右列：模拟集合结果

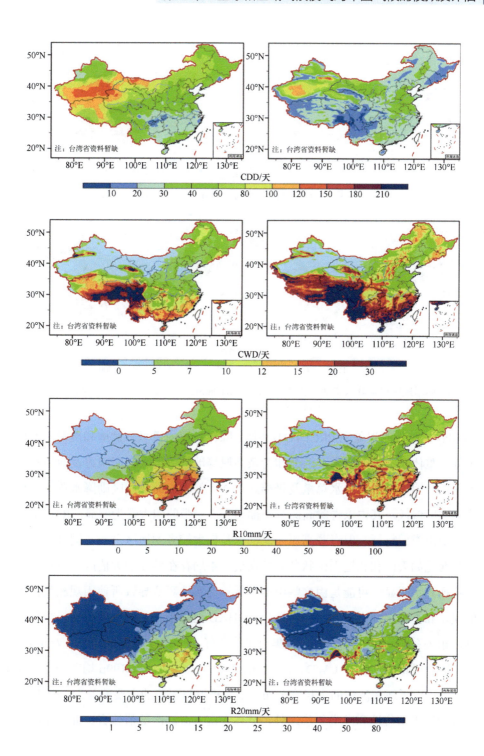

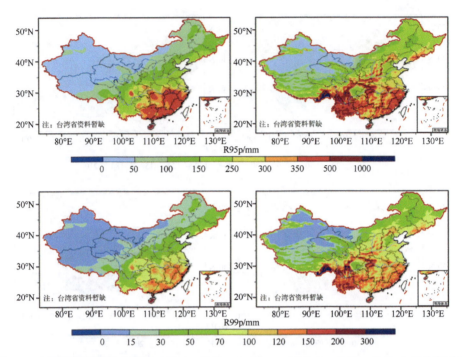

图 4-9 中国地区极端降水指数（CDD、CWD、R10mm、R20mm、R95p、R99p）的空间分布
左列：观测结果；右列：模拟集合结果

Rx5day、SDII 的误差和 PRCPTOT 类似，除在新疆的塔里木盆地和准噶尔盆地偏少外，整体在中国的北方、西北和青藏高原等地数值偏大，而南方及四川盆地数值偏低，即干旱区的降水总量及极端降水强度偏大，而湿润区则降水总量和极端降水强度偏低，其中以青藏高原东南部和云南一带的偏大最为明显。R1mm 的误差表现出类似特征，但青藏高原西北部也是偏大较多的地区之一。同时，可以注意到西北如天山和祁连山山脉各变量在模拟中均存在明显的大值区，而观测中这一特征并不明显，可能是由这些山地区域缺乏实地观测导致所使用观测数据本身的误差和不确定性引起的。4 个模式中，HAD 对以上指数的空间分布模拟效果最好，相关系数均在 0.70 以上，较集合平均要好，CSIRO 则表现最差（表 4-3）。

集合模拟对 CDD、CWD、R10mm、R20mm、R95p 和 R99p 均有一定的模拟能力，可以再现观测中的大尺度分布。集合模拟与观测的主要偏差为，CDD 除在新疆的塔里木盆地和准噶尔盆地外，整体在南方湿润区数值偏大、北方干旱和半干旱区数值偏小,即模式表现湿润区偏干和干旱区偏湿的现象;模拟的最大误差出现在新疆和青藏高原交界处的昆仑山脉及以南地区,数值偏低达到 80 天,这可能是由该地区缺少观测台站所导致的观测数据误差引起的。CWD 的模拟在整个中国区域均表现为偏多,青藏高原东麓和云南地区等地偏多最显著,达 30 天以上。R10mm、R20mm、R95p 及 R99p 则在北方大部分地区和西南地区偏多,长江以南偏少,和 PRCPTOT 的误差表现出一致性。由与观测的空间系数可以看出(表 4-3),集合平均对 CWD 的模拟效果较好,空间相关系数在 0.70 以上,而 CDD 和 R20mm则相对较差,相关系数大部分低于 0.50。总体来看,HAD 表现最好。

表 4-3　模式模拟的极端降水指数与观测的相关系数

指数	集合平均	CSIRO	EC	HAD	MPI
Rx1day	0.78	0.70	0.75	0.84	0.75
Rx5day	0.68	0.61	0.65	0.77	0.62
SDII	0.75	0.66	0.73	0.81	0.73
PRCPTOT	0.63	0.55	0.62	0.74	0.57
R1mm	0.77	0.76	0.80	0.77	0.71
CDD	0.48	0.47	0.54	0.51	0.29
CWD	0.74	0.70	0.72	0.73	0.74
R10mm	0.63	0.56	0.61	0.72	0.59
R20mm	0.48	0.39	0.44	0.61	0.43
R95p	0.63	0.54	0.60	0.75	0.55
R99p	0.64	0.56	0.61	0.76	0.56

图 4-10 进一步给出了极端降水指数模拟能力的泰勒图。从泰勒图中可以看出,模式对极端降水指数的模拟效果比极端气温指数要差,其中 SDII 和 Rx1day 的模拟相对较好,HAD 的总体表现较优。

4.2.4　热带气旋

热带气旋(Tropical Cyclone,TC)是生成于热带洋面上的一种气旋性涡旋,通常伴随大风、暴雨和风暴潮等,是全球破坏力最强的自然灾害之一。西北太平

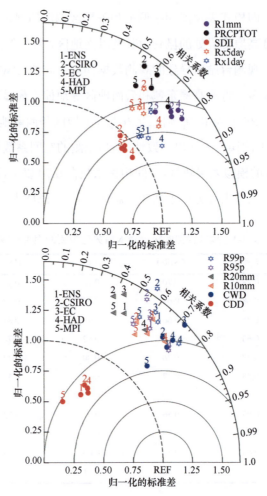

图 4-10　极端降水指数模拟能力的泰勒图
ENS 表示集合平均，REF 表示观测值

洋是热带气旋发生最频繁的海域，全球约有 1/3 的热带气旋在此生成，平均每年有 7～8 个热带气旋登陆中国，造成重大经济和人员损失。热带气旋是中小尺度的天气气候系统，其中心大小一般为几十公里的范围，在一般分辨率（如 100～200 km）的全球气候模式中不能对其进行准确描述，最多给出和观测中热带气旋类似的涡旋结构及一些基本特征，而高分辨率区域气候模式则可以更好地刻画出台风的结构和强度，可应用于热带气旋变化研究。

1. 气候模式模拟结果中热带气旋的识别

在模式中使用程序自动识别出热带气旋个体及其路径有很多方法，美国 GFDL 提供了高分辨率大气模式中热带风暴的检测与诊断（Detection and Diagnosis of Tropical Storms in High- Resolution Atmospheric Models，TSTORMS）系统脚本，可以免费下载和使用（https://www.gfdl. noaa.gov/tstorms/），具体方法如下。

依据 Camargo 和 Zebiak（2002），采用基于海域和模式计算的相对涡度与垂直气温距平阈值。具体地说，采用的相对涡度阈值是每个模式分析海域的相对涡度标准差的两倍，垂直气温距平阈值是每个模式分析海域垂直气温距平的标准差。因为风速阈值与空间、时间分辨率关系密切，因此没有使用风速阈值这一指标。

（1）在一个时间点中，定位 20×20 个格距中 850 hPa 最大相对涡度大于相对涡度阈值的点；

（2）在（1）定位出的局地最大相对涡度点附近 2°经/纬度范围内寻找局地最低海平面气压，定义为热带气旋中心；

（3）将 200 hPa 和 500 hPa 平均气温距平的局地最大值定义为暖心中心。暖心中心必须在热带气旋中心附近 2°经/纬度范围内，并且暖心中心与周围的气温差必须大于垂直气温距平阈值；

（4）热带气旋必须生成于海面温度（SST）高于 26 ℃的温暖洋面。

经过上述热带气旋识别方法筛选出若干个热带气旋点，采用如下的热带气旋追踪方法进行路径追踪。

（1）对于每一个识别出的热带气旋，检测未来 6h 该气旋 400 km 范围内是否有其他热带气旋；

（2）如果存在多个热带气旋，与最初识别出的热带气旋距离最近的气旋点，被认为和最初气旋点属同一条路径。如果有多个气旋点满足追踪条件（1），那么优先选择相对于当前位置向极地和向西方向的气旋点；

（3）热带气旋路径必须维持至少 1 天。

台风等级的定义在国内外有很多种，可基于《热带气旋等级》（GB/T 19201—

2006）划分热带气旋等级，这是中国台风业务采用的标准。但因为气候模式结果中的风速常常被低估，因此不考虑该标准中热带低压的最低阈值，采用的热带气旋等级及中心附近地面最大风速具体见表 4-4。

表 4-4 热带气旋等级及中心附近地面最大风速

热带气旋等级	中心附近地面最大风速/（m/s）
热带低压（TD）	0～17.1
热带风暴（TS）	17.2～24.4
强热带风暴（STS）	24.5～32.6
台风（TY）	32.7～41.4
强台风（STY）	41.5～50.9
超强台风（SuperTY）	≥51.0

2. 对一套区域模式结果中热带气旋模拟的检验

对 CORDEX-EA RegCM4 气候变化集合试验结果中的热带气旋模拟进行了检验（Wu et al.，2022）。图 4-11 给出当代观测和模式模拟的西北太平洋热带气旋生成频率的年平均以及 ensR 的偏差。生成频率在 15°N～25°N 最大。观测的生成频率区域总和及年际变率分别为 23.9a^{-1} 和 4.3a^{-1}。模式模拟结果可以较好地再现观测热带气旋生成频率的分布特征，空间相关系数在 0.42（NdR）～0.58（ensR）。模式模拟的生成频率区域总和在 14～30a^{-1}。ensR 的生成频率区域总和为 23a^{-1}，与观测结果接近。如图 4-11（h）所示，ensR 模拟的生成频率增加和减少的格点在

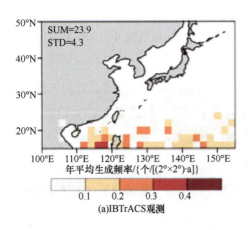

(a)IBTrACS观测

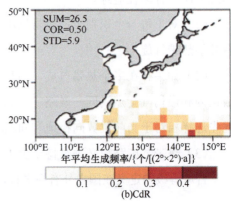

(b)CdR

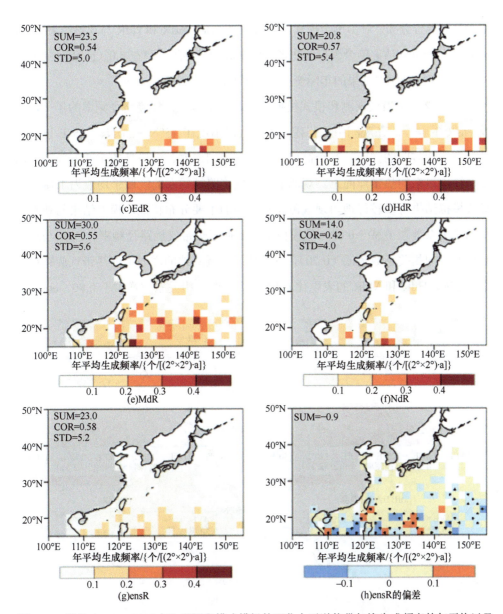

图 4-11　当代（1986～2005 年）观测和模式模拟的西北太平洋热带气旋生成频率的年平均以及 ensR 的偏差

区域总和（SUM）、与观测的相关系数（COR）以及年际变率（STD）见各分图的左上方，图（h）中的点表示至少 4/5 的模式变化同号

整个区域混合分布。对于单个模式，MdR 存在高估，EdR 和 HdR 与观测结果接近，NdR 存在严重低估。单个模拟的热带气旋生成频率年际变率在 4.0（NdR）～5.9a^{-1}（CdR），大部分模拟结果的年际变率大于观测的年际变率（4.3a^{-1}）。

图4-12给出当代观测和模式模拟的西北太平洋热带气旋路径频率的年平均以及 ensR 的偏差。在观测中，路径频率最大值出现在 15°N～25°N、135°E 以西并延伸至东北方向的洋面。3 个高值区分别在中国南海、台湾岛的东北方向洋面以及菲律宾以东的热带洋面上。观测的热带气旋路径频率的区域平均值为 1.18a^{-1}。模式模拟结果可以较好地再现观测路径频率的主要分布特征，模拟结果与观测的空间相关系数在 0.69～0.87，但模拟结果低估了热带气旋路径频率。CdR 与观测结果的空间相关系数较低（0.70），且低估了靠近陆地的洋面上的热带气旋路径频率。EdR、HdR 和 MdR 的表现比 CdR 更优，空间相关系数均大于 0.80。ensR 与

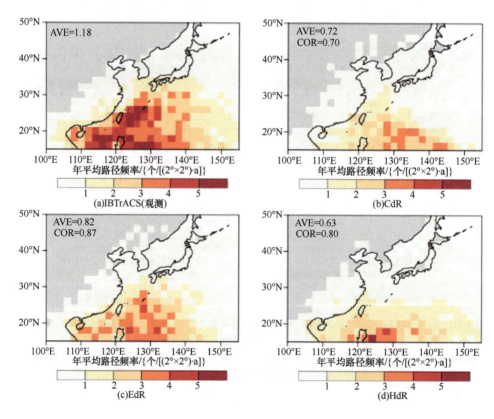

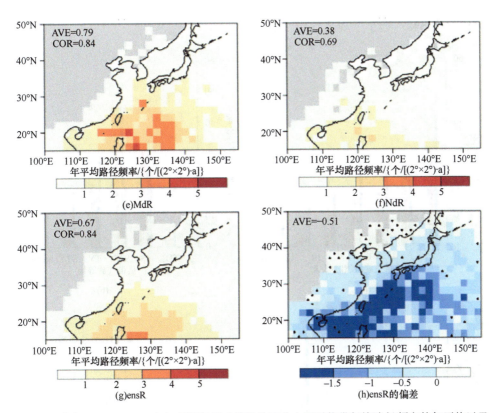

图 4-12 当代（1986～2005 年）观测和模式模拟的西北太平洋热带气旋路径频率的年平均以及 ensR 的偏差

区域平均（AVE）、与观测的相关系数（COR）见各分图的左上方，图（h）中的点表示至少 4/5 的模式变化同号

观测的相关系数为 0.84，略微低于 EdR 的空间相关系数。ensR 的路径频率区域平均为 0.67a⁻¹，比观测结果少约 43%，主要是由于从南海到日本南部存在一条低估的路径频率带。结合图 4-11 来看，路径频率的低估主要是由于生成频率的低估以及模拟的热带气旋持续时间偏短。

图 4-13 给出了当代西北太平洋观测、各模式模拟和 ensR 的热带气旋持续时间、热带气旋等级和最小海平面气压的百分比分布。在观测中，持续时间分布在 6～8 天（27%），随后是 4～6 天（24%）。只有 2% 的热带气旋持续时间短于 2 天。模式模拟的热带气旋分布类似，都在持续时间较短的范围内百分比较大，如在短于 2 天和 2～4 天的百分比分别约为 36% 和 24%，而长于 10 天的百

分比只有 5%，远小于观测结果（21%）。

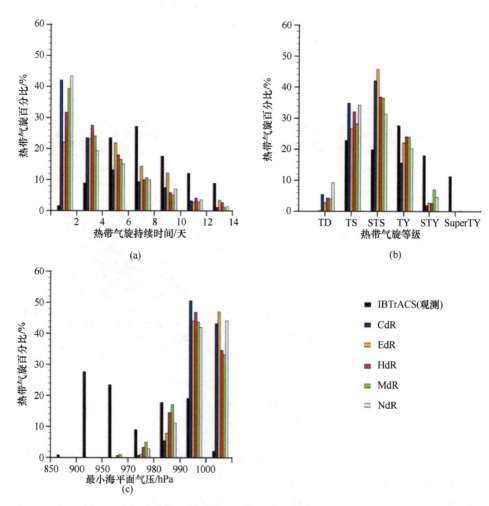

图 4-13　当代西北太平洋观测、各模式模拟和 ensR 的热带气旋持续时间（a）、热带气旋等级
（b）和最小海平面气压（c）的百分比分布

　　观测的热带气旋等级最大百分比在 TY 等级（28%），随后分别为 TS（23%）、
STS（20%）、STY（18%）、SuperTY（11%）和 TD（0.2%）。模式模拟的热带气
旋等级分布与观测结果的分布类似，但模拟结果高估了 TS 和 STS 等级的百分比，
低估了 TY、STY 和 SuperTY 等级的百分比。因此，模拟结果倾向于低估强热带

气旋的百分比。

接近一半的观测热带气旋最小海平面气压小于 970 hPa，少于 4%的结果高于 1000 hPa。大部分模拟的热带气旋最小海平面气压大于 970 hPa，仅有 HdR 和 MdR 可以模拟出最小海平面气压在 950～970 hPa 的热带气旋。模拟的热带气旋强度弱于观测的热带气旋强度，这与模拟的分辨率还需提升有关。

总体而言，RegCM4 可以再现西太平洋地区观测中热带气旋的整体特征，但对生成频率有所低估；由于对路径的模拟偏短，模式也低估了热带气旋的发生频率。和大部分模式一样，模式对 TY 的模拟较好，但 STY 和 SuperTY 模拟偏少，而 TS 模拟则偏多。

4.2.5　大气环境容量

区域气候模式结果同样可用于大气环境容量的模拟及预估分析。图 4-14（a）显示了观测到的 1986～2005 年平均大气环境容量的空间分布。可以看出，新疆南部地区、西藏和内蒙古多数地区容量较大，新疆西北地区、东北部分地区、华北南部地区和华中地区容量较小。图 4-14（b）为 CORDEX-EA RegCM4 气候变化集合试验中三组模拟结果（EC、HAD、MPI）集合平均的结果，图 4-14（c）～图 4-14（e）为三组单独试验的模拟结果，结果表明：三组单独试验和它们的集合平均都能较好地模拟相应时段大气环境容量的整体空间分布特征，与观测的相关系数均超过 0.75（表 4-5）。模式对观测到的大部分低容量地区的模拟较好，但模拟结果显示新疆南部地区是一个显著的低值中心，与 ERA-Interim 得到的数值相差较大，主要原因可能是这一地区观测信息较少，因此再分析数据存在较大的不确定性。此外，华北多数地区大气环境容量的模拟值要大于观测值［图 4-14（b）～图 4-14（e）］。从全国平均来看，三组试验及其集合样本模拟与观测的误差的差异不大，集合平均的区域平均误差是 0.18（观测的区域平均值是 1.74），均方根误差是 0.49，总体模拟误差较小（表 4-5）。

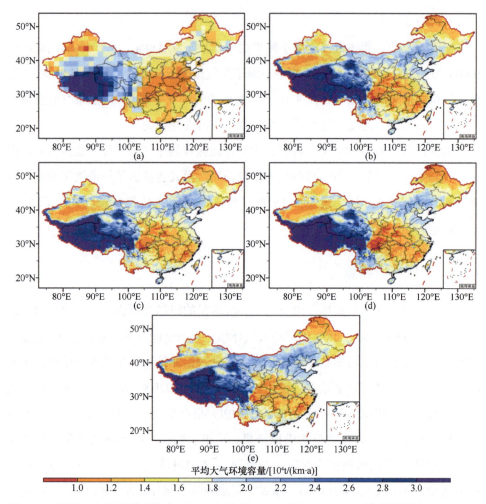

图 4-14　观测（a）和多模式集合（b）、EC（c）、HAD（d）、MPI（e）模式模拟的 1986～2005
年平均大气环境容量的空间分布

表 4-5　1986～2005 年中国年平均大气环境容量的三组区域气候模式模拟及其集合的检验

模式	相关系数	全国区域平均的误差值 / [10^4t/（km·a）]	均方根误差 / [10^4t/（km·a）]
EC	0.76	0.17	0.47
HAD	0.79	0.20	0.54
MPI	0.75	0.18	0.48
集合平均	0.77	0.18	0.49

　　从图4-15可以看出,观测到的大气环境容量在各个区域都有明显的季节变化。冬季,大气环境容量在全国范围都较低,仅在青藏高原有高值区;受冬季降水影响,华南地区的容量值略高于东部大多数区域。春季,全国大气环境容量普遍增加,高容量的区域明显扩大,低值主要分布在华中地区。与春季相比,夏季华中地区的大气环境容量增加,东北和西藏地区的大气环境容量则略有降低。秋季,全国大气环境容量又降到低值,其空间分布与冬季类似,但除西藏外容量值普遍高于冬季。三个样本集合模拟的季节变化类似,图 4-15 (b)、图 4-15 (d)、图 4-15 (f)、图 4-15 (h)给出集合的结果,可以看到,模式能够较好地模拟出全国范围内主要的季节变化特征。从空间分布来看,新疆南部的负偏差主要出现在春季和夏季,华北地区的正偏差除夏季外全年都存在。从统计结果来看(表4-6),以各季节的全国区域平均值为基准,与观测相比,夏季的模拟值整体偏低,其他三个季节的误差值均为正值,且冬季的模拟误差值最大。各季节对比来看,夏季的平均误差和均方根误差略优于其他季节,虽然夏季的相关系数明显低于其他季节,但仍然是显著的。

　　相比通风作用,雨洗对大气环境容量的贡献较小,图 4-16 (a)给出由年平均降水量的分布情况得到的雨洗对大气环境容量贡献的空间分布。可以看出,雨洗作用在江南、华南地区以及青藏高原南缘较强。模式对这一特征模拟较好,与观测的相关系数为 0.84 [图 4-16 (b)]。

　　通风作用主导了大气环境容量的变化特征,我们用弱通风日数(Weak Velocity Day,WVD)来反映可能发生严重污染事件的频率。观测中,弱通风日数的高值区大体与大气环境容量低值区对应。年弱通风日数最大超过 120 天,分布在四川盆地和新疆北部。东北部分地区、华中地区一直到东南沿海也是弱通风日数高值分布的区域,数值超过 80 天;华北南部在 60~80 天 [图 4-16 (c)]。模式对弱通风日数的空间分布特征模拟较好,与观测的相关系数为 0.74,但由于大气环境容量系统误差的存在,在除新疆北部外的高值区外,其余地区的弱通风日数与观测相比普遍偏多 [图 4-16 (d)],且误差在全年都存在(图略)。全国的通风日数平均误差为 11.6 天,均方根误差为 36.3 天。

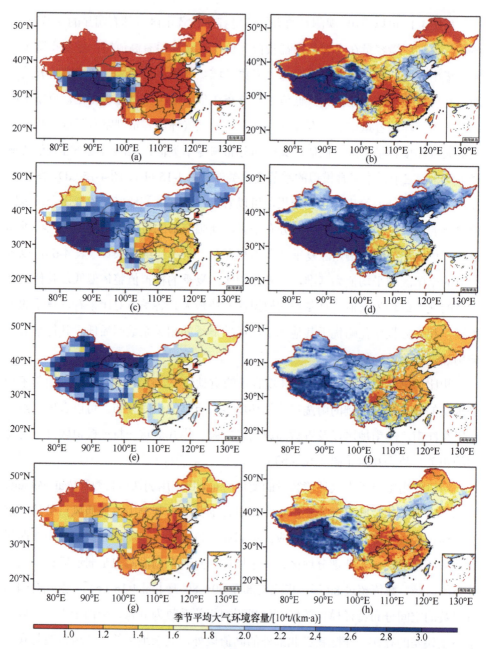

图 4-15　观测 [（a）、（c）、（e）、（g）] 和多模式集合 [（b）、（d）、（f）、（h）] 模拟的 1986～2005 年季节平均大气环境容量

（a）和（b）冬季；（c）和（d）春季；（e）和（f）夏季；（g）和（h）秋季

表 4-6 1986～2005 年中国各季节大气环境容量的区域气候模式集合模拟检验

季节	相关系数	全国区域平均的误差值（观测值）/ [10⁴t/ (km·a)]	均方根误差 / [10⁴t/ (km·a)]
冬季	0.79	0.43（1.27）	0.76
春季	0.75	0.27（2.16）	0.68
夏季	0.61	−0.24（2.10）	0.56
秋季	0.78	0.26（1.44）	0.47

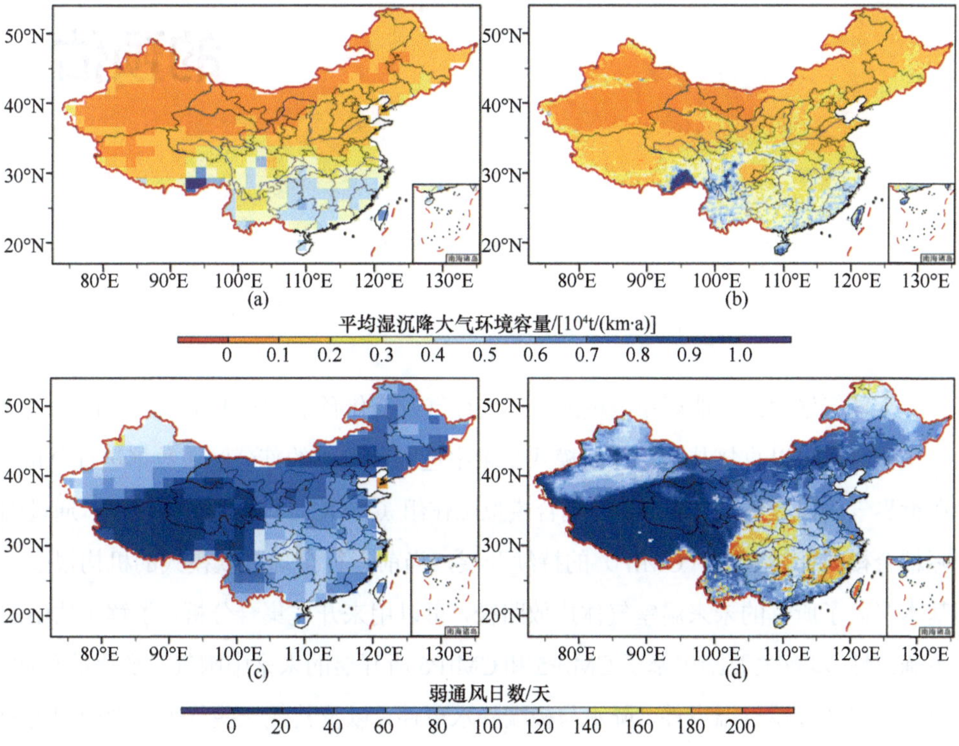

图 4-16 观测 [（a）、（c）] 和多模式集合 [（b）、（d）] 模拟的 1986～2005 年平均湿沉降大气环境容量和弱通风日数的空间分布

第 5 章

全球气候模式对中国气候变化的预估

全球气候模式（地球系统模式）是进行气候变化预估的首要工具。进行区域尺度预估时，可以直接从全球气候模式结果中选取所关心的部分区域数据进行分析。在世界气候研究计划（WCRP）耦合模拟工作组（WGCM）的组织协调下，通过国际耦合模式比较计划（CMIP）的持续开展，当前运行全球气候模式的机构很多，基本覆盖了所有的未来温室气体排放路径，可以用来开展集合分析，了解预估中的不确定性。本章主要给出基于 CMIP5 和 CMIP6 所开展的未来中国气候变化的预估，包括气温和极端气温事件、降水与极端降水事件，以及其他一些气候要素如积雪和空气质量的变化分析等。此外，基于过去的观测结果，对气候模式结果进行约束预估的研究近年来开始得到普遍应用，本章也对这方面的最新进展工作进行了介绍。

5.1 气温的变化

根据最新 CMIP6 多模式在多种共享社会经济路径-典型浓度路径（Shared

Socio-Economic Pathways-Representative Concentration Pathways，SSPs-RCPs）下的结果，未来中国平均气温将升高。至 21 世纪末期，相较于 1986~2005 年，在考虑由低到高的各种不同排放情景及不同模式的气候敏感度后，中国区域年平均气温将升高 1.8~6.5℃，升温的高值区为东北地区、西北地区和青藏高原。在气候变暖背景下，未来高温极端事件将增多，低温事件将减少。

5.1.1 平均气温

CMIP6 的 13 个模式在 SSP1-2.6、SSP2-4.5 和 SSP5-8.5 三种排放情景下的结果表明，与 1986~2005 年相比，在 SSP1-2.6 情景下，中国区域的平均气温在 21世纪中期的升温会达到 2.0℃，到 21 世纪末升温幅度有所降低，在 1.8℃左右（预估升温幅度为 0.7~3.0℃）；在 SSP2-4.5 情景下，多模式集合结果显示 21 世纪末升温幅度将达到 3.2℃左右（预估升温幅度为 1.4~3.9℃）；在 SSP5-8.5 情景下，21 世纪末升温幅度将达到 6.5℃（预估升温幅度为 3.2~8.7℃）（图 5-1）。

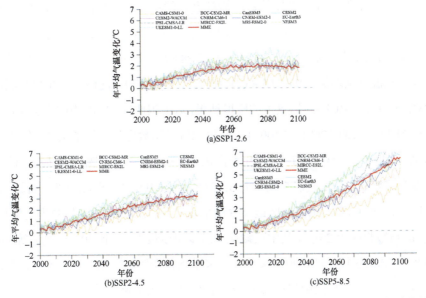

图 5-1 三种情景（SSP）下 13 个 CMIP6 全球气候模式对中国区域年平均气温变化趋势的预估
（秦大河和翟盘茂，2021）
红色曲线为 13 个模式集合平均的结果

三种 SSP 情景下中国地区平均温度变化的预估结果表明：相对于 1986～2005 年，中国各地区年均气温都表现为增加趋势，中国年均气温增幅总体上从东南向西北逐渐变大，北方地区的增温幅度大于南方地区，青藏高原地区、新疆北部及东北部分地区增温较为明显，增温幅度具有一定的区域性特征。SSP1-2.6 情景下，2021～2040 年和 2041～2060 年升温明显的区域主要在中国的西部地区、华中以及东北的东部，到了 21 世纪末（2080～2099 年）升温最明显的区域为华东和东北地区，最高升温可达到 2℃左右；在 SSP2-4.5 和 SSP5-8.5 情景下，整个升温的幅度逐渐增加，SSP5-8.5 情景下中国西部的青藏高原、新疆的北部地区以及东北的黑龙江升温幅度将达到 6℃以上（图 5-2）。

5.1.2　极端气温事件

相对于气候平均态，极端气温事件的变化常会对人类社会、经济和自然生态系统造成更大的影响。20 世纪以来，随着全球变暖趋势的进一步加剧，干旱、热浪等极端天气事件出现得更加频繁，给社会、经济和人类生活造成了严重的影响和损失。Zhou 等（2014）利用 24 个 CMIP5 模式对 21 世纪极端气温趋势进行预估，结果发现：到 21 世纪末期，在 RCP4.5（RCP8.5）情景下，多模式集合平均最低气温和最高气温分别增加 2.9℃（5.8℃）和 2.7℃（5.5℃）。沈雨辰（2014）利用 25 个 CMIP5 模式在 RCP4.5 情景下的模拟结果，对中国地区 21 世纪中期（2046～2065 年）和 21 世纪末期（2081～2100 年）的极端气温指数变化进行了预估，结果表明：21 世纪末期极端气温指数的变化相比于中期更为显著。21 世纪末期最高气温与最低气温升温明显，最低气温平均上升 3.15℃，极值中心位于西藏南部、新疆北部地区，增幅达到 4.5℃；中国地区最高气温平均上升 2.73℃；热浪日数平均增加 2.1 天；霜冻日数将减少 25 天，其中西藏地区减少幅度最大，达到 40 天。姚遥等（2012）利用 8 个 CMIP5 模式的模拟结果，对未来中国极端气温变化进行了预估，发现 20 年一遇的最高气温在中国地区呈现升高趋势，局部升温幅度达到 4℃。

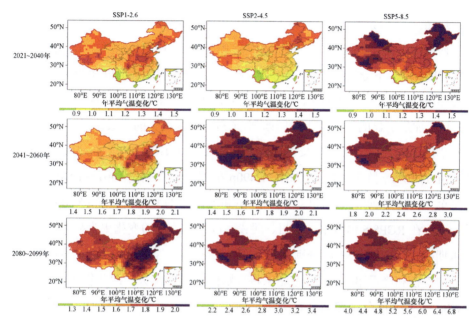

图 5-2 三种 SSPs-RCPs 下 CMIP6 多模式对中国区域 21 世纪不同时期年平均气温变化的预估
（秦大河和翟盘茂，2021）

　　Xu 等（2018）也利用 CMIP5 多个全球气候模式的模拟结果预估了 RCP2.6、RCP4.5 和 RCP8.5 温室气体排放情景下，不同时期中国地区 50 年一遇极端气温和降水的变化，结果表明：在三种温室气体排放情景下，整个中国地区 50 年一遇 TXx 的值将增加，TNn 的值将减小，尤其在 RCP8.5 温室气体高排放情景下，目前 50 年一遇的极端高温事件在 21 世纪末将变为 1~2 年一遇，极端冷事件将逐渐消失。

　　大量研究结果表明，未来我国极端暖事件将继续增加，极端冷事件将继续减少。中国区域 TNn 和 TXx 将增加，且 TNn 增加幅度大于 TXx 的增加幅度；FD 和 ID 将减少；TR 和 SU 将增加；WSDI 将增加，CSDI 将减少；TX90p 和 TN90p 频次将增加，TX10p 和 TN10p 频次将减少（Zhou et al.，2014）。

　　具体来讲，与 1986~2005 年相比，到 21 世纪末期，中国 TNn 和 TXx 在 RCP4.5 情景下分别升高 3.0℃和 2.8℃，在 RCP8.5 情景下分别升高 5.9℃和 5.6℃。其中，TNn 在东北、西北北部和西南南侧增加幅度最大，TXx 增幅最大的区域位于华东区域，且 TNn 的变化幅度略大于 TXx 的变化幅度。到 21 世纪末期，FD 和 ID 在

RCP4.5 情景下分别减少 21 天和 17 天，在 RCP8.5 情景下分别减少 43 天和 32 天，我国西部地区变化最为明显。TR 和 SU 在 RCP4.5 情景下分别增加 18 天和 25 天，在 RCP8.5 情景下分别增加 38 天和 44 天。WSDI 在 RCP4.5 和 RCP8.5 情景下分别增加 49 天和 136 天，CSDI 在 RCP4.5 和 RCP8.5 情景下将分别减少 3 天和 4 天。WSDI 增加最明显的地区位于中国西部，CSDI 减少最大的区域位于新疆、青藏高原和华南地区。在 RCP4.5 情景下，到 21 世纪末期，TN10p 和 TX10p 分别由 1961～1990 年的 10% 下降至 1.7% 和 2.6%，TN90p 和 TX90p 分别由 1961～1990 年的 10% 增加至 21 世纪末期的 41% 和 36%，TN10p 和 TN90p 的变化要大于 TX10p 和 TX90p 的变化。在 RCP8.5 情景下，暖日、暖夜、冷日和冷夜的变化更为显著。到 21 世纪末期，TN10p 和 TX10p 分别下降至 0.4% 和 0.9%，意味着 20 世纪后期每 10 天一次的冷夜和冷日事件在 21 世纪末将分别变成每 200 天一次和每 100 天一次。TN90p 和 TX90p 分别增加至 67% 和 59%，意味着 20 世纪后期每 10 天一次的暖日和暖夜事件在 21 世纪末期将会变为常态（图 5-3）。

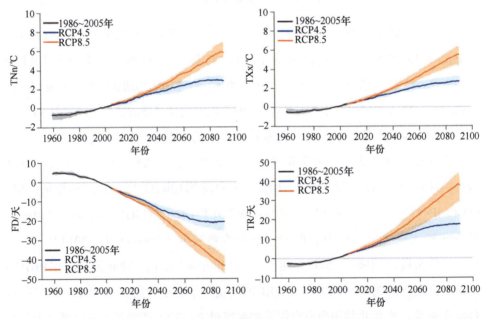

图 5-3　四个极端气温指数 20 年滑动平均变化（相对于 1986～2005 年）（Zhou et al.，2014）

实线为多模式集合中值，阴影为第 25 和第 75 百分位区间

5.2　降水与水循环的变化

同样使用最新 CMIP6 多模式在多种 SSPs-RCPs 下的结果开展预估，未来中国年平均降水将普遍增加，相对于 1986～2005 年，21 世纪末期的增加值为 8%～27%，华北、内蒙古、西北地区东部及青藏高原的降水增加较多。未来强降水事件增加，其降水量占降水总量的比重逐渐增大。

5.2.1　降水

CMIP6 模式在三种 SSP 情景下的预估结果表明：在 SSP1-2.6、SSP2-4.5 和 SSP5-8.5 三种情景下，中国区域年平均降水量都呈现增加的趋势。与 1986～2005 年相比，在 SSP1-2.6 情景下，到 21 世纪末中国区域年平均降水量将增加 7%（预估增加幅度为 0.2%～17%），在 SSP2-4.5 情景下增加 9%（预估增加幅度为 1%～25%），在 SSP5-8.5 情景下增加 18%（预估增加幅度为 8%～43%），与对气温的预估相比，对降水的预估模式间的差别更大。

就空间分布而言，各时期内中国大部分地区的降水都表现为增加，西北地区、华北地区、东北地区降水增加幅度相对较大。值得注意的是，在 21 世纪初 SSP2-4.5 情景下，中国西南地区降水可能会减少，在 SSP5-8.5 情景下，西部地区降水增加最明显，最大可达 30%（图 5-4）。

5.2.2　极端降水

根据 22 个 CMIP5 模式的模拟结果，对 21 世纪极端降水的趋势变化进行分析（Zhou et al.，2014），结果表明：R95p 和 Rx5day 在 21 世纪增加显著。在 RCP8.5（RCP4.5）情景下，到 21 世纪末 R95p 和 Rx5day 分别增加 60%（25%）和 21%（11%），CDD 则在 21 世纪的后半期表现出显著减少的趋势。在 RCP4.5 排放情景下，21 世纪中期（2046～2065 年），R95p 和 Rx5day 在全国范围内呈现一致的增加趋势，其中 Rx5day 的增加更为显著，显著增加的区域主要集中在我国的

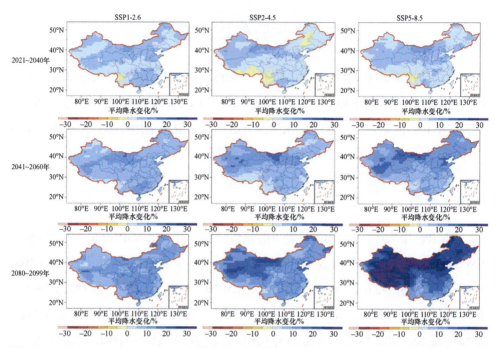

图 5-4   三种 SSPs-RCPs 下 CMIP6 多模式对中国区域 21 世纪不同时期平均降水变化的预估（秦
大河和翟盘茂，2021）

西北东部及黄淮流域，增加幅度均超过 10%；CDD 在 30°N 以南增加，在 30°N
以北则减少，最大减少在西北东部，达到 15%，说明未来该区域干旱形势可能
会有所缓解；21 世纪末期，R95p 和 Rx5day 增加的幅度远大于前期，其中在我
国西北部和江淮流域增加最为显著，局部地区增幅超过 20%，而全国的 CDD 变
化幅度较前期进一步加剧（Li W et al.，2016）。

至 21 世纪末期，降水有趋于极端化发展的趋势（陈活泼，2013）。其中，
中雨、大雨和暴雨的发生频次显著增加，并且与气温的变化表现为正相关，
分别以 1.5%/℃、6.0%/℃ 和 27.3%/℃ 的趋势增加，意味着未来中国遭遇洪涝
灾害的风险将加大。东亚季风环流的增强以及中低层结不稳定性的增强，为
中国未来降水以及极端降水事件的增强提供了丰富的水汽来源和强大的动力
条件。

CMIP5 多模式集合预估在不同排放情景下，目前 50 年一遇的极端降水

（Rx5day）的量值在未来均会增加，同时目前 50 年一遇的极端降水事件在 21 世纪末将变为 10 年一遇；中国平均的 Rx5day 重现期在 2016~2035 年将从 50 年一遇变为 20 年一遇，到 21 世纪末期在 RCP2.6、RCP4.5 和 RCP8.6 情景下将分别变为 17 年一遇、13 年一遇和 7 年一遇（Xu et al.，2018）。CDD 重现期的变化比 Rx5day 小，整个中国平均 CDD 的重现期在 2016~2035 年从目前的 50 年一遇变为 32 年一遇，到 21 世纪末三种情景下变为 38 年一遇、36 年一遇和 29 年一遇。从空间分布来看，CDD 在中国的北方地区将减少，而在南方将增加。

但总体来说，虽然所有模式预估的未来中国区域年降水量和极端降水事件都为增加趋势，但模式间预估的增加幅度有一定差异。

未来我国极端强降水将增多，强降水量占年降水量比重增大，而且 RCP8.5 情景下的变化幅度大于 RCP4.5 情景下的变化幅度。与 1986~2005 年相比，到 21 世纪末，PROPTOT、SDII 和 Rx5day 在 RCP4.5 情景下将分别增加 8%、8% 和 11%，在 RCP8.5 情景下将相应增加 14%、15% 和 21%。R95p 在全国范围内均明显增加，尤以我国西部和北部地区最为显著。此外，R10mm 在我国 30°N 以北地区将增加，30°N 以南地区则减少；华北、西北和东北地区的 CDD 将减少，但模式间存在较大的差异（Zhou et al.，2014）。

5.3　积雪和空气质量

5.3.1　积雪

季节性积雪是冰冻圈的重要组成部分，在地表能量平衡、水循环、生态系统过程中发挥着重要作用。评估结果显示，CMIP6 全球气候模式对北半球雪深气候态和长期趋势的模拟存在较大偏差（Zhong et al.，2022）。22 个 CMIP6 模式模拟的 30 年平均（1976~2005 年）冷季（10 月至次年 3 月）积雪深度的均方根误差为 17~36 cm，超过了观测到的 30 年平均水平（18±16 cm）。模拟的积雪深度在

1955～2014 年持续减少，而观测资料则显示为增加趋势。这种相反的变化可能是模型中积雪深度对温度响应过于敏感，而对降水变化的响应不足所致。CMIP6 模式对青藏高原积雪深度模拟偏大，这与前期积累的降水正偏差和温度冷偏差有关（Zhang et al.，2022）。

利用等距累积分布函数匹配方法修正了 CMIP6 模拟和观测积雪深度之间的系统偏差后，张庆杰等（2021）针对新疆地区积雪深度变化的预估研究表明，新疆地区的平均积雪深度在未来不同时期相对基准期均呈增加的趋势。在 SSP1-1.9 情景下，21 世纪近期、中期和末期新疆北部大部分地区的积雪深度将会有所增加；在 SSP1-2.6 情景下，北部阿尔泰山地区的积雪深度在 21 世纪近期有所减小，但中期和末期将会有所增加；在 SSP2-4.5 情景下，21 世纪不同时期东部地区的积雪深度将会有所增加，北部和中部大部分地区在不同时期积雪深度将会变小；在 SSP3-7.0 情景下，21 世纪不同时期北部和西南地区的积雪深度将会普遍变小，东部地区的积雪深度将普遍增加；在 SSP4-3.4 和 SSP4-6.0 情景下，21 世纪不同时期西南昆仑山地区的积雪深度将会普遍变小，东部地区的积雪深度将普遍增加；在 SSP5-8.5 情景下，北部阿尔泰山地区和东部地区的积雪深度将普遍增加。

5.3.2 空气质量

北京地区冬春季灰霾事件的变化受气象条件和人为气溶胶排放的共同影响。北京冬季雾霾天气发生时，地表北风和对流层中层西北风减弱，并伴随着低层大气层结稳定性增加，不利于雾霾迅速扩散，使其累积进一步发展成重度雾霾。Cai 等（2017）利用 CMIP5 模式在 RCP8.5 情景下的预估数据，发现在气候变暖背景下，不利于雾霾扩散的稳定气象条件发生频率和持续时间比 20 世纪分别增加了 50%和 80%。这种变化与全球变暖导致的低层大气迅速增温以及东亚冬季风减弱等一系列大气背景场变化密切相关，将在很大程度上增加北京冬季重度雾霾事件的发生频率。在全球变暖背景下，海洋巨大的热容量使得海温比陆温增速要慢得多，冬季东亚海陆温差的减弱导致东亚冬季风减弱。

　　未来的增暖情景同时伴随着人为气溶胶的减排。Zhang 等（2021）利用 HadGEM3-GC2 和 GFDL-CM3 模式在温室气体排放增加和不同人为气溶胶减排情景下 2016～2049 年的预估结果，考察了北京地区灰霾事件的预估变化。结果表明，增暖情景下，有利于北京地区灰霾事件产生的环流类型的发生频率进一步增加。但是，以气溶胶光学厚度（AOD）定义的灰霾事件的强度将明显减弱，意味着有利于灰霾事件发生的气象条件频率将增加，但其强度（危险性）将明显减弱。该研究表明，人为气溶胶减排对与灰霾有关的大气环流型的影响和人为气溶胶减排本身，对北京地区灰霾事件的发生存在竞争效应。

5.4　未来温度变化的涌现约束预估

　　由于区域尺度的平均和极端升温会严重影响气候变化的适应和变迁，我们迫切需要可靠的未来区域升温的预估结果。未来气候预估高度依赖全球气候模式（GCM），但是当前 GCM 的模拟结果存在明显的偏差。基于 CMIP6 的气候预估试验数据，以 1986～2005 年为基准，在低、中和高排放情景下，21 世纪末中国平均地表气温将会分别升温约 1.08℃、2.79℃和 5.62℃。但是相当一部分 CMIP6 模式的气候敏感度都显著高于以往的 GCM，该部分模式被称为"过热"模式。因此，其预估的全球表面温度（Global Surface Temperature，GSAT）升高幅度远高于其他 GCM，同时 CMIP6 模式升温预估的不确定性更大。模拟偏差和预估的不确定性会严重降低未来预估结果的可信度。

　　为了提高预估结果的可信度，减少预估的不确定性，许多研究利用多条证据链或者充分考虑不同来源的不确定性，以约束预估的想法和相关技术（周佰铨和翟盘茂，2021）。例如，基于当前可被观测的要素与未来气候系统中变量之间的物理联系发展的涌现约束技术（Klein and Hall，2015；Caldwell et al.，2018；Hall et al.，2019；Brient，2020；Sanderson et al.，2021），就被广泛应用于约束 GSAT（Tokarska et al.，2020；Lee et al.，2021）、大尺度环流（Simpson et al.，2015，2021）、全球平均降水和水文敏感性（DeAngelis et al.，2015；Su et al.，2017；Shiogama et al.，2022；Zhou et al.，2023）、季风环流以及降水的预估结果（Li et al.，2017；Zhou et al.，2017；Yan et al.，2019；Chen et al.，2020，2022），以提高它们的可信度。

IPCC AR6 指出，可靠的 GSAT 升温序列能够有效提高区域气候预估的可信度，尤其是与 GSAT 升高密切关联的要素（Lee et al.，2021），如区域尺度上的升温（Hu and Zhou，2021；Chen et al.，2023）。但是具体该如何应用 GSAT 来订正中国不同区域未来的升温，依然不清楚。基于此，可以采用当前 GSAT 以及区域尺度的升温观测证据，建立观测约束框架，有效提高未来中国不同区域的平均和极端升温的可信度（Chen et al.，2023）。下面对这种方法加以介绍。

研究采用多套可靠的气温观测资料（表 5-1），使用 CMIP6 的 23 个模式所有可获取的样本成员，包括历史模拟和四个不同情景下的预估试验（表 5-2）（Eyring et al.，2016；O'Neill et al.，2016）。进行其他分析前，首先计算每个模式自身所有样本成员的集合平均。四个排放情景包括 SSP1-2.6、SSP2-4.5、SSP3-7.0 和 SSP5-8.5。其中，在分析 TXx 的升温（极端升温）时，受限于可获取的数据，只用到其中 18 个模式的数据。下文主要展示和描述中等排放情景（SSP2-4.5）和高排放情景（SSP5-8.5）下的结果。参考 IPCC AR6，近期、中期和远期预估分别定义为 2021～2040 年、2041～2060 年和 2080～2099 年，基准时段为 1995～2014 年。

为了约束订正中国区域未来的升温，Chen 等（2023）建立分层次涌现约束框架。基于未来 GSAT 升温（$GSAT_i$）和历史模拟中 1981～2014 年 GSAT 的升温趋势（X_i）的物理联系，我们采用观测中该时段 GSAT 的升温趋势（X_O），来约束订正未来 GSAT 的升温（$GSAT_i^{Cl}$）（Tokarska et al.，2020）：

$$GSAT_i^{Cl} = GSAT_i - \rho(X_i - X_O) \tag{5-1}$$

式中，ρ 为 $GSAT_i$ 与 X_i 在模式间的回归系数，在中等排放情景下，三个预估时期的 ρ 分别是 0.80（$p < 0.01$）、0.77（$p < 0.01$）和 0.74（$p < 0.01$）；i 为每一个单独的模式。

表 5-1　观测资料集的基本信息

观测资料集	分辨率	时间范围	参考文献	数据链接
CN05.1	0.25°×0.25°	1961~2020 年	Wu and Gao，2013	
Cowtan and Way version 2（Cowtan & Way v2）	5°×5°	1979 年至今	Cowtan and Way，2014	https://www-users.york.ac.uk/~kdc3/papers/coverage2013/series.html
伯克利地表温度（Berkeley Earth Surface Temperature，BEST）	1°×1°	1701 年至今	Rohde et al.，2013	https://climatedataguide.ucar.edu/climate-data/global-surface-temperatures-best-berkeley-earth-surface-temperatures
美国国家航空航天局戈达德空间研究所地表温度第五版（NASA Goddard Institute for Space Studies Surface Temperature version 5，GISTEMP）	2°×2°	1800 年至今	Lenssen et al.，2019	https://data.giss.nasa.gov/gistemp/
美国国家海洋和大气管理局全球地表温度第五版（NOAA Global Surface Temperature version 5，NOAAGlobalTemp v5）	5°×5°	1880 年至今	Vose et al.，2012；Zhang H et al.，2019	https://psl.noaa.gov/data/gridded/data.noaaglobaltemp.html

表 5-2　23 个 CMIP6 模式的基本信息

模式	机构/国家和地区	纬向格点数×经向格点数	SSP1-2.6	SSP2-4.5	SSP3-7.0	SSP5-8.5
ACCESS-CM2	CSIRO/澳大利亚	144×192	5	5	5	5
ACCESS-ESM1-5	CSIRO/澳大利亚	145×192	6	6	6	6
AWI-CM-1-1-MR	AWI/德国	192×384	1	1	5	1
BCC-CSM2-MR	BCC-CMA/中国	160×320	1	1	1	1
CAMS-CSM1-0	CAMS-CMA/中国	160×320	2	2	2	2
CNRM-CM6-1	CNRM-CERFACS/法国	128×256	6	6	6	6
CNRM-ESM2-1	CNRM-CERFACS/法国	128×256	5	5	5	5

续表

模式	机构/国家和地区	纬向格点数×经向格点数	SSP1-2.6	SSP2-4.5	SSP3-7.0	SSP5-8.5
CanESM5	CCCMA/加拿大	64×128	22	31	32	35
CanESM5-CanOE	CCCMA/加拿大	64×128	3	3	3	3
EC-Earth3	EC-Earth-Consortium/欧盟	256×512	7	14	7	6
EC-Earth3-Veg	EC-Earth-Consortium/欧盟	256×512	7	1	1	1
FGOALS-f3-L	LASG-IAP/中国	180×360	1	1	1	1
FGOALS-g3	LASG-IAP/中国	90×180	4	4	5	4
GFDL-CM4	GFDL-NOAA/美国	180×360		1		1
GFDL-ESM4	GFDL-NOAA/美国	180×360	1	3	1	1
GISS-E2-1-G	GISS-GISS/美国	90×144	5	10	10	5
HadGEM3-GC31-LL	MOHC/英国	144×192	1	5		4
INM-CM4-8	INM/俄罗斯	120×180	1	1		1
IPSL-CM6A-LR	IPSL/法国	143×144	6	5	11	2
MIROC6	MIROC/日本	128×256	30	30	30	30
MPI-ESM1-2-LR	MPI-M/德国	96×192	10	10	10	10
MRI-ESM2-0	MRI/日本	96×192	5	5	5	5
UKESM1-0-LL	MOHC/英国	144×192	6	5	5	5

注：最右侧四列表格中的数字代表每个模式试验的样本成员个数。

在依据 GSAT 与中国各个区域的平均和极端升温（Y_i）得到可靠的 GSAT 未来升温序列后，基于 GSAT 与中国各个区域的平均和极端升温之间的显著关系（ρ_{C1}）（图 5-5），我们采用空间标度的方法，订正中国各区域的平均和极端升温（Y_i^{C1}）：

$$Y_i^{C1} = Y_i - \rho_{C1}\left(\text{GSAT}_i - \text{GSAT}_i^{C1}\right) \tag{5-2}$$

在未来，区域和局地尺度的升温主要由 GSAT 的升温驱动，但由于局地的气候反馈的存在，在约束区域升温的过程中，进一步考虑区域或局地尺度上的信息，能够提高约束预估的可信度（Ribes et al.，2021；Qasmi and Ribes，2022）。为了考虑局地气候反馈对区域或局地未来升温的贡献，我们采用观测中局地的残差升

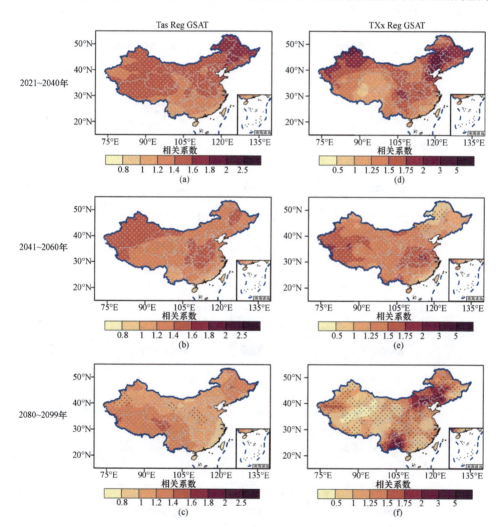

图 5-5　中等排放情景（SSP2-4.5）下中国各区域的平均升温［（a）～（c）］和极端升温［（d）～
（f）］与同期全球平均升温之间的回归系数（Chen et al.，2023）

我们首先计算每一个模式的结果，然后进行多模式集合平均。黑（白）点代表回归系数通过 95%（99%）的置信
度水平

温趋势（$\text{trend}_{\text{res,obs}}$），进一步订正和约束中国区域的升温幅度（$Y_i^{C2}$）：

$$Y_i^{C2} = Y_i^{C1} - \rho_{C2}\left(\text{trend}_{\text{res},i} - \text{trend}_{\text{res,obs}}\right) \qquad (5\text{-}3)$$

其中，局地残差升温趋势定义为中国区域的每一个格点上，扣除 GSAT 的平均升温后，地表气温的升温趋势。ρ_{C2} 代表每个模式中的局地残差升温趋势

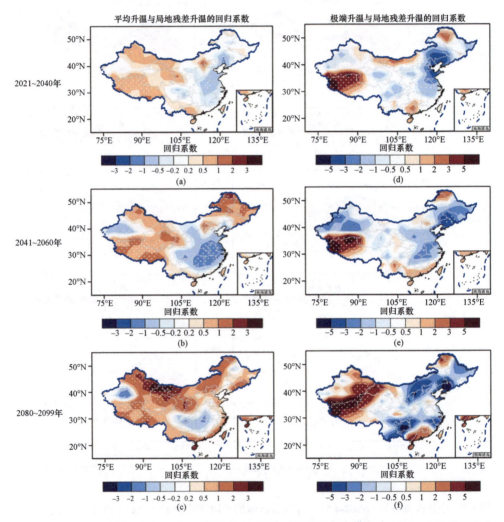

图 5-6　中等排放情景（SSP2-4.5）下采用 GSAT 升温约束后平均升温［（a）～（c）］和极端升温［（d）～（f）］，与历史模拟试验中局地残差升温在模式间的回归系数（Chen et al.，2023）

点状区域代表回归系数通过 90%的置信度水平

（trend$_{res,i}$）与 Y_i^{C1} 之间的回归系数（图 5-6）。我们只选取 ρ_{C2} 显著的区域，依照式（5-3）进行订正。在下文中，如无说明，约束预估代表先后基于观测中的 GSAT 升温趋势和残差升温趋势，约束订正后的结果。

为了检验约束框架的可信度，我们采用完美模式检验（Hersbach，2000；Brunner et al.，2020）。首先从 CMIP6 模式集合中，扣除一个模式的历史模拟和未来预估试验的结果，并将其未来升温作为虚假升温（Pseudo-Observation Warming）；其次采用该模式历史模拟试验中的 GSAT 升温趋势和局地残差升温趋势，约束其他模式的未来升温的预估结果；最后将约束后的升温与虚假升温相比较。

首先展示基于多模式集合平均的未来平均和极端升温幅度 [图 5-7（a），图 5-7（b）和表 5-3]。近期预估中，未来升温在不同排放情景之间的差异较小。中等排放情景（SSP2-4.5）和高排放情景（SSP5-8.5）下 GSAT 升温幅度分别为 1.10（0.66～1.63）℃和 1.23（0.77～1.89）℃。在中期和远期预估中，随着排放情景增强，升温幅度随之增大。在远期预估中，中等和高排放情景下，GSAT 升温幅度分别

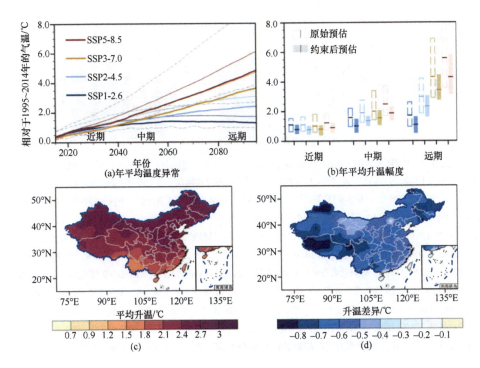

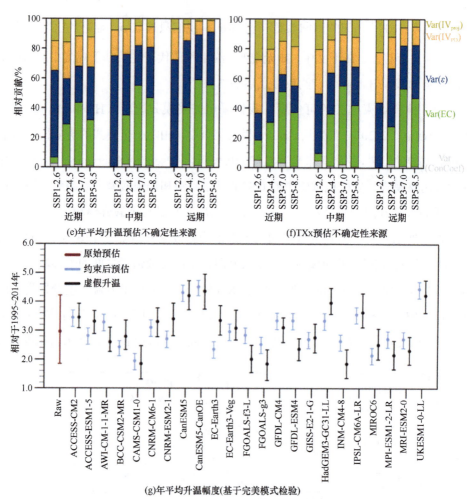

(e)年平均升温预估不确定性来源   (f)TXx预估不确定性来源

(g)年平均升温幅度(基于完美模式检验)

图 5-7   中国区域的 GSAT 在原始和约束预估下的升温幅度（Chen et al.，2023）

（a）10 年滑动平均后的 GSAT 升温序列，细实线是原始预估下多模式集合平均（MME）的结果，虚线代表低排放（SSP1-2.6）和高排放情景（SSP5-8.5）下，模式间 5th～95th（指第 5 至第 95 百分位，下同）的范围。粗实线是约束后的 GSAT 升温序列。（b）三个预估时期中，原始预估（空心）和约束后（实心）预估的 GSAT 升温。水平横线和柱状图分别代表 MME 和模式间 5th～95th 的范围。（c）中等排放情景下，远期预估的平均升温空间分布。（d）约束后预估和原始预估的升温之间的差异。（e）和（f）年平均升温和 TXx 升温预估的不确定性来源，其中 Var（IV_{PD}）和 Var（IV_{Proj}）分别代表当前和未来内部变率的贡献，Var（EC）代表涌现约束后减少的不确定性，Var（ConCoef）代表约束系数带来的不确定性，Var（ε）代表与约束无关的不确定性。量化不确定性各项来源的具体方法参见 Chen 等（2023）的研究。（g）中等排放情景下，GSAT 约束预估的完美模式检验。其中，红色点代表原始的预估结果；黑色点代表对应各个目标模式的虚假升温；蓝色点代表基于各个模式的历史升温，约束其他模式后的未来升温幅度。红色和蓝色竖直线代表模式间 5th～95th 的范围，黑色竖直线代表远期预估中 5th～95th 的范围

为 2.98（1.85～4.22）℃ 和 5.59（3.57～8.56）℃。类似地，在远期预估中，中等和高排放情景下，TXx 的升温幅度分别为 2.94（2.04～4.39）℃和 5.42（3.38～8.28）℃（表 5-3）。

表 5-3　中国 GSAT 和 TXx 在近期、中期和远期预估中的升温幅度（Chen et al.，2023）

	排放情景	预估	近期升温幅度/℃	SNR，UncerDif	中期升温幅度/℃	SNR，UncerDif	远期升温幅度/℃	SNR，UncerDif
平均升温	SSP1-2.6	原始 约束后	1.10 （0.64～1.53）， 0.78 （0.48～1.11）	1.23， −4%	1.58 （0.97～2.20）， 1.01 （0.54～1.49）	1.28， 10%	1.72 （0.96～2.61）， 1.09 （0.50～1.64）	1.04， 45%
	SSP2-4.5	原始 约束后	1.10 （0.66～1.63）， 0.77 （0.43～1.03）	1.13， −28%	1.90 （1.25～2.74）， 1.36 （0.99～1.69）	1.27， −33%	2.98 （1.85～4.22）， 2.33 （1.61～3.05）	1.26， −38%
	SSP3-7.0	原始 约束后	1.01 （0.60～1.82）， 0.81 （0.38～1.07）	0.83， −42%	2.00 （1.42～3.39）， 1.55 （1.05～2.07）	1.01， −54%	4.32 （2.91～6.90）， 3.44 （2.74～4.48）	1.08， −58%
	SSP5-8.5	原始 约束后	1.23 （0.77～1.89）， 0.91 （0.54～1.25）	1.10， −31%	2.48 （1.71～3.75）， 1.88 （1.35～2.33）	1.21， −46%	5.59 （3.57～8.56）， 4.30 （3.12～5.85）	1.12， −54%
极端升温	SSP1-2.6	原始 约束后	1.10 （0.55～1.67）， 0.73（0.01～1.28）	0.98， −13%	1.65 （1.14～2.40）， 1.09 （0.40～1.97）	1.31， −5%	1.68 （0.91～2.73）， 1.32 （0.43～1.99）	0.92， 72%
	SSP2-4.5	原始 约束后	1.11（0.73～1.81）， 0.76（0.26～1.10）	1.03， −29%	1.86 （1.31～2.91）， 1.36 （0.66～1.90）	1.16， −35%	2.94 （2.04～4.39）， 2.31 （1.21～2.99）	1.25， −25%
	SSP3-7.0	原始 约束后	0.98（0.35～2.00）， 0.70（0.08～0.97）	0.59， −48%	2.00 （1.29～3.41）， 1.51 （0.84～1.96）	0.94， −53%	4.28 （2.90～6.84）， 3.26 （2.25～4.61）	1.09， −52%
	SSP5-8.5	原始 约束后	1.24（0.68～2.14）， 0.87（0.32～1.35）	0.85， −36%	2.43 （1.48～3.95）， 1.79 （0.88～2.38）	0.98， −41%	5.42 （3.38～8.28）， 4.22 （2.83～5.81）	1.11， −46%

注：我们分别展示了多模式集合平均以及模式间 5th～95th 的范围（括号内数值）。SNR 代表信噪比，定义为未来预估中升温幅度的绝对值与模式间 5th～95th 的范围之比，UncerDif 代表由于涌现约束后减少的不确定性，定义为约束前后模式间方差的相对差异。

虽然不同情景下，未来中国都呈现升温的趋势，但是升温幅度在模式间存在较大的不确定性，信噪比普遍约为 1（表 5-3）。这意味着未来升温的信号与噪声相当，原始的预估结果中存在较大的不确定性。此外，由于 CMIP6 模式集合中气候敏感度偏高的"过热"模式的影响，原始预估的升温幅度可能会普遍偏高。

相比之下，基于观测中的 GSAT 升温趋势和残差升温趋势，约束后的 GSAT 和 TXx 升温幅度比原始预估结果更弱。在近期预估，不同排放情景下，约束后的 GSAT 升温幅度为 0.78～0.91℃［图 5-7（a）和图 5-7（b）］。约束后预估和原始预估中之间的差异，在远期预估中更为明显。在中等和高排放情景下的远期预估，约束后 GSAT 的升温幅度分别为 2.33（1.61～3.05）℃和 4.30（3.12～5.85）℃［图 5-7（c）和表 5-3］。与原始预估相比，约束后 GSAT 的升温幅度减弱约 0.65℃和 1.29℃［（图 5-7（d）］。此外，涌现约束使得模式的不确定性得到缩减，其中中等和高排放情景下，预估的不确定性分别减少了约 38% 和 54%［图 5-7（e）］。在空间分布上，约束预估中，高纬度和高海拔地区的升温幅度比其他区域更强［图 5-7（c）］。相对于原始预估，约束后 25°N 以北的差异最为明显（0.5～0.9℃）［图 5-7（d）］。在其他排放情景下，也有类似的结果。

对于极端升温，约束后的升温幅度比原始预估结果更弱。在近期预估，不同排放情景下，约束后 TXx 的升温幅度为 0.73～0.87℃（表 5-3）。在远期预估，中等和高排放情景下，TXx 的升温幅度分别为 2.31（1.21～2.99）℃和 4.22（2.83～5.81）℃（表 5-3）。与原始预估相比，约束后 TXx 的升温幅度减弱约 0.63℃和 1.20℃。此外，预估的不确定性分别减少了约 25% 和 46%［图 5-7（f）和表 5-3］。

为了检验约束预估的可靠性，图 5-7（g）展示了完美模式检验的结果。结果显示，基于不同目标模式的历史升温趋势，与原始预估的结果相比，约束后的升温幅度普遍更接近目标模式预估的虚假升温。在中等排放情景下，只有三个模式（占所有模式的比例为 13%）无法通过完美模式检验，即它们在约束后的升温幅度与虚假升温显著不同。

综上所述，随着温室气体不断排放，全球变暖将会持续，并对自然生态系统和人类社会造成严重的影响（Doblas-Reyes et al., 2021；IPCC, 2021；Ranasinghe et al., 2021）。CMIP6 模式集合中, 气候敏感度偏高的"过热"模式的问题将会降低区域或局地尺度的预估结果的可信。本部分为区域气候预估受"过热"模式影响的问题提供了一个潜在的解决方案, 并以中国为例, 约束订正中国地区未来的平均和极端升温。我们发现基于当前观测中 GSAT 的升温趋势以及局地残差升温趋势, 可采用有效约束并订正中国区域的未来升温幅度。此外, 完美模式检验进一步证实本部分提出的约束框架的可信度。

在约束预估中, 中等（高）排放情景下, 2080~2099 年 GSAT 和 TXx 的升温幅度约为 2.33℃（4.30℃）和 2.31℃（4.22℃）, 比原始预估结果分别降低了约 0.65℃（1.29℃）和 0.63℃（1.20℃）。此外, 预估的不确定性减少了约 38%（54%）和 25%（46%）。

需要指出的是, 虽然约束预估后的结果普遍指出未来升温幅度比原来预期的更低, 但是我们并不能完全排除"过热"模式的预估结果。因为在全球尺度上, 由于内部变率等因素的影响, 热带太平洋的纬向海温梯度得到增强, 这可能会抑制气候敏感度的幅度（Watanabe et al., 2020; Hartmann, 2022; Seager et al., 2022）。"过热"模式中尤为明显的低概率高影响事件可能会随着内部变率的影响消失或者臭氧恢复而逐渐显现（Sherwood et al., 2020）。此外, 部分"过热"模式能够合理刻画影响区域气候的关键大尺度过程（Palmer et al., 2023）。因此, 评估风险以及变化适应政策的制定过程中, 也需要参考"过热"模式的预估结果。

5.5 基于指纹法检测归因的区域温度预估订正

模式未来预估结果存在较大的不确定性, 其主要来源包括外强迫场的不确定性、模式本身的不确定性和气候系统内部变率的影响。其中, 模式本身的不确定性体现在不同模式对相同外强迫的响应存在差异。为提高模式预估结果的可靠性, 减少未来预估结果的不确定性, 目前国际上提出了多种未来预估约束方法。在区域尺度上, 历史时期检测归因结果已被广泛应用于约束未来预估结果。将最优指纹法应用于长期气候变化, 可以得到比例因子 β, 代表使模式和观测信号一致需要对模式信号进行缩放、调整的程度。将比例因子 β 与模式未来预估结果相乘，可以校正其潜在偏差。该方法的重要假设是，基于历史时期观测和模拟得到的比例因子 β 在未来预估中以同样的方式起作用，如果模式对该区域历史时期温度或降水的变化趋势存在低估或高估，其相应的未来预估结果也会被低估或高估。

由于缺乏分离强迫未来预估试验，过去研究通常对全强迫的响应进行约束，未区分未来对不同外强迫的响应。例如，利用 CMIP5 多模式的分离强迫历史模拟试验，采用最优指纹法，量化了不同外强迫因子对青藏高原增暖的贡献（Zhou and Zhang，2021）。研究表明，观测中青藏高原的增温趋势（1961～2005 年增温 1.23℃）是由人类活动主导的，主要可归因于温室气体的排放（增温贡献约为 1.37℃），而人为气溶胶则部分抑制了这一增温幅度。自然强迫（包括太阳辐照度变化和火山活动）对青藏高原长期温度变化的贡献很小。通过定量比较观测和模式对外强迫的响应，最优指纹法显示，CMIP5 多模式集合整体上低估了近几十年青藏高原温度变化对人为强迫的响应。历史气候变化的检测与归因，对于未来预估具有重要的指示意义，以 CMIP 为代表的当前气候模式整体上低估了近几十年青藏高原的人为气候增暖。以对历史变化的归因结果为约束条件，预估的未来青藏高原的增温幅度将超过以往的预期。以温室气体中等排放情景（RCP4.5）为例，经归因约束后，青藏高原在 21 世纪中期（2041～2060 年）将比当前气候增暖约 2.25℃，较约束前提高了 0.24℃；到 21 世纪末期（2081～2100 年），青藏高原将增暖约 2.99℃，较约束前提高了 0.32℃（Zhou and Zhang，2021）。这意味着冰川退化的加剧和更为频繁的水文与地质灾害发生。

在用于气候预估的情景设计中，当在大多数预估情景中温室气体持续增加时，未来全球大范围地区的人为气溶胶将减少。温室气体和人为气溶胶对气候变化的相对贡献在历史时期和未来预估中并不相同。因此，有必要在未来预估中约束对不同外强迫（包括温室气体强迫、人为气溶胶强迫和自然外强迫）的响应，而非对全强迫的响应。Jiang 和 Zhou（2023）基于完美模式假设，使用有分离强迫预估试验的四个 CMIP6 模式，比较了以下两种方式的约束预估结果：①将模式集合平均得到的所有外强迫影响下的未来预估结果乘以全强迫（ALL）单信号回归的比例因子，即 $SAT_{SSP2-4.5} \times \beta_{ALL}$；②将模式集合平均得到的不同外强迫影响下的未来预估结果分别乘以温室气体强迫（GHG）、人为气溶胶强迫（AA）、自然外强迫（NAT）三信号回归的比例因子，即

$$SAT_{SSP2-4.5-GHG} \times \beta_{GHG} + SAT_{SSP2-4.5-AA} \times \beta_{AA} + SAT_{SSP2-4.5-NAT} \times \beta_{NAT}$$

研究发现，对于青藏高原地表气温未来预估结果，方法②与"伪观测（假定某一模式为观测）"更为接近（图 5-8）。其进一步将该方法应用于青藏高原地表温度约束预估。根据各单独外强迫响应约束的最佳估计，SSP2-4.5 情景下 2081～2100 年青藏高原地表气温相对 1995～2014 年将升高 2.69℃，较约束前低 0.60℃。而在 2041～2060 年，约束后青藏高原地表气温相对 1995～2014 年升高 1.85℃，较约束前低 0.44℃。

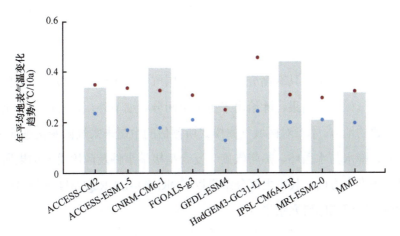

图 5-8　SSP2-4.5 情景下 2021～2100 年青藏高原年平均地表气温变化趋势（Jiang and Zhou，
2023）

灰色柱代表不同模式预估结果，代表"伪观测"，打点为 M4（CanESM5、GISS-E2-1-G、MIROC6 和 NorESM2-LM 模式的分离强迫预估试验）约束预估结果。其中，红点为用 ALL 试验单信号回归比例因子校正结果，蓝点为用 GHG、AA 和 NAT 三信号回归比例因子校正结果

第6章

区域气候模式对中国气候变化的预估

区域气候模式由于具有高分辨率，对中国气候有更强的模拟能力，同时它预估出的未来气候变化结果，除给出来更多空间分布细节外，也会出现与全球气候模式不一致的地方。本章对区域气候模式所预估的中国未来气候变化进行了介绍，包括气温、降水与水循环、热带气旋、复合型极端事件及应用模式结果所开展的灾害风险等多个方面，其中大部分结果以 CORDEX-EA RegCM4 为例进行，同时包括其他一些模式的研究结果。

6.1 气温的变化

6.1.1 平均气温

以 CORDEX-EA RegCM4 气候变化集合试验为例，图 6-1 对比了模拟中 4 个全球气候模式及其驱动下的 RegCM4 区域气候模式，对 21 世纪末期（2080～2099 年，相对于 1986～2005 年）中国地区冬、夏季平均气温变化进行集合预估。所有的模式都表现出一致的增温，其中冬季全球气候模式的增温范围为 2.4～3.9℃［图 6-1（a）］，区域平均值为 3.0℃。中国西部的变暖更为明显，西北部和青藏高原部分地区的增温最大值超过 3.6℃。不同全球气候模式增暖的幅度和空间分布差异较大。中国增暖的区域平均值为 2.0～3.8℃。区域气候模式增温的幅度在一定程度上受到其驱动场的影响，但相对来说增幅要小，区域平均增温值为 1.8～3.2℃，集合平均值为 2.5℃，比全球气候模式平均低 0.5℃。与全球气候模式相比，区域气候模式除了表现出更多的空间分布细节外，其对青藏高原的模拟表现出明显的差异，存在显著的增暖现象［图 6-1（b）］。

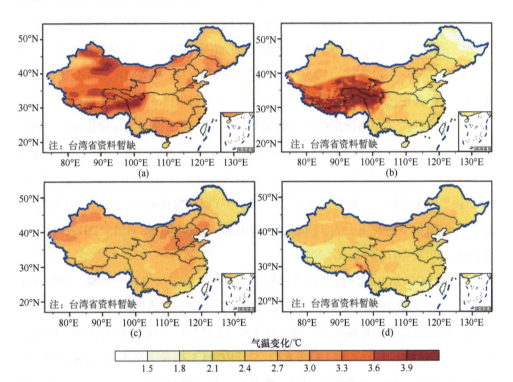

图 6-1　RCP4.5 情景下全球和区域气候模式集合预估的 21 世纪末期（2080～2099 年，相对于 1986～2005 年）中国地区冬、夏季平均气温变化（Wu and Gao，2020）
（a）全球气候模式，冬季；（b）区域气候模式，冬季；（c）全球气候模式，夏季；（d）区域气候模式，夏季

　　夏季增温与冬季相比总体上较弱，并且增温分布型也有明显差异［图 6-1（c）和图 6-1（d）］。全球气候模式集合预估的结果显示，全国的增温值普遍大于 2.4℃，

在华北和西北部出现的最大值超过 3℃。不同的全球气候模式间区域平均气温增幅为 1.9～3.3℃，全球气候模式集合平均增幅则为 2.7℃。与冬季相似，夏季全球气候模式之间的空间分布存在较大差异。区域气候模式集合结果中，青藏高原东部和 40°N 一带增暖的幅度最显著（2.4～3.0℃）。与冬季类似，夏季区域气候模式增暖的空间分布总体上与驱动它的全球气候模式一致，但与冬季不同的是区域气候模式之间的空间分布差异在夏季较大。

6.1.2 极端气温

Park 和 Min（2019）基于 5 个区域气候模式集合预估开展的分析表明，20 年一遇的夏季气温极值在中国东部都会增大。Hui 等（2018a）使用 4 个区域气候模式集合预估极端高温事件，到 21 世纪中期，包括 TXx 和 WSDI 等在全国范围会增加，且西部地区的增幅更大；极端低温事件，包括 TNn 和 CSDI 等在全国范围会减少，不同模式预估结果的空间分布差异较大，西部地区没有像极端高温指数那样表现出较大的变幅。单个区域气候模式预估连续高温日数（HWDI）和霜冻日数（FD）在全国范围内分别增加和减少，且变幅在西部较大（Ji and Kang, 2015）。对于各个未来时段，在不同排放情景下，极端气温指数预估结果的空间分布类似，更高排放情景下的变幅更大（Hui et al., 2018a；Bucchignani et al., 2017；Wu and Huang, 2016；Ji and Kang, 2015）。

CORDEX-EA RegCM4 气候变化集合试验预估显示，相对于 1986～2005 年，全国平均的 TXx 在两种不同排放情景下均有明显的上升趋势，基本上在 2035 年之前，两种情景下的增幅较为一致，将上升 1.2℃左右，到 21 世纪末期，RCP8.5情景下 TXx 增幅较大，为（5.1±0.4）℃，RCP4.5 情景下增幅为（2.6±0.4）℃[图 6-2（a）]。TXx 在全国范围内一致升高，且各集合成员都表现为一致的正负变化。在 RCP4.5 情景下，21 世纪中期（2046～2065 年），中国大部分地区升高1.6～2.4℃，青藏高原东南部、黄淮地区和东北平原升高较大，最大增幅可超过2.6℃，低值中心位于东南沿海、内蒙古东部和青藏高原北部；21 世纪末期（2080～2099 年），增幅升高到 2.0～3.0℃，空间差异变化不大 [图 6-3（a）]。在 RCP8.5

情景下，无论是中期还是末期，TXx 的增加幅度都大于 RCP4.5 情景，中期的增加幅度和空间分布与 RCP4.5 情景下的末期类似；到 2080～2099 年时，增幅升高到 4.0～5.6℃。

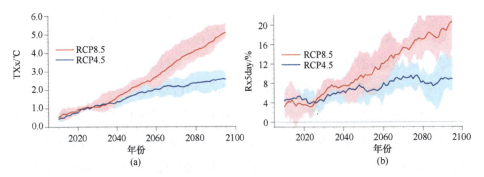

图 6-2 CORDEX-EA RegCM4 预估的 21 世纪中国平均 TXx（a）和 Rx5day（b）的变化（相对于 1986～2005 年）（秦大河和翟盘茂，2021）

阴影为不同模拟之间的范围，全书同

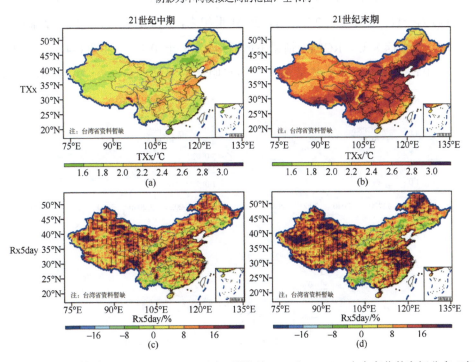

图 6-3 RCP4.5 情景下 CORDEX-EA RegCM4 预估的 TXx 和 Rx5day 未来变化的空间分布（秦大河和翟盘茂，2021）

对于未来夏季气温变化的预估，极端高温变化的模式间一致性要高于平均气温的变化，且极端高温的变化幅度要高于平均气温。未来夏季极端高温变化和平均气温变化在模式间存在显著的联系，未来平均气温增幅较大的模式，其极端高温的增幅也较大，这种关系在区域平均和多数模式格点上的未来预估中都有显著的表现。夏季极端高温模拟误差和未来变化在模式间也存在显著的联系，模拟误差偏暖的模式预估的夏季极端高温未来变幅更大，且这种关系在夏季极端高温方面的表现要强于夏季平均气温（Park and Min，2019）。

还有研究预估了各类极端气温指数的未来变化。图 6-4～图 6-10 为不同温室气体排放情景下，CORDEX-EA RegCM4 区域气候模式集合预估的中国区域 21 世纪极端气候指数（与气温相关的）平均值的时间变化图（相对于 1986～2005 年）。

图 6-4 是 TXx、TNn、DTR 在 21 世纪的变化。可以看到，TXx 在 RCP4.5 和 RCP8.5 排放情景下均有明显的上升趋势，基本上在 2035 年之前，两种情景下的增幅较为一致，将上升 1.2℃左右，到 21 世纪末，RCP8.5 情景下 TXx 增幅较大，为（5.1 ± 0.4）℃，RCP4.5 情景下增幅为（2.6 ± 0.4）℃ ［图 6-4（a）］。TNn 在 RCP4.5 和 RCP8.5 排放情景下均有明显的上升趋势，在 2035 年之前，

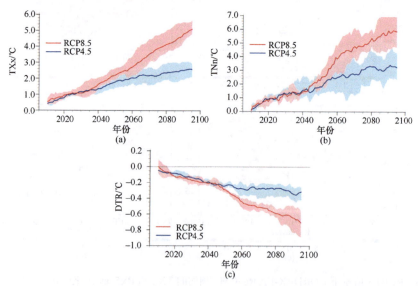

图 6-4　全国平均的 TXx（a）、TNn（b）和 DTR（c）在 21 世纪的变化（相对于 1986～2005 年）

两种情景下的增幅较为一致，将上升 1.4℃ 左右，到 21 世纪末，RCP8.5 情景下 TNn 增幅较大，为（5.9±1.3）℃，RCP4.5 情景下增幅为（3.2 ± 1.0）℃ ［图 6-4（b）］。

图 6-4（c）是 DTR 的变化。DTR 在 RCP4.5 和 RCP8.5 排放情景下均有明显的减小趋势，在 2040 年之前，两种情景下的减幅较为一致，将减小 0.2℃左右，到 21 世纪末，RCP8.5 情景下 DTR 的减小趋势较大，减小幅度为 0.7℃左右，RCP4.5 情景下为 0.3℃。

图 6-5（a）给出 TR 的变化。结果表明，TR 在 RCP4.5 和 RCP8.5 排放情景下均有明显的上升趋势，在 2030 年之前，两种情景下的增幅较为一致，将增加 8 天左右，到 21 世纪末，RCP8.5 情景下 TR 增幅较大，为（35 ± 9.5）天，RCP4.5 情景下增幅为（16 ± 5.5）天。ID 在 RCP4.5 和 RCP8.5 排放情景下均有明显的减少趋势，在 2040 年之前，两种情景下的减幅较为一致，将减少 8 天左右，到 21 世纪末，RCP8.5 情景下 ID 减幅较大，为（31 ± 3）天，RCP4.5 情景下减幅为（16 ± 3.5）天 ［图 6-5（b）］。

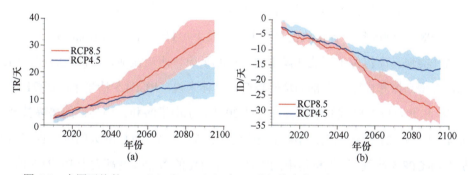

图 6-5　全国平均的 TR（a）和 ID（b）在 21 世纪的变化（相对于 1986～2005 年）

图 6-6 中分别给出 WSDI 和 CSDI 的变化。结果表明，WSDI 在两种不同排放情景下均有明显的上升趋势，在 2030 年之前，两种情景下的增幅较为一致，将增加 12 天左右，到 21 世纪末，RCP8.5 情景下 WSDI 增幅较大，为（120 ± 30）天，RCP4.5 情景下增幅为（40 ± 17）天。CSDI 在两种不同排放情景下均有明显的减少趋势，到 21 世纪末，RCP8.5 情景下的减幅为 2.3～2.8 天，

RCP4.5 情景下的平均减幅较小，但不确定性区间较大，为 2.1～2.8 天。

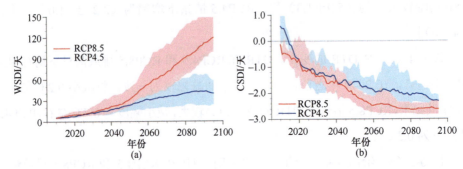

图 6-6　全国平均的 WSDI（a）和 CSDI（b）在 21 世纪的变化（相对于 1986～2005 年）

　　图 6-7～图 6-10 展示了模式集合预估的未来极端气温指数变化的空间分布特征，包括 21 世纪中期（2045～2065 年）和末期（2080～2099 年）（相对于 1986～2005 年）。经分析发现，各个极端气温指数的未来变化多模式间的预估一致性较好，各个模式在格点上大多表现为一致的正负变化，因此后续分析中不进行单独讨论。

　　图 6-7 是不同温室气体排放情景下 TR 未来变化的空间分布。结果表明，相对于 1986～2005 年，各排放情景和未来时段下，TR 都表现为增加的趋势，且分布特征类似，高值位于西北沙漠地区、华北平原、四川盆地、南部沿海和云南南部，青藏高原和内蒙古东部的增幅较低。具体来说，RCP4.5 情景下，在 21 世纪中期，华北及以南区域的增幅普遍超过 20 天，东南沿海和云南南部的增幅甚至超过 40 天；在 21 世纪末期，增幅普遍超过 25 天，增幅超过 40 天的区域也有明显扩大。RCP8.5 情景下，无论是中期还是末期，TR 的增加幅度都大于 RCP4.5 情景；中期的增加幅度和空间分布与 RCP4.5 情景下的末期类似；到末期时，除东北和内蒙古东部以外的 TR 增加区域，增幅普遍超过 50 天，塔里木盆地、华北平原、四川盆地、东南沿海和云南南部的增幅甚至超过 60 天。在内蒙古东部增幅较小的区域，TR 的变化幅度也从中期的小于 5 天增加为 5～15 天。

　　图 6-8 为不同温室气体排放情景下 WSDI 未来变化的空间分布。结果表明，相对于 1986～2005 年，各排放情景和未来时段下，WSDI 都表现为增加的趋势，

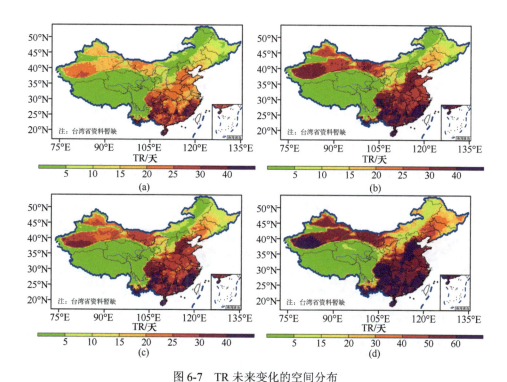

图 6-7　TR 未来变化的空间分布

（a）RCP4.5 情景下 21 世纪中期；（b）RCP8.5 情景下 21 世纪中期；（c）RCP4.5 情景下 21 世纪末期；（d）RCP8.5
情景下 21 世纪末期

且分布特征类似，高值位于青藏高原和云南，向新疆和东部地区递减。具体来说，
RCP4.5 情景下，在 21 世纪中期，东北地区 WSDI 增幅小于 10 天，内蒙古中部以
西到江南地区为 10～20 天，西北地区和华南地区为 20～40 天，青藏高原和云南
普遍超过 50 天，高值位于青藏高原南部，增幅超过 70 天；在 21 世纪末期，全国
普遍在中期的基础上增加 10 天，青藏高原和云南的增幅普遍超过 70 天。RCP8.5
情景下，无论是中期还是末期，WSDI 的增加幅度都大于 RCP4.5 情景；中期的增
加幅度和空间分布与 RCP4.5 情景下的末期类似；到末期时，全国的增幅普遍超
过 60 天，可见增速远远超过 RCP4.5 情景，青藏高原和云南的增幅大多超过半年，
其中高值中心的增幅超过 220 天。

图 6-9 给出不同温室气体排放情景下 ID 未来变化的空间分布。结果表明，相
对于 1986～2005 年，各排放情景和未来时段下，ID 大多表现为减少的趋势，且

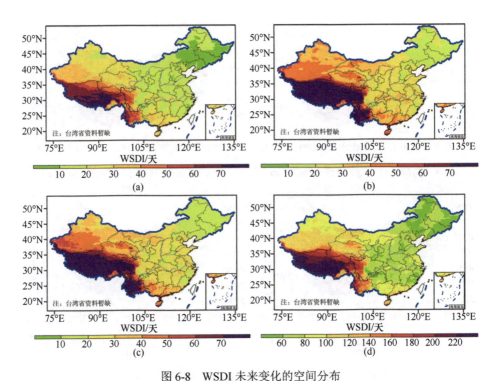

图 6-8　WSDI 未来变化的空间分布

（a）RCP4.5 情景下 21 世纪中期；（b）RCP8.5 情景下 21 世纪中期；（c）RCP4.5 情景下 21 世纪末期；（d）RCP8.5 情景下 21 世纪末期

分布特征类似。变幅的高值位于青藏高原南部，向北向东减小；而在黄淮、江汉、四川盆地、云南一线及其东南的所有区域，以及塔里木盆地，ID 减少幅度较低，不超过 5 天。具体来说，RCP4.5 情景下，在 21 世纪中期，东北大部分、内蒙古、黄土高原、新疆天山以北区域的 ID 减少 10～15 天，青藏高原的减少幅度超过 15 天，最大值超过 35 天。21 世纪末期，在中期的基础上普遍继续减少 5 天，青藏高原南部多数地区的降幅超过 40 天。RCP8.5 情景下，无论是中期还是末期，ID 的减少幅度都大于 RCP4.5 情景；中期的减少幅度和空间分布与 RCP4.5 情景下的末期类似；到末期时，北方地区的减少幅度普遍超过 30 天，青藏高原的减少幅度全部超过 40 天，其中青藏高原南部多数地区的降幅超过 60 天，最高超过 80 天。

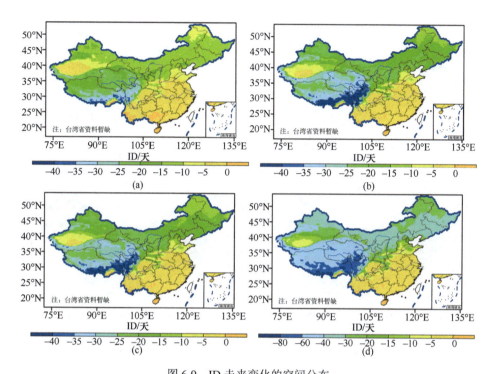

图 6-9　ID 未来变化的空间分布

（a）RCP4.5 情景下 21 世纪中期；（b）RCP8.5 情景下 21 世纪中期；（c）RCP4.5 情景下 21 世纪末期；（d）RCP8.5 情景下 21 世纪末期

图 6-10 是不同温室气体排放情景下 CSDI 未来变化的空间分布。结果表明，相对于 1986～2005 年，各排放情景和未来时段下，CSDI 都表现为弱的减少趋势，且分布特征类似，高值位于塔里木盆地、四川盆地、云贵高原，内蒙古中部的减少幅度相对最低。具体来说，RCP4.5 情景下，在 21 世纪中期，除内蒙古中部、天山附近和青藏高原东缘外，全国 CSDI 的减幅普遍超过 1 天，减幅的高值位于塔里木盆地中心，超过 5 天，四川盆地和云贵高原部分地区的减幅在 3～4 天；21世纪末期，在中期的基础上 CSDI 有微弱减少，普遍不超过 1 天。RCP8.5 情景下，无论是中期还是末期，CSDI 的减少幅度都大于 RCP4.5 情景；中期的减少幅度和空间分布与 RCP4.5 情景下的末期类似；到末期时，中国多数地区的减幅超过 2天，其中四川盆地和云贵高原多数地区的减幅在 3～5 天，塔里木盆地和准噶尔盆地的减幅普遍超过 5 天。

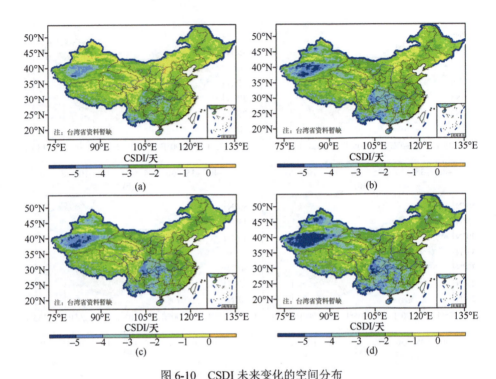

图 6-10　CSDI 未来变化的空间分布

（a）RCP4.5 情景下 21 世纪中期；（b）RCP8.5 情景下 21 世纪中期；（c）RCP4.5 情景下 21 世纪末期；（d）RCP8.5
情景下 21 世纪末期

6.2　降水与水循环的变化

　　未来中国大部分地区降水将增加，增加比例最大的为西北的盆地地区，西南
地区冬季降水会减少。此外，极端降水事件增加明显。

6.2.1　降水

　　图 6-11 给出 CORDEX-EA RegCM4 中区域气候模式（ensR）对 21 世纪中期
（2041～2060 年）RCP4.5 和 RCP8.5 情景下年平均、冬季和夏季降水的变化（张
冬峰和高学杰，2020）。21 世纪中期，RCP4.5 情景下，ensR 预估的年平均降
水在中国西部和东北北部以增加为主，其中西北干旱区增加 10%～25%。

RCP8.5 情景下降水增加范围扩大、幅度上升，如北方大部分地区以增加为主，西北干旱区部分地区增加幅度在 25%～50%，中国区域年平均降水增加由 4% 上升到 5%。

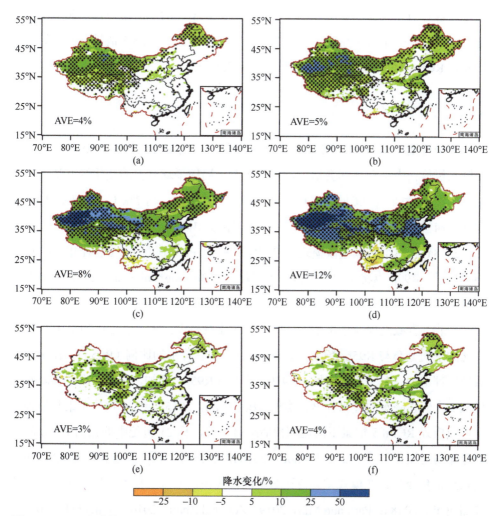

图 6-11　ensR 预估的 21 世纪中期（2041～2060 年）降水变化（相对于 1986～2005 年）（张冬峰和高学杰，2020）

（a）RCP4.5 情景下年平均降水变化；（b）RCP8.5 情景下年平均降水变化；（c）RCP4.5 情景下冬季降水变化；（d）RCP8.5 情景下冬季降水变化；（e）RCP4.5 情景下夏季降水变化；（f）RCP8.5 情景下夏季降水变化。区域平均值（AVE）在各图左下角给出

冬季北方大部分地区降水普遍增加，数值在 10%以上，其中西北地区增加明显，最大值出现在塔里木盆地（超过 50%）。RCP8.5 情景下，中国大部分地区降水增加，北方增加幅度更大，西北干旱区降水增加中心数值超过 75%，另外云贵高原降水有明显减少。夏季 RCP4.5 情景下降水增加的地区集中在西北干旱区东部、青藏高原东部三江源地区、东北北部和黄淮等地；RCP8.5 情景下变化的空间分布和 RCP4.5 情景类似，但增加范围和幅度更大。

6.2.2 极端降水

未来近期在 RCP8.5 情景下，5 个区域气候模式集合预估中，20 年一遇的夏季降水极值在中国东部都会增大，且其相对于局地平均气温的变化幅度基本符合克劳修斯–克拉珀龙（Clausius-Clapeyron，C-C）关系，约 7%/℃（Park and Min，2019）。4 个区域气候模式集合预估中，R95p 在中国大部分地区都会增多（Hui et al.，2018a）。单个区域气候模式在 RCP4.5 和 RCP8.5 情景下 21 世纪中期的预估结果显示，R99p 也将在中国大部分地区增多（Bucchignani et al.，2017）。但也有其他区域气候模式在 RCP4.5 情景的未来近期预估结果中显示，R95p 将在中国东北、华北、青藏高原和华南增加，而在长江流域减少；强降水总量频率（R95pF）变化的空间分布与 R95p 类似，而强降水总量占总降水的比例（R95pT）在中国多数地区都增加。对于长江流域，R95pF 减小而 R95pT 增加，意味着虽然强降水总量减少，但强降水的降水强度在增加（Bao et al.，2015）。这一预估结果与另外一个区域模式 RCP8.5 情景下的近期预估结果一致，且 21 世纪中期预估 R95p 的空间分布与近期类似（Zou and Zhou，2016a，2016b）。长江流域和华南地区 R95p 的未来正负变化存在模式差异，这与不同模式预估的未来夏季环流变化不同有关（Hui et al.，2018a；Park and Min，2019；Zou and Zhou，2016a；Qin et al.，2014）。对于各个未来时段，在不同排放情景下极端强降水指数预估结果的空间分布类似，更高排放情景下的变幅更大（Hui et al.，2018a；Bucchignani et al.，2017；Wu and Huang，2016；Ji and Kang，2015）。

ensR 集合预估显示，相对于 1986～2005 年，Rx5day 在 RCP4.5 和 RCP8.5 两种不同排放情景下均有明显的增加趋势，在 2025 年之前，两种情景下的增幅较为一致，将增加 4%左右；到 21 世纪末，RCP8.5 情景下 Rx5day 增幅较大，为（21 ± 6.4）%，RCP4.5 情景下增幅为（8.9 ± 3.5）% [图 6-2（b）]。在未来两种情景下，不同时期的 Rx5day 在中国各区域大多表现为增加。具体来说，RCP4.5 情景下，在 21 世纪中期，仅在东北东部、华北北部、云南等部分地区存在 Rx5day 减小，但模式间一致性较差，其他区域的增加幅度普遍超过 12%；在 21 世纪末期，正负变化的空间格局变化不大，但增加幅度在明显变大，黄淮、江淮、东北北部和西北部分地区的增加值超过 20%（图略）。RCP8.5 情景下，无论是中期还是末期，Rx5day 的增加幅度都大于 RCP4.5 情景，中期的增加幅度和空间分布与 RCP4.5 情景下的末期类似；到末期时，Rx5day 减小的区域几乎消失，且增加幅度显著提速，大部分区域的增加值超过 20%，西北部分区域的增加值更是超过 40%。

总的来说，在 21 世纪近期和中期，无论是 RCP4.5 还是 RCP8.5 情景下，除长江流域和华南以外的中国大部分地区，极端强降水都在增多，且多模式间一致性很高；而长江流域和华南地区极端强降水的变化与模式预估的夏季环流变化有关，有模式和情景依赖性。

对于未来夏季降水变化的预估，极端强降水变化的模式间一致性要高于平均降水的变化，且极端强降水的变化幅度要高于平均降水。未来夏季极端强降水变化和平均降水变化在模式间存在显著的联系，未来平均降水增幅较大的模式，其极端强降水的增幅也较大，这种关系在区域平均和多数模式格点上的未来预估都有显著的表现，但相关性要比气温的类似关系低。夏季极端强降水模拟误差和未来变化在模式间也存在显著的联系，模拟误差偏大的模式预估的夏季极端强降水未来变幅更大，且这种关系在夏季极端强降水方面的表现要强于夏季平均降水。这可能与极端强降水和气温间的 C-C 关系有关，暖偏差的模式对应较大的强降水模拟误差，相应的未来增暖幅度更大也对应强降水增幅较大（Park and Min，2019）。

CDD 的未来变化与降水变化有较好的相关性，这种相关性存在于相同季节统计的 CDD 和总降水之间，或者在年最长连续干旱日数与秋/冬季降水之间，或者表现在时间上（Qin et al.，2014），或者表现在空间分布上（Hui et al.，2018a；Bucchignani et al.，2017，2014；Zou and Zhou，2016a；Ji and Kang，2015。

6.3 热带气旋变化的预估

基于 CORDEX-EA RegCM4 气候变化集合试验结果，Wu 等（2022）分析了 RCP4.5 情景下，21 世纪末期西太平洋地区热带气旋的变化。首先在图 6-12 中给出生成频率变化的分布。生成频率的增加和减少呈混合分布，但在 5 个模拟中大部分格点上生成频率将增加。ensR 中，大部分格点上的生成频率将增加，但模式一致性较差[图 6-12（f）]。ensR 生成频率的区域总和较当代增加 3.7 个/[（2°×2°）·a]（增长率为 16%）。热带气旋生成频率的增加可能是由于 850 hPa 的相对涡度增加、700 hPa 的相对湿度增加等有利于热带气旋生成的环境因素变化。

图 6-13（a）对比了 1986～2005 年和 21 世纪末期（2079～2098 年）年平均热带气旋生成频率的未来变化的年循环。热带气旋生成频率的年循环变化规律在两个时段一致，最大值都是在 8 月。由图 6-13（b）可看出，相比当代，21 世纪末期大部分月份中的热带气旋生成频率将增加，除了 5 月和 10 月。最大的增幅在 8 月（1.33 个/月），接着是 7 月（1.03 个/月）和 9 月（0.62 个/月）。

图 6-14 为 21 世纪末期西北太平洋热带气旋路径频率相比当代的变化。在 5 个模拟中，4 个模拟结果预估未来热带气旋路径频率将增加，其中 CdR 预估的热带气旋路径频率增加最明显（区域平均增加 0.20 个/[（2°×2°）·a]，增长率为 25%）。在 HdR、MdR 和 NdR 中，路径频率变化呈增加和减少交替分布，区域平均值增加在 0.02～0.11 个/[（2°×2°）·a]（增长率为 -9%～16%）。EdR 预估在研究区域南部热带气旋路径频率将减少，在研究区域东北部热带气旋路径频率将增加，整个区域的平均值将减少 0.07 个/[（2°×2°）·a]（变化率为 -9%）。集合平均的结果预估显示，在大部分研究区域中热带气旋路径频率将增加，增

加较大（>0.6 个/[（2°×2°）·a]）的区域为台湾岛以东和日本以南洋面以及 20°N、140°E 附近。低纬度热带洋面上的热带气旋路径频率将减少，说明未来热带气旋路径将北移。此外，热带气旋登陆内陆的趋势明显增加。

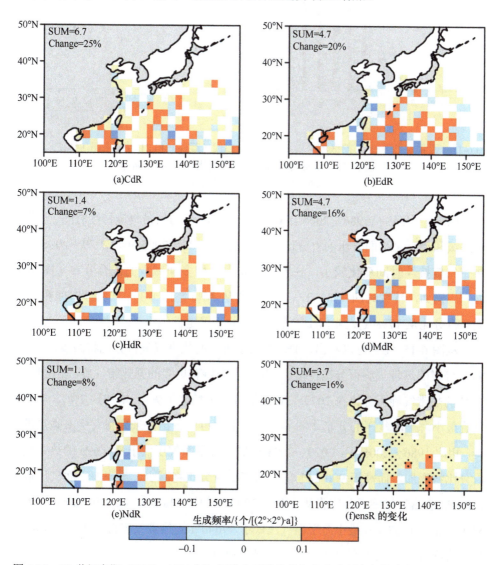

图 6-12　21 世纪末期（2079～2098 年）西北太平洋热带气旋生成频率相比当代（1986～2005 年）的变化

区域总和（SUM）及变化百分率（Change）见各分图的左上方，图（f）中的点表示至少 4/5 的模式变化同号

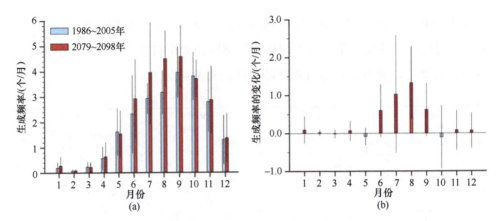

图 6-13　西北太平洋 ensR 的区域平均热带气旋在当代（蓝柱）和 21 世纪末期（红柱）的生成
频率（a）以及生成频率的未来变化（b）的年循环
竖线表示 5 个模拟结果的一个标准差范围

　　图 6-15 给出了 1986～2005 年和 2079～2098 年的热带气旋持续时间、热带气旋等级和最小海平面气压的百分比分布。相比 1986～2005 年，2079～2098 年的热带气旋持续时间变化较小，在整个分布中呈增多和减少的混合分布［图 6-15（a）］。例如，持续时间在 0～2 天，百分比从 36%增加到 39%；持续时间在 4～6 天，百分比从 17%减少到 14%。持续时间的不确定性较小。

　　从图 6-15（b）可以看出，TS 到 STS 等级的热带气旋百分比将减少，TY 和 STY 等级的热带气旋百分比将增加，说明未来将有更多的强热带气旋。相比当代，STY 的热带气旋百分比在 2079～2098 年将几乎翻倍（从 4%增加到 7%）。从热带气旋最小海平面气压的分布［图 6-15（c）］也可以看出，未来将有更多强热带气旋。相比 1986～2005 年，2079～2098 年最小海平面气压低于 990 hPa 的热带气旋百分比将增加，而高于 990 hPa 的热带气旋百分比将减少。最小海平面气压低于 980 hPa 的热带气旋百分比将从 1986～2005 年的约 3%增加到 2079～2098 年的约 5%（增加大于 57%），最小海平面气压低于 990 hPa 的热带气旋百分比将从 1986～2005 年的 14%增加到的 19%（增加大于 31%）。

　　图 6-16（a）给出了 1986～2005 年和 2079～2098 年平均登陆中国及其主要沿海省份的热带气旋数量对比。在未来，登陆大部分沿海省份的热带气旋数量将增

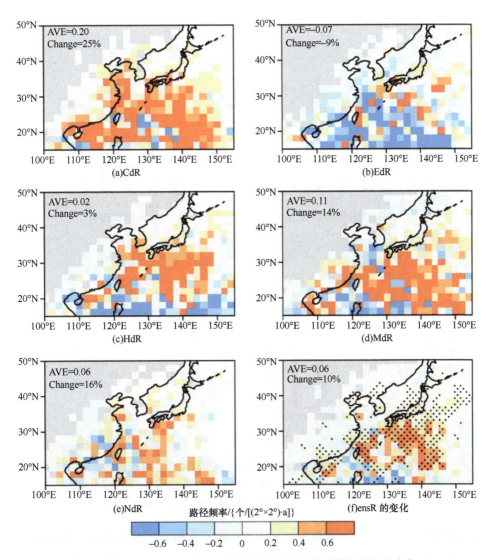

图 6-14　21 世纪末期（2079～2098 年）西北太平洋热带气旋路径频率相比当代（1986～2005 年）的变化

区域平均（AVE）及变化百分率（Change）见各分图的左上方，图(f)中的点表示至少 4/5 的模式变化同号

加，除了上海。最大的增幅在广东（0.27 个/a），随后是浙江（0.18 个/a）和福建（0.13 个/a）。登陆整个中国的热带气旋数量将从 1986～2005 年的 3.98 个/a 增加到 2079～2098 年的 4.69 个/a（增加 18%）。图 6-16（b）给出了 2079～2098 年引导

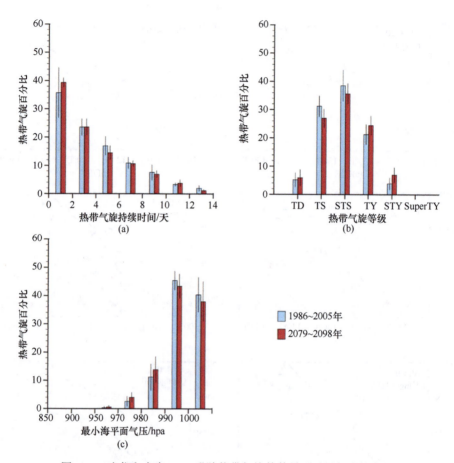

图 6-15   当代和未来 ensR 登陆热带气旋的数量及引导气流的变化
ensR 的 1986～2005 年和 2079～2098 年的热带气旋持续时间（a）、热带气旋等级（b）和最小海平面气压（c）的
百分比分布。竖线表示 5 个模拟结果的一个标准差范围

气流的变化。引导气流的变化主要表现为中国北部和西北太平洋西部的两个反气旋环流，中心分别在 115°E、40°N 和 155°E、25°N。这两个环流变化都相对中国大陆为向岸风，有利于热带气旋登陆，这也将导致登陆中国及其主要沿海省份的热带气旋数量增加。

总体而言，CORDEX-EA RegCM4 气候变化集合试验所预估的热带气旋未来变化主要特征，为其生成频率将有约 16% 的增加，路径频率的变化同样为增加，区域平均数值为 10%，同时热带气旋的路径频率出现一定的北移现象。热带气旋的强度，特别是强热带气旋部分将会增加，登陆中国沿海的热带气旋数量也会增加。

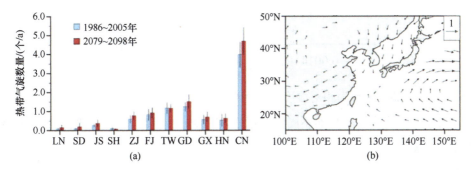

图 6-16　（a）ensR 的 1986～2005 年和 2079～2098 年平均登陆中国及其主要沿海省份的热带气旋数量。（b）相比 1986～2005 年，2079～2098 年 7～9 月引导气流（矢量）变化，图中只显示通过 $p<0.05$ 显著性检验的变化。（a）中的竖线表示 5 个模拟结果的一个标准差范围，LN、SD、JS、SH、ZJ、FJ、TW、GD、GX、HN 和 CN 分别代表辽宁、山东、江苏、上海、浙江、福建、台湾、广东、广西、海南和整个中国

6.4　复合型极端事件与有效温度的变化

复合型极端事件也得到更多学者的关注，包括风暴潮和强降水、高温干旱、高温高湿等，但中国范围内与复合型极端事件未来变化的高分辨率预估相关的工作较少。以日最大湿球气温（TWmax）的 95th 分位数表征极端高温高湿，在 RCP8.5 情景下，3 个区域气候模式集合预估结果显示，到 21 世纪末，华北平原平均的 TWmax 将增加 3～4℃，增幅大于波斯湾和南亚地区（2～3℃）；在 21 世纪末的最后 30 年中，中国东部的部分地区，如潍坊、青岛、上海和杭州等，个别时期的 TWmax 可超过 35℃，达到人体对高温高湿的承受阈值，即使在中等排放情景 RCP4.5 下，仍存在超过 35℃阈值的发生概率（Kang and Eltahir，2018）。

一般而言，人体对环境温度的感受程度（热感受）除直接受气温影响外，还受湿度和风速等因素显著影响。例如，在夏季，很高的湿度会影响人体汗液蒸发散热，营造出令人不适的"桑拿天气"，风则可以促进汗液蒸发并直接带走热量，减轻炎热感；在冬季，大风则会带走更多热量，使人们感觉更冷。同时，不仅中

国南方的冷湿空气令人不适，较冷干的北方也会让人不舒适。这些感受可以采用考虑了气温、湿度和风速影响的有效温度（Effective Temperature，ET）作为指标进行定量度量，其计算方法为

$$ET = 37 - \frac{37 - T}{0.68 - 0.0014 \cdot RH + \dfrac{1}{1.76 + 1.4v^{0.75}}} - 0.29 \cdot T \cdot \left(1 - 0.01 \cdot RH\right)$$

式中，T 为气温；RH 为相对湿度；v 为风速。

人体热感受按照 ET 的不同值，划分为寒冷、冷、凉、舒适、暖、热、炎热等各个等级。

6.4.1 有效温度的当代分布

基于 CORDEX-EA RegCM4 气候变化集合试验结果，Gao 等（2018）使用人体热感受指数"有效温度"，开展了其当代分布及未来变化的分析。

多区域模式集合平均的 1981～2010 年各等级年平均天数的空间分布及中国区域有效温度年平均天数在图 6-17 给出［经分位数映射（Quantile-Mapping，QM）法 RQUANT 误差订正之后］。其中炎热天数［图 6-17（a）］主要集中在华北到长江中下游以南、四川盆地和华南地区，以长江中游附近地区的数值最大（> 21 天）。热天数［图 6-17（b）］主要分布在东北地区中部和东部、黄河河套地区及其以北地区、约 105°E 以东的中国东部大部分地区、新疆的北部和中部。热天数的数值大小基本从北向南逐渐增加，在黄河以南的区域年平均热天数基本在 30 天，湖南、江西的中部和南部以及华南的年平均热天数基本在 60 天，最大值（> 120 天）集中在海南北部。暖天数［图 6-17（c）］主要分布在除了大兴安岭、天山、青藏高原和云南以外的中国大部分地区，数值大小基本也是从北向南逐渐增加，华北到约 28°N 的中国东部以及新疆塔里木盆地东部大部分地区的暖天数都在 21～30 天，四川盆地、长江三峡以南、约 28°N 以南的大部分地区和新疆东部暖天数大于 30 天，而最大值（> 60 天）零星地分布在华南南部沿海和海南中部。舒适天数［图 6-17（d）］分布在除了天山和青藏高原以外的中国大部分地区，东北地区东部、

大兴安岭、青藏高原以东地区和新疆北部的数值较小（＜14 天），中国大部分地区的年平均舒适天数在 30 天及以上，而其最大值（＞90 天）主要集中在云南南部和云南、贵州、广西三地交界处。

凉天数［图 6-17（e）］主要分布在除了青藏高原以外的中国大部分地区，在东北地区北部、新疆北部、天山附近和青藏高原边缘区域的数值较小（＜60 天），

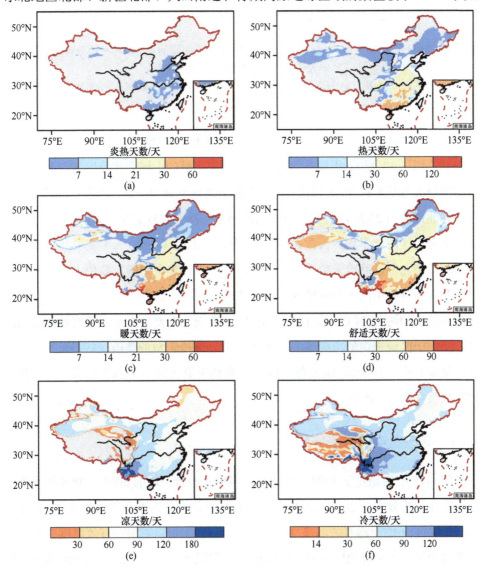

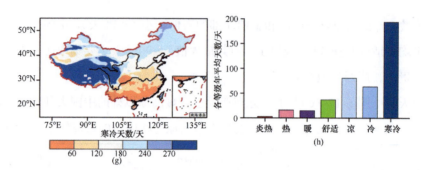

图 6-17 1981～2010 年经误差订正后的多区域模式集合平均的各等级年平均天数的空间分布
及中国区域各等级年平均天数

（a）炎热；（b）热；（c）暖；（d）舒适；（e）凉；（f）冷；（g）寒冷；（h）中国区域各等级有效温度年平均天数。
灰色区域表示数值为 0

中国大部分区域的凉天数在 60 天及以上，最大值（＞180 天）主要集中在云南。
冷天数［图 6-17（f）］出现在除青藏高原西部之外的中国大部分地区，其中青藏
高原的冷天数基本在 30 天以内，东北大部分地区到黄河下游、内蒙古北部、新疆
东部和北部及约 23°N 以南大部分区域的年平均冷天数数值都在 60 天以内，而中
国大部分地区的年平均冷天数在 60～90 天，最大值（＞120 天）主要集中在四川
南部和云南北部。寒冷天数［图 6-17（g）］分布在整个中国，数值大小在除青藏
高原和天山外的中国大部分地区基本从北向南递减，最小值（＜60 天）主要集中
在四川盆地和约 28°N 以南，而最大值（＞270 天）主要集中在青藏高原和天山地
区。从中国区域平均值［图 6-17（h）］来看，寒冷天数的数值（194 天）最大，
其次是凉天数（81 天），暖天数（15 天）和热天数（16 天）数值相近，而炎热天
数的数值（3 天）最小。

6.4.2　有效温度的未来变化

图 6-18 给出相对于 1981～2010 年，多模式集合平均的 2069～2098 年平均有
效温度变化的分布及 2011～2098 年中国区域平均有效温度距平值的变化。首先从
2069～2098 年的平均有效温度变化［图 6-18（a）］可以看出，有效温度在整个中
国都将增加，大部分地区有效温度将增加 2 ℃以上。其中，在长江中游和下游附

近区域、内蒙古中部地区、新疆北部及青藏高原的北部和东部，有效温度增加可超过 2.5 ℃。从 2011～2098 年中国区域平均有效温度距平值［图 6-18（b）］可以看出，21 世纪中国区域平均有效温度年平均、夏季平均和冬季平均的距平值将持续上升，其中在 2040 年附近，冬季平均有效温度增长较小；整体来说，多模式集合平均的冬季平均有效温度的波动一般要比对应年份的年平均和夏季平均有效温度的波动更大，模式间冬季平均有效温度的不确定范围一般也比对应年份的年平均和夏季平均有效温度的不确定范围更大；年平均、夏季平均和冬季平均的模式间的不确定范围在约 2055 年之后变大。

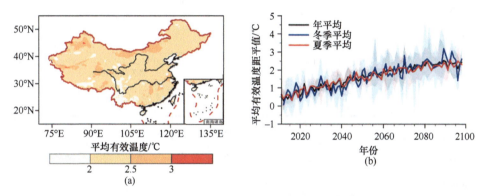

图 6-18　相比 1981～2010 年，经过误差订正的多模式集合平均的 2069～2098 年平均有效温度的变化分布（a），及 2011～2098 年中国区域平均有效温度距平值及模式数据变化范围（阴影）（b）

　　图 6-19 给出相比 1981～2010 年，2069～2098 年各等级年平均天数变化的空间分布。2069～2098 年的炎热天数在东北到中国东部大部分地区、河套以西和新疆中部普遍增加，其中增加较多的地区主要集中在长江中下游附近、四川盆地和华南地区［图 6-19（a）］。2069～2098 年的热天数变化［图 6-19（b）］发生在除了大兴安岭、天山、青藏高原和云贵高原以外的中国大部分地区，以在大部分地区增加为主，在长江以南的增加基本都超过 30 天；热天数在 2069～2098 年的减少主要集中在长江中游附近和四川盆地，其中长江中游附近地区的减少幅度较大（> 21 天），这些地区热天数的减少主要是因为气温上升导致热天数向炎热天数转换。2069～2098 年暖天数的变化［图 6-19（c）］主要发生在

除青藏高原、天山和横断山脉以外的中国大部分地区，暖天数的增加主要集中在大巴山到淮河连线以北的地区和云贵高原，其中云贵高原东部和云南南部的暖天数增加较大(> 30 天)；在约32°N以南、云贵高原以东的大部分地区，2069～2098 年的暖天数将减少，减少较多（> 21 天）的地区主要集中在约 27°N 以南的地区。

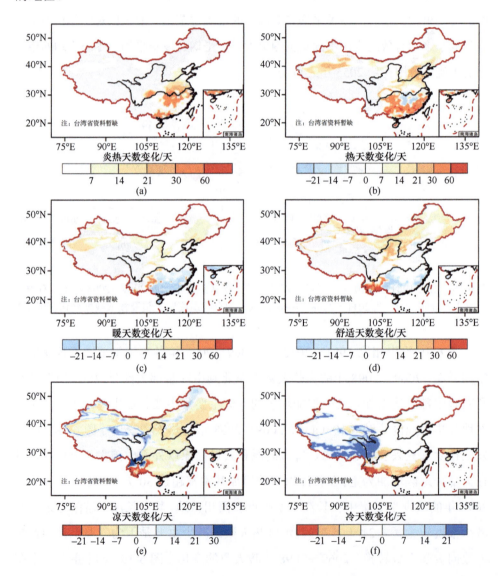

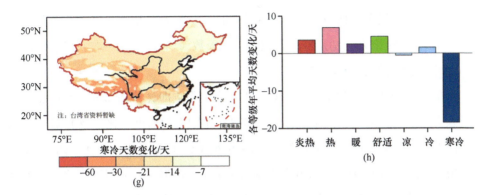

图 6-19　相对 1981～2010 年，2069～2098 年经过误差订正后的多模式集合平均的各等级年平均天数变化的空间分布及中国区域各等级年平均天数变化

（a）炎热；（b）热；（c）暖；（d）舒适；（e）凉；（f）冷；（g）寒冷；（h）各等级年平均天数变化。灰色区域表示数值为 0

相比 1981～2010 年，2069～2098 年舒适天数的变化［图 6-19（d）］主要出现在除青藏高原和天山以外的中国大部分地区，其中华北到长江中游流域和新疆大部分地区的舒适天数变化不大，云南中部舒适天数增加较多（＞60 天），而舒适天数减少较多（＞21 天）的地区主要集中在云贵高原以东区域、中国东南沿海区域和云南南部。2069～2098 年的凉天数变化［图 6-19（e）］发生在除青藏高原中部和西部以外的中国大部分地区，凉天数的增加主要集中在中国东南沿海地区、大兴安岭、天山、青藏高原东部和横断山脉附近，其中在横断山脉附近地区凉天数增加较多（＞30 天）。在中国大部分地区，2069～2098 年的凉天数将减少，其中在云南大部分地区、贵州西部和海南大部分地区，凉天数的减少可超过 21 天。

2069～2098 年的冷天数变化［图 6-19（f）］发生在整个中国，冷天数的增加主要集中在青藏高原的大部分地区和天山，其中青藏高原的东部和南部、天山的冷天数增加可超过 21 天，而在中国大部分地区，冷天数将减少，在四川盆地、华南南部沿海地区的冷天数减少超过 14 天，云南南部的冷天数减少超过 21 天。2069～2098 年的寒冷天数在整个中国都减少，其中在青藏高原东部的减少超过 30 天［图 6-19（g）］。从中国区域各等级年平均天数的变化［图 6-19（h）］来看，相比 1981～2010 年，2069～2098 年的凉天数和寒冷天数的平均值都将减少，其中寒冷天数减少最多（18 天）；其他 5 个等级的天数都将增加，其中热天数增加最多（7 天），接下来分别是舒适天数和炎热天数（均为 4 天左右）、暖天数（3 天），而冷天数的增加最少（2 天）。

为更进一步认识有效温度变化对人类社会的影响即计算暴露度，我们在研究中引入人口因素。图6-20给出了2069～2098 年中国人口密度变化以及1981～2098年中国人口总数随时间变化的曲线。从图 6-20（a）可以看出，相比 1981～2010 年，2069～2098 年中国人口密度在中国大部分地区将减少，人口密度的增加主要集中在华北地区、长江三角洲和珠江三角洲地区。从中国人口总数变化曲线［图 6-20（b）］来看，中国人口总数在 1981～2025 年不断增加，在 2025 年左右达到峰值，随后一直减少。值得注意的是，本章使用的人口数据是 B1（低增长）模式，而 A2（高增长）模式下的未来人口将会持续增加。

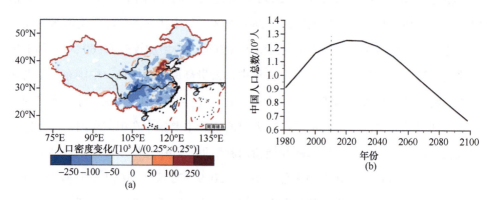

图 6-20　相比 1981～2010 年，2069～2098 年中国人口密度变化（a）以及 1981～2098 年中国人口总数随时间变化的曲线（b）

图 6-21 给出了 1981～2010 年经过误差订正后的多模式集合平均的各等级年平均天数暴露度的空间分布及其中国区域各等级年平均天数暴露度的总和。误差订正后的 1981～2010 年平均炎热天数暴露度［图 6-21（a）］主要出现在华北到长江中游以南、四川盆地和华南南部地区，其中最大值（>9×10⁶人·天）主要集中在长江中游以南。1981～2010 年平均热天数暴露度［图 6-21（b）］主要出现在东北地区中部、中国东部大部分地区和四川盆地，在河南、长江中游以南、四川盆

地、华南南部沿海地区暴露度数值较大（> 2.5 × 10^{7}人·天）。1981～2010年平均暖天数暴露度［图6-21（c）］主要出现在东北地区的大部分、中国东部大部分地区、四川盆地和新疆中部，其中华北到长江中下游以北地区、中国东南沿海地区、长江中游以南和华南地区数值较大（> 1 × 10^{7}人·天）。

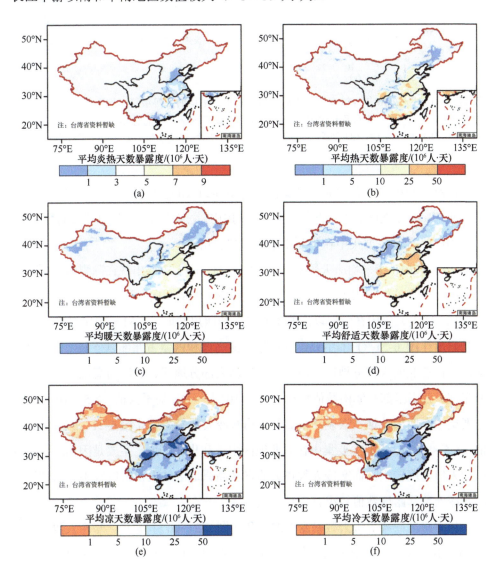

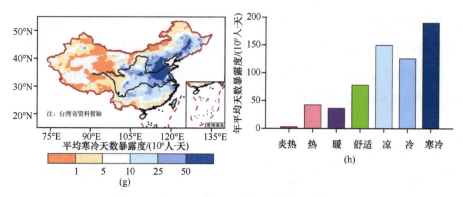

图 6-21 1981～2010 年经过误差订正后的多模式集合平均的各等级年平均天数暴露度的空间
分布及其中国区域各等级年平均天数暴露度的总和

（a）炎热；（b）热；（c）暖；（d）舒适；（e）凉；（f）冷；（g）寒冷；（h）中国区域各等级年平均天数暴露度的
总和。灰色区域表示数值小于 0.1

　　1981～2010 年平均舒适天数暴露度［图 6-21（d）］出现在除了大兴安岭、内蒙古北部、西北地区北部、青藏高原之外的中国大部分地区，其中较大的数值（>2.5×10^7 人·天）主要集中在华北平原南部和四川盆地。

　　1981～2010 年平均凉天数暴露度［图 6-21（e）］主要出现在除青藏高原和西北地区东部之外的中国大部分地区，数值大小基本从北向南逐渐增加，最大值（>5×10^7 人·天）集中在黄河以南的华北平原和四川盆地。1981～2010 年平均冷天数暴露度［图 6-21（f）］主要出现在除青藏高原和内蒙古北部以外的中国大部分地区，在东北的大部分地区、内蒙古和新疆大部分地区、黄河河套地区、青藏高原东部、云南南部和海南数值较小（<5×10^6 人·天），而最大值（>5×10^7 人·天）主要集中在四川盆地。误差订正后的平均寒冷天数暴露度［图 6-21（g）］的最大值（>5×10^7 人·天）主要集中在东北地区中部和华北平原，主要是因为这两个区域的人口密度较大；而寒冷天数较大的青藏高原地区的人口密度较小导致该区域的寒冷天数暴露度数值较小。

　　从中国区域各等级天数暴露度的总和［图 6-21（h）］来看，寒冷天数暴露度（1.91×10^{11} 人·天）数值最大，接下来分别是凉（1.50×10^{11} 人·天）、冷（1.26×10^{11} 人·天）、舒适（7.8×10^{10} 人·天）、热（4.3×10^{10} 人·天）和暖天数暴露度（3.7×10^{10}

人·天），而炎热天数暴露度（3×10^9 人·天）数值最小。

图 6-22 给出了相比 1981～2010 年，2069～2098 年经过误差订正后的多模式集合平均的各等级年平均天数暴露度变化的空间分布及中国区域各等级年平均天数暴露度变化的总和。相比 1981～2010 年，2069～2098 年的平均炎热天数暴露度 [图 6-22（a）] 在东北大部、中国东部大部、四川盆地、河套以西和新疆中部都增加，其中增加较大的地区主要集中在长江中游附近区域和华南东部沿海。2069～2098 年的平均热天数暴露度 [图 6-22（b）] 在华北平原北部和中国东南沿海地区增加较多（$> 1 \times 10^7$ 人·天）；而在长江中游附近地区、四川盆地和华南南部将减少，这些地区 2069～2098 年平均炎热天数暴露度都增加较多，因此其平均热天数暴露度的减少主要是由于人口密度较大以及热天数转换为炎热天数。2069～2098 年的平均暖天数暴露度 [图 6-22（c）] 在约 35°N 以北的大部分地区、云贵高原都将增加，其中在华北平原北部和东北地区中部增加较多（$> 5 \times 10^6$ 人·天）；在黄河下游以南到海南的中国东部大部分地区、四川盆地平均暖天数暴露度将减少，其中在华南南部沿海地区的减少可超过 1×10^7 人·天。2069～2098 年的平均舒适天数暴露度 [图 6-22（d）] 在约 35°N 以南的中国东部大部分地区将减少较多（$> 5 \times 10^6$ 人·天），其中在黄河下游以南区域、四川盆地及其以南区域的减少可超过 1×10^7 人·天；在约 35°N 以北区域及云南，2069～2098 年平均舒适天数暴露度的变化较小（$< 5 \times 10^6$ 人·天）。

2069～2098 年的平均凉天数暴露度 [图 6-22（e）] 在中国大部分地区将减少，其中在四川盆地减少最多（$> 2.5 \times 10^7$ 人·天）；在华北北部、华南东部沿海和青藏高原东部将增加。2069～2098 年的平均冷天数暴露度 [图 6-22（f）] 在中国大部分地区将减少；与平均凉天数暴露度的变化一致，平均冷天数暴露度减少最多（$> 2.5 \times 10^7$ 人·天）的地区也是四川盆地；平均冷天数暴露度的增加主要集中在黄河以北的华北平原、四川中部和青藏高原大部分地区。2069～2098 年平均寒冷天数暴露度 [图 6-22（g）] 在中国大部分地区将减少，其中在东北东部、河套以东、25°N～35°N 的中国东部地区和台湾减少较多（$> 1 \times 10^7$ 人·天）；而在华北北部，平均寒冷天数暴露度将增加，这是因为该区域的人口

在 2069～2098 年增加［图 6-22（a）］。从图 6-22（h）可以看出，相比 1981～
2010 年，2069～2098 年的平均炎热天数暴露度和平均热天数暴露度变化的总
和将增加，而其他 5 个等级的天数暴露度变化都将减少，其中平均寒冷天数暴
露度将减少最多。

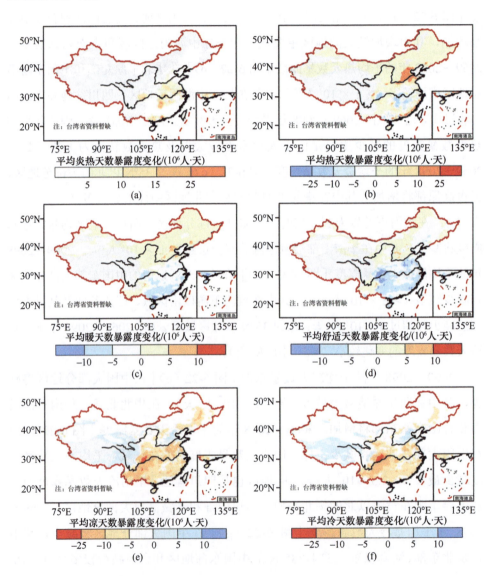

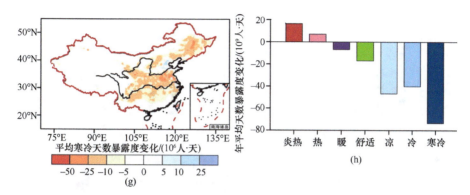

图 6-22 相对 1981～2010 年，2069～2098 年经过误差订正后的多模式集合平均的各等级年平均天数暴露度变化的空间分布及中国区域各等级年平均天数暴露度变化的总和

（a）炎热；（b）热；（c）暖；（d）舒适；（e）凉；（f）冷；（g）寒冷；（h）中国区域各等级年平均天数暴露度变化的总和。灰色区域表示数值小于 0.1

图 6-23 对比了 1981～2010 年和 2069～2098 年受到各等级天数影响的不同时间长度的年平均人口数。由图 6-23（a）可知，1981～2010 年超过 6 亿人不受炎热天数的影响，而在 2069～2098 年只有约 2 亿人不受炎热天数的影响；对比 1981～2010 年，2069～2098 年有更多的人受到时间长度在 1 周到 2 个月的炎热天数的影响；受超过 2 个月的炎热天数的影响的人数从 1981～2010 年的 0 人增长到 2069～2098 年的 230 万人，即 2069～2098 年有更多的人要受到更长时间的炎热天数的影响。从图 6-23（b）可以看出，对比 1981～2010 年，2069～2098 年更少的人受时间长度在 0 天到 1 个月的热天数影响，而更多的人受时间长度在 1 个月到 4 个月的热天数影响，其中在 2 个月到 4 个月的时间长度范围内 1981～2010 年和 2069～2098 年受热天数影响的人口数相差不大；1981～2010 年和 2069～2098 年都是受时间长度在 1 个月到 2 个月的热天数影响的人口最多。

从图 6-23（c）可以看出，1981～2010 年约有 1390 万人不受暖天数影响，而在 2069～2098 年只有约 480 万人不受暖天数影响；相比 1981～2010 年，2069～2098 年更少的人不受和受时间长度在 1 周内、1 周到 2 周、3 周及更长时间的暖天数影响，而更多的人受时间长度在 2 周到 3 周的暖天数影响；1981～2010 年和 2069～2098 年都是受时间长度在 3 周到 1 个月的暖天数影响的人口最多。从图 6-23（d）

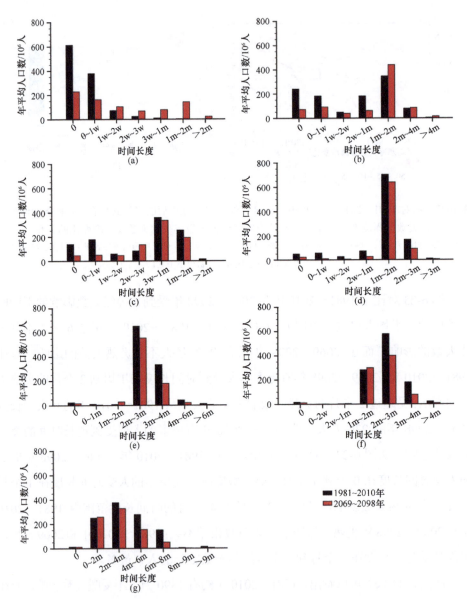

图 6-23　多模式集合平均的 1981～2010 年和 2069～2098 年受炎热（a）、热（b）、暖（c）、舒
适（d）、凉（e）、冷（f）和寒冷（g）天数影响的不同时间长度的年平均人口数

横轴中的"w"和"m"分别代表周和月

可以看出，对比 1981～2010 年，2069～2098 年的人口受 0 天到 3 个月的时间长度
的舒适天数影响的人口都将减少，其中 1981～2010 年和 2069～2098 年不受、受 0

天到 1 个月以及超过 3 个月的舒适天数影响的人口数都较小；1981～2010 年和 2069～2098 年受 1 个月到 2 个月时间长度的舒适天数影响的人口数都最多。由图 6-23（e）可知，对比 1981～2010 年，2069～2098 年不受、受 0 天到 1 个月、4 个月到 6 个月以及超过 6 个月的凉天数影响的人口将略微减少，受 1 个月到 2 个月的凉天数影响的人口将略微增加，而受 2 个月到 4 个月的凉天数影响的人口减少较多；1981～2010 年和 2069～2098 年受 2 个月到 3 个月的凉天数影响的人口数都最多。

　　由图 6-23（f）可知，1981～2010 年和 2069～2098 年受 0 天到 1 个月的冷天数影响的人口都较少；对比 1981～2010 年，2069～2098 年不受、受超过 4 个月的冷天数影响的人口略微减少，而受 2 个月到 4 个月的冷天数影响的人口数减少较多；2069～2098 年受 1 个月到 2 个月的冷天数影响的人口数将增加；1981～2010 年和 2069～2098 年受 2 个月到 3 个月的冷天数影响的人口数都最多。从图 6-23（g）可以看出，1981～2010 年和 2069～2098 年不受、受 8 个月到 9 个月和超过 9 个月的寒冷天数影响的人口数接近，但都是 2069～2098 年的人口数略微减少；对比 1981～2010 年，2069～2098 年受 0 天到 2 个月的寒冷天数影响的人口数略微增加，而 2069～2098 年受 2 个月到 8 个月的寒冷天数影响的人口数将减少。

　　从图 6-24（a）可以看出，2011～2098 年炎热天数暴露度将持续增长；热、暖、舒适、凉和冷天数暴露度大约都在 2030 年达到峰值，随后一直下降；寒冷天数暴露度在 2011～2098 年持续减少。

　　有效温度暴露度的计算可写成如下形式：

$$E = C \times P \tag{6-1}$$

式中，E 为有效温度暴露度；C 为有效温度天数；P 为对应格点上的人口数。因此，有效温度暴露度的变化可写成如下形式：

$$\delta E = \delta C \times \bar{P} + \bar{C} \times \delta P + \delta C \times \delta P \tag{6-2}$$

式中，δE 为有效温度暴露度的变化；$\delta C \times \bar{P}$ 为气候变化导致的有效温度暴露度的变化（即气候因子）；$\bar{C} \times \delta P$ 为人口变化导致的有效温度暴露度的变化（即人口因子）；$\delta C \times \delta P$ 为气候和人口同时变化导致的有效温度暴露度的变化（即非线性项）。

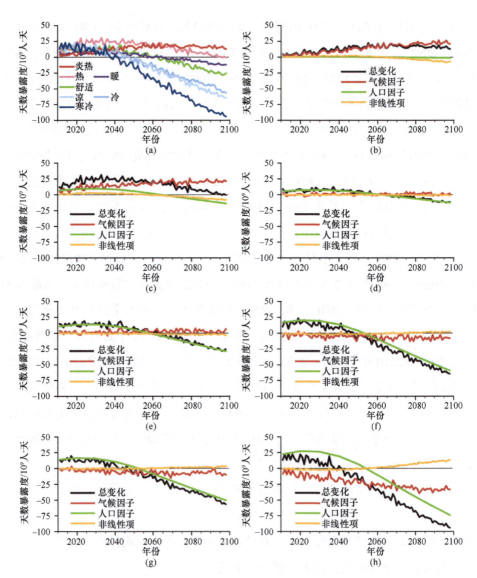

图 6-24　2011～2098 年多模式集合平均的中国区域不同等级天数暴露度的时间变化（a），以及炎热（b）、热（c）、暖（d）、舒适（e）、凉（f）、冷（g）和寒冷（h）天数暴露度及其影响因子的时间变化

　　炎热天数暴露度的时间变化曲线［图 6-24（b）］一直持续增长，直到约 2060 年增长放缓，而且炎热天数暴露度总体时间变化曲线基本和其气候因子的时间变

化曲线重合，说明炎热天数暴露度的变化主要受气候因子的影响；炎热天数暴露度的人口因子基本一直都在零线附近，对整体暴露度基本没有影响；非线性项在2011～2098 年数值都较小，而且从 2040～2098 年持续下降。热天数暴露度的时间变化曲线 [图 6-24（c）] 在 2011 年到约 2040 年一直增长，而在约 2040 年之后持续下降；热天数暴露度的气候因子在 2011～2098 年数值较大且数值持续增长；人口因子在约 2030 年达到峰值，而在约 2065 年后数值为负值；非线性项在 2011～2098 年数值一直较小，在约 2065 年后数值为负值；热天数暴露度在约 2065 年之前主要受气候因子和人口因子的共同影响，而在约 2065 年后受气候因子、人口因子和非线性项的共同影响。暖 [图 6-24（d）]、舒适 [图 6-24（e）] 和凉 [图 6-24（f）] 天数暴露度基本都在 2030 年左右达到峰值，随后一直下降。这 3 个等级天数暴露度的时间变化曲线都和人口因子的时间变化曲线几乎重合，说明暖、舒适和凉天数暴露度基本都受人口因子的影响；这 3 个等级天数暴露度的气候因子和非线性项的时间变化曲线基本都在零线附近，说明这 3 个等级天数暴露度基本不受气候因子和非线性项的影响。

2011～2098 年的冷天数暴露度时间变化曲线 [图 6-24（g）] 在约 2030 年达到峰值，之后一直下降；冷天数暴露度时间变化曲线与其人口因子的时间变化曲线基本平行，说明冷天数暴露度在 2011～2098 年主要受人口因子的影响；气候因子曲线在2011～2098 年基本都为负值，非线性项在零线附近。寒冷天数暴露度及其气候因子在 2011～2098 年持续减少，气候因子在 2011～2098 年一直为负值；人口因子在约2020 年达到峰值，随后持续减少；非线性项在 2011～2098 年数值较小，但持续增长；寒冷天数暴露度的变化主要受到人口因子和气候因子的影响 [图 6-24（h）]。

6.5 径流深、大气环境容量及降水侵蚀率

6.5.1 径流深

随着陆面模式中水文过程的不断改进，目前可以直接采用区域气候模式模拟

大范围径流的未来变化。基于 CORDEX-EA RegCM4 气候变化集合试验的 5 组集合，对其模拟的中国径流深进行评估，并且预估了温室气体高排放情景（RCP8.5）下相对于基准期（1986～2005 年）的未来变化（韩振宇等，2022）。集合预估显示，未来到 21 世纪末，全国平均年径流深在各个时段都以增加为主，增加幅度多在 5% 以内 [图 6-25（a）]。未来变化的长期趋势存在明显的空间差异，大致表现为"北增南减"的分布特征。到 21 世纪末期，大部分区域呈现为与长期线性趋势相一致的增减，各地的变幅多在 ±30% 以内，且多模式预估的正负变化一致性较高 [图 6-25（b）]。尽管如此，未来径流的变化不会改变中国水资源"南多北少"的空间格局。这种"北增南减"的分布特征，与之前多个基于径流模型或者 Budyko 理论得到的多模式集合未来预估结果是较为一致的，但是与个别单个模式驱动的模拟结果差异较大。9 个流域片平均径流深的年代际变化特征明显，但多数有显著的线性变化趋势。黄河、西南和西北诸河流域片的变幅呈显著的增加趋势，其中西部两个流域在未来多数时段径流深都以增加为主，黄河流域则在 21 世纪末期的径流深增加较为明显。在 3 个流域片径流深明显增加的时段，多模式预估的同号率较高。淮河、长江和东南诸河流域片的变幅呈现显著的减少趋势，在 21 世纪末期径流深减少较为明

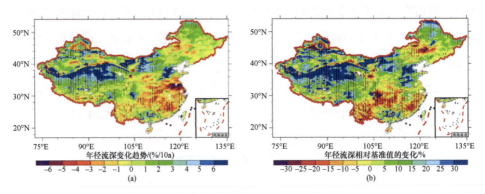

图 6-25　年径流深在 2021～2098 年变化的线性趋势（a）及其在 2079～2098 年相对基准期的变化值（b）

（a）图中竖线表示线性趋势通过 0.05 的显著性检验；（b）图中竖线表示集合成员中超过 80% 的预估未来变化符号一致

显，但仅在东南流域片的模式间预估差异相对较小。海河、松辽和珠江流域的变化趋势不显著。到 21 世纪末期，各流域片平均的径流深季节分配总体特征没有明显变化，径流深的最大月份基本维持不变，分配比例的数值有±2%的变化，且各季节的增减变化存在明显的流域间差异。

6.5.2　大气环境容量

基于 CORDEX-EA RegCM4 气候变化集合试验中 3 组试验在历史时段和 RCP4.5 情景下的动力降尺度模拟，评估了 RegCM4 降尺度结果在中国地区对大气环境容量（AEC）和弱通风日数（WVD）的模拟能力，预估其未来变化（Han et al.，2017）。评估表明，RegCM4 降尺度基本可以模拟出 1986～2005 年 AEC 和 WVD 的观测特征。未来预估表明，除华中地区外，几乎所有区域的年平均污染潜势将增加，即年均 AEC 趋于下降、年均 WVD 趋于上升，同时 21 世纪末期比 21 世纪中期变化更大。AEC 降幅较大的地区分布在西南、华北北部、东北和内蒙古 [图 6.26（a）和图 6.26（b）]。AEC 降幅最大的出现在青藏高原和黄土高原周边，21 世纪中期下降 4%，21 世纪末期下降 5%。WVD 的增加在中国西部和北部尤其明显 [图 6-26（c）和图 6.26（d）]。对于中国四大经济区的季节变化，在京津冀和长三角地区的冬季、珠三角地区的春季和夏季，污染潜势增加的确定性较高；在东北地区，未来全年都需要关注污染潜势增加带来的影响。将 AEC 变化分解为不同分量的变化后，相对贡献分析进一步表明，边界层高度和风速的变化在京津冀和东北地区的 AEC 变化中起主导作用。除了这两个因素外，降水变化也对长三角和珠三角地区的 AEC 变化产生重要影响。

6.5.3　气候变化对东北地区降水侵蚀力的影响

土壤侵蚀是生态环境和农业生产的重要影响因子。我国东三省总面积约为 81 万 km^2，占我国国土面积的 8.5%，是重要的商品粮基地，同时也是世界四

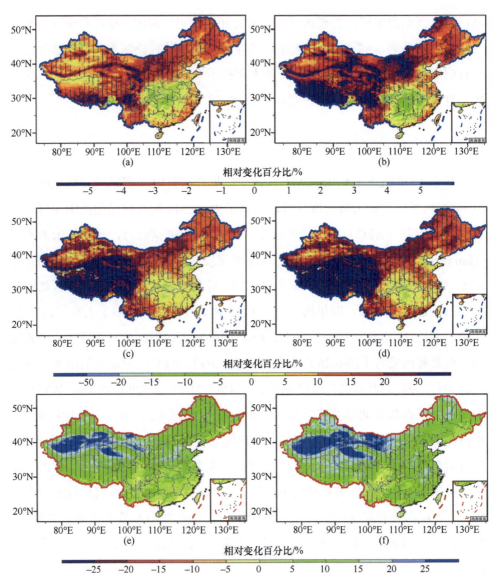

图 6-26 2046~2065 年（21 世纪中期）（左）和 2080~2099 年（21 世纪中期）（右）AEC［（a）、（b）］、WVD［（c）、（d）］和湿沉降［（e）、（f）］的集合平均预估的相对变化百分比（相对于 1986~2005 年）

阴影区域表示所有集合成员都表现为相同的变化符号

大黑土区之一。在气候变化背景下，我国东北地区的土壤侵蚀情况及其未来风险，目前仍不清楚。影响土壤侵蚀力的重要因素之一是降水侵蚀力，其与强降水有关。

一般利用日降水量来计算降水侵蚀力。以日降水量估算半月侵蚀力的模型定义如式（6-3）所示：

$$R_i = \alpha \sum_{j=1}^{k} \left(D_j \right)^{\beta} \tag{6-3}$$

式中，R 为某半月时段的侵蚀力值；k 为半月时段内的天数；D_j 为半月时段内第 j 天的侵蚀性日雨量，要求日雨量大于 12mm，否则以 0 计算，阈值 12mm 与中国侵蚀性降水标准一致（章文波等，2002）；α、β 为模型待定参数。

半月以每月第 15 日为界，将全年依次划分成 24 个时段。

$$\beta = 0.8363 + 18.144 P_{d12}^{-1} + 24.455 P_{y12}^{-1} \tag{6-4}$$

$$\alpha = 21.586 \beta^{-7.1891} \tag{6-5}$$

式中，P_{d12} 为日雨量大于或等于 12 mm 的日平均雨量；P_{y12} 为日雨量大于或等于 12 mm 的年平均雨量。

关于侵蚀性降水的定义，参照 Li 等（2021）对侵蚀性降水指标的定义，将当日降水量大于或等于 12mm 时定义该天为侵蚀性降水日。利用 Freq12 和 Int12 分别表示侵蚀性降水的频率和强度，即每年侵蚀性降水日的频率和降水强度。

辛羽婷等（2024）利用 CN05.1 和 APHRODITE 观测降水资料揭示了我国东北地区降水侵蚀力的观测特征。在气候平均态上，东北东南部地区降水侵蚀力最强。降水侵蚀力存在明显的年循环，以夏季为主导，占全年总侵蚀的 80% 以上。

在观测分析的基础上，对 RegCM4 动力降尺度模式进行了评估和订正，并预估了未来不同排放情景（即 SSP1-2.6 和 SSP5-8.5）下中国东北地区降水侵蚀力的变化。随着未来增温，到 21 世纪末，两种排放情景下东北地区平均的降水侵蚀力分别增加 9.90% 和 26.70%（图 6-27）。高排放情景下将面临更严重的降水侵蚀风险，SSP5-8.5 情景下降水侵蚀力的增强幅度约为 SSP1-2.6 情景下的 **2.7** 倍，同时 77.69%的区域面积上降水侵蚀力将更强（图 6-28）。因此，采取切实有效的减排措施，走可持续发展路径，对于减缓我国东北地区黑土地的土壤侵蚀风险，进而保障粮食安全，具有重要意义。

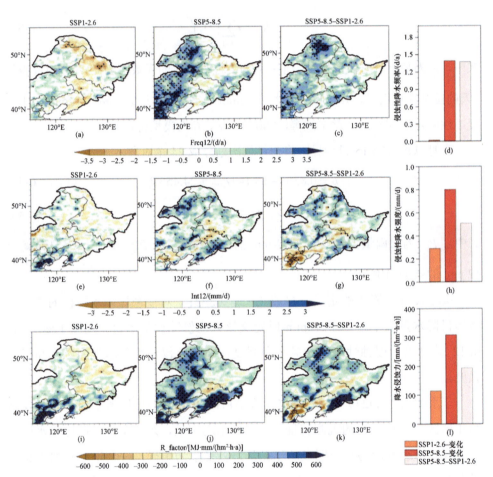

图 6-27　侵蚀性降水频率 Freq12 [（a）～（c）]、侵蚀性降水强度 Int12 [（e）～（g）] 和降水侵蚀力 R_factor [（i）～（k）] 在 2081～2100 年 SSP1-2.6、SSP5-8.5 两种排放情景下相对于参考时段（1995～2014 年）的变化（辛羽婷等，2024）

（c）、（g）、（k）为 SSP5-8.5 情景减去 SSP1-2.6 情景的空间分布；图中柱状图 [（d）、（h）、（l）] 为区域平均的结果；点状区域表示通过 5%显著性检验

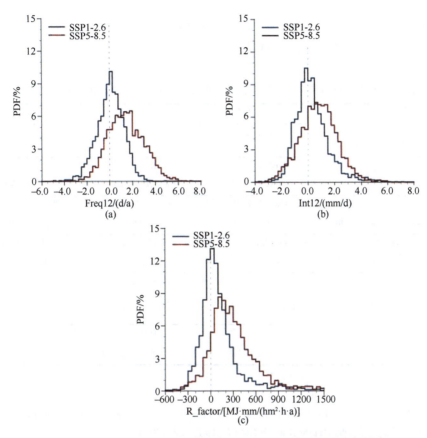

图 6-28　侵蚀性降水频率 Freq12（a）、侵蚀性降水强度 Int12（b）和降水侵蚀力 R_factor（c）在 SSP1-2.6 和 SSP5-8.5 情景下 2081～2100 年相对于 1995～2014 年的变化（辛羽婷等，2024）

横坐标为格点尺度各个指标的变化，纵坐标表示发生相应变化的区域面积百分比（PDF）

6.6　柯本气候分类的变化

6.6.1　柯本气候分类及在当代的分布

在各种气候分类中，柯本气候分类法是一个传统且目前应用非常广泛的气候分类方法之一。它最早由柯本（Köppen）在 20 世纪初提出，基于月和季气温、降水数据并参考植被类型，将气候划分出若干种基本气候型。柯本气候分类法的分类标准简单、界限明确，且基本适用于森林、草原、沙漠、苔原等景观带，因此被广泛应用至今，并发展出若干改进版本，如柯本–特里瓦沙气候分类，其在中国主要分布类型的定义及所对应的主要自然景观如表 6-1 所示。

表 6-1 柯本气候分类标准在中国主要分布类型的定义及所对应的主要自然景观 [a]

气候带	气候型	定义	主要自然景观
A，热带（所有月气温≥18℃）	Aw，热带稀树草原气候	干月 [b] ≥3 个月	稀树草原
B，干旱带	BW，沙漠气候	年降水量（cm）≤0.5A [c]	沙漠
	BS，半干旱气候	年降水量（cm）>0.5A [c]	草原、森林
C，亚热带（8～12 个月的气温>10℃，年降水量≤89cm）	Cw，冬干温暖气候	冬季干燥 [d]	亚热带常绿阔叶林
	Cr，亚热带湿润气候	没有干季	亚热带常绿阔叶林
D，温带（4～7 个月的气温>10℃）	Do，温带海洋性气候	最冷月气温≥0℃	温带落叶阔叶林
	Dc，温带大陆性气候	最冷月气温<0℃	针阔混交林
E，寒温带（最多 3 个月的气温>10℃）	Eo，寒温带海洋性气候	最冷月气温>−10℃	针叶林
	Ec，寒温带大陆性气候	最冷月气温≤−10℃	松林、云杉和落叶松组成的针叶林
F，极地带	FT，苔原气候	所有月气温<10℃	苔原
	FI，冰盖	所有月气温<0℃	永久冰盖

a 仅列出中国范围内存在的气候类型；

b 干月：月平均降水量<6 cm；

c $A=2.3T−0.64P_w+41$，其中，T 为年平均气温（℃），P_w 为最冷 6 个月中的降水量占年降水量的比率；

d 冬季干燥：夏季最湿润月份降水量>冬季最干燥月份降水量的 10 倍。

基于 CORDEX-EA RegCM4 气候变化集合试验的结果，在对结果进行误差订正的基础上，预估了 RCP4.5 情景下 21 世纪末期（2069～2098 年）中国的柯本气候分类的变化（吴婕等，2022）。

图 6-29 给出基于多模式集合结果计算得到的中国 1981～2010 年和 21 世纪末期柯本气候分布及 21 世纪末期柯本气候分类的变化情况。从图 6-29（a）可以看出，中国长江以南大部分地区当代气候型主要是 Cr，西南及四川盆地和广东、广西沿海岸线则以 Cw 为主，环海南岛地区为 Aw；在长江以北的中国东部，经过淮河以北 Do 和 Dc 的过渡，由黄河以北至内蒙古东部和东北地区西部主要为 BS，其中部分地区也有 Dc 的分布，如华北的天津至北京一带；东北地区东部主要为

Dc、西北部高纬度地区为 Ec。中国西部黄河以西的西北地区主要被 BW 占据，部分高山地区为 FT（祁连山、天山等），准噶尔盆地四周同时存在 BS 分布；青藏高原的主要气候型是 FT，在高原的西部有 BS 及局部的 BW，东侧川西地区则为 Eo 分布。

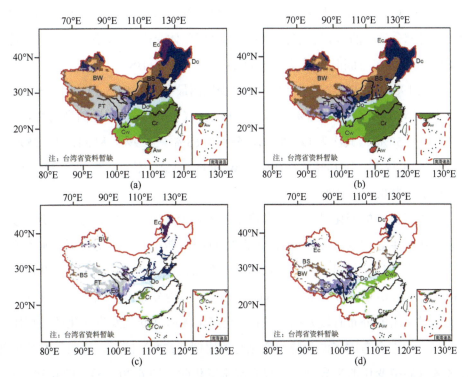

图 6-29　中国 1981～2010 年（a）和 21 世纪末期（2069～2098 年）（b）的柯本气候分布及 21 世纪末期柯本气候分布的变化：消失（c）和新出现（d）的气候型

6.6.2　未来变化

21 世纪末期，中国气候型分布虽总体格局保持不变，但在各类型的交界地带出现不同程度的变化，特别是青藏高原和秦岭—淮河一带 [图 6-29 （b）]。如图 6-29（c）、图 6-29（d）所示，东北地区的大兴安岭一带 Ec 将变化为 Dc；华北地区原有的一些零星分布的 Dc 将收缩或消失；淮河以北至黄河，山东半岛的 Dc 被 Cw 和 Do 替代，以 Dc 转变为 Do 为主；秦岭东北部和北部的 Dc 将被 Do 替代；

环四川盆地将出现 Do 和 Cr 被 Cw 替代的趋势。此外，广东、广西沿海岸带的 Cw 将被 Cr 取代；Aw 将占据整个海南。

中国青藏高原及周边地区气候型有明显变化，对应于这一地区更大的增暖，其中川西地区的 Eo 将转变为 Dc；高原主体以大范围的 FT 减少为主，在东部主要被 Eo 取代；而在高原北部和中部部分地区气候有趋向干旱化的趋势，转为 BS；高原西部部分地区的 BS 转换为 BW；西北地区整体变化不大，其中天山部分地区的 FT 转换为 Ec，而祁连山低海拔地区的 FT 则转换为 BS。

相比 1981～2010 年，21 世纪末期减少比例最多的是 FT，为 64%（±13%）；其次为 Ec 和 Do，分别为 33%（±18%）和 28%（±6%）。扩张比例最大的是 Aw，达 70%（±50%）；其次为 Eo 和 Cw，分别为 63%（±29%）和 54%（±28%）；BS 的扩张也较多，为 19%（±9%）；BW 和 Dc 的变化不大，在 2%～3%；Cr 的变化最小，为 0%（±17%）。

柯本气候型的变化是在气温和降水的组合变化下产生的。为了分析导致气候型变化的主导因素，图 6-30 给出了 21 世纪末期仅有气温变化而降水不变，与仅有降水变化而气温不变时的柯本气候分布及其变化。仅有气温变化时 ［图 6-30（a）、图 6-30（c）、图 6-30（e）］的各气候型分布，与综合考虑气温和降水变化时给出的分布有较好的一致性，全国范围内气候型发生变化的面积比例为 25%，与综合考虑气温和降水变化时的比例（22%）接近，说明气温是大部分区域气候型变化的主导因素。仅有降水变化时 ［图 6-30（b）、图 6-30（d）、图 6-30（f）］，整个中国的气候型变化分布比较零星，改变的比例为 7%，远小于综合考虑气温和降水变化时的情况，变化以在北方地区和西部干旱带的缩减为主。仅有气温变化时，在消失和新出现的气候型分布变化中，5 个模拟中 3 个一致的格点数与全国格点数的百分比分别为 92% 和 88%；仅有降水变化时对应的数值分别为 70% 和 69%，一致性较气温差，反映了降水预估中存在更大的不确定性。

为推进生态文明建设、保障国家生态安全，我国相继提出了一系列部署与规划，旨在建立生态功能保护区，保持重点生态功能保护区和自然保护区等区域的

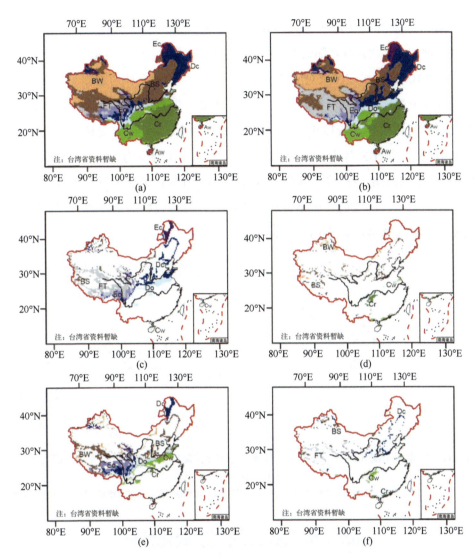

图 6-30 21 世纪末期，仅有气温变化时中国柯本气候分布（a）及其消失（c）和新出现（e）的气候型，及仅有降水变化时中国柯本气候分布（b）及其消失（d）和新出现（f）的气候型

生态功能基本稳定，提出了青藏高原生态屏障、黄土高原—川滇生态屏障、东北森林带、北方防沙带和南方丘陵山地带构成的"两屏三带"国家生态安全屏障框架。21 世纪末期国家生态安全屏障区的气候型分布变化见图 6-31。在青藏高原生态屏障区，FT 将大范围退缩，在高原东部主要变为 Eo，西北部则转为 BS。

黄土高原–川滇生态屏障区的大部分地区气候型将发生变化，当代东南部的 Do 未来将被 Cw 替代，西北部的 Eo 大部分将被 Dc 替代，中部和北部的 Dc 将分别被 Do 和 BS 替代，该区域对应的植被变化将由针阔混交林为主转变为温带落叶阔叶林和亚热带常绿阔叶林为主。东北森林带西北部的部分 Ec 将被 Dc 替代，主要植被将由松林、云杉和落叶松组成的针叶林变为针阔混交林。北方防沙带东部出现 Dc 被 BS 替代，而西部山地的 FT 也将主要变为 BS，这些区域在 21 世纪末期的主要植被都将变为草原–森林。南方丘陵山地带的气候型基本没有变化。在消失和新出现的气候型分布变化中，一致性较好的格点数分别占国家生态安全屏障区总格点数的 91% 和 86%。

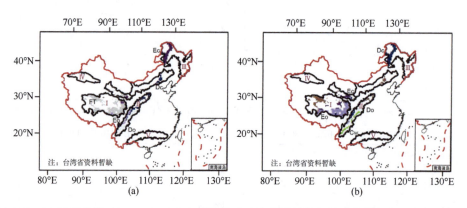

图 6-31　21 世纪末期（2069～2098 年）国家生态安全屏障区的气候型分布变化：消失（a）和新出现（b）的气候型

Ⅰ—青藏高原生态屏障；Ⅱ—黄土高原–川滇生态屏障；Ⅲ—东北森林带；Ⅳ—北方防沙带；Ⅴ—南方丘陵山地带

6.7　青藏高原的气候变化预估

和全球气候模式（ensG）一样，区域气候模式（ensR）的预估结果，也可以用于裁出其中的一个子区域，给出其未来的气候变化。本节以青藏高原为例，分析了 CORDEX-EA RegCM4 模拟中，青藏高原及周边地区的未来变化情景（Fu et al.，2021；Fu and Gao，2024），其中青藏高原定义为海拔>3000 m 的范围。

6.7.1　平均气温

图 6-32 为 RCP4.5 情景下 ensG 和 ensR 预估的 21 世纪末期青藏高原冬季、夏季和年平均地表温度相对 1986～2005 年的变化。可以看出，青藏高原总体变暖，并且变暖在 95%的置信水平上都是显著的。在冬季 [图 6-32 (a) 和图 6-32 (d)]，ensG 预估的青藏高原东南部和塔里木盆地北部的增温更为显著，在 3.0～3.9℃。除了空间细节外，ensR 预估的变暖与 ensG 的结果存在明显差异，其特点是高原上变暖幅度较大，范围为 3.0～4.5℃，而外部盆地和平原的变暖程度较低（<2.7℃）。ensG 和 ensR 预估的 2081～2098 年青藏高原区域平均增温幅度分别为 3.0℃ 和 3.4℃（表 6-2）。全球气候模式的模拟差异为 1.6～4.4℃，弱于 RegCM4 的 2.5～4.5℃。

夏季的变暖程度较小 [图 6-32 (b) 和图 6-32 (e)]。ensG 预估的升温在青藏高原上的分布更加均匀，在 2.4～2.7℃ [图 6-32 (b)]。对于 ensR 来说，大于 2.4℃ 的增温主要发生在东部地区，而<2.1℃ 的增温值则出现在青藏高原中西部地区

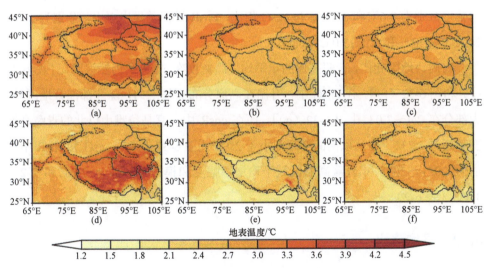

图 6-32　RCP4.5 情景下 ensG（上）和 ensR（下）预估的 21 世纪末期（2081～2098 年）青藏高原冬季 [(a)、(d)]、夏季 [(b)、(e)] 和年平均 [(c)、(f)] 地表温度相对 1986～2005 年的变化

表 6-2　RCP4.5 情景下 ensG 和 ensR 预估的青藏高原冬季、夏季和年平均地表温度和降水在 21 世纪早期（2021～2040 年）、中期（2041～2060 年）和末期（2081～2098 年）相对 1986～2005 年的变化

变量	年份	冬季 (ensG/ensR)	夏季 (ensG/ensR)	年平均 (ensG/ensR)
地表温度/℃	2021～2040	1.4/1.3 (0.9～2.2/0.9～1.7)	1.3/1.2 (1.2～1.3/0.9～1.5)	1.3/1.2 (1.1～1.6/1.0～1.5)
	2041～2060	2.1/2.4 (1.4～2.9/1.7～3.3)	1.8/1.6 (1.6～2.2/1.4～1.9)	2.0/1.9 (1.5～2.4/1.5～2.5)
	2081～2098	3.0/3.4 (1.6～4.4/2.5～4.5)	2.6/2.3 (2.2～3.0/1.8～2.8)	2.7/2.7 (2.2～3.4/2.2～3.4)
降水/%	2021～2040	0/3 (−9～8/−2～7)	2/2 (0～4/0～5)	2/2 (0～4/0～3)
	2041～2060	4/10 (−1～15/2～17)	2/3 (−2～5/1～4)	4/4 (1～6/3～7)
	2081～2098	7/12 (−2～18/5～22)	4/3 (−3～9/0～7)	7/5 (4～11/1～10)

注：括号中的值分别表示 5 个模拟结果的最小值和最大值。

[图 6-32（e）]。ensR 的升温总体较低，ensG 和 ensR 预估的 2081～2098 年平均升温幅度分别为 2.6℃和 2.3℃。与 ensG 相比，ensR 模拟差异也更小，分别为 1.8～2.8℃（ensR）和 2.2～3.0℃（ensG）。

与周边地区相比，青藏高原的年平均变暖幅度在 ensR 中仍然很明显 [图 6-32（c）和图 6-32（f）]。在 ensG 中，升温在高原分布更加均匀，除北部部分地区外，大部分在 2.4～3.0℃ [图 6-32（c）]。而在 ensR 中，喜马拉雅山以北的青藏高原变暖超过 2.7℃，而其以南的变暖则小于 2.1℃ [图 6-32（f）]。ensG 和 ensR 中预估的 2021～2098 年青藏高原区域平均增温幅度和模拟差异都为 2.7℃和 2.2～3.4℃（表 6-2）。

6.7.2　平均降水

在 ensG 中，21 世纪末期降水量变化趋势显示，青藏高原及其以北地区冬季降水量普遍增加，而以南地区减少 [图 6-33（a）]；在高原及其以南地区，各全球气候模式之间的变化一致性较低。ensR 预估结果显示，除西南部和东南部的

部分地区外，整个高原的增加幅度普遍超过 10%［图 6-33（d）］；与 ensG 一样，各模拟结果之间的一致性在高原南部也较低，而在高原北部及其更北的地区，降水增加的一致性较好；塔里木盆地和柴达木盆地的增幅最大，超过了 50%。在 ensG 和 ensR 中，高原区域 2081～2098 年平均降水量变化分别为 7% 和 12%，范围分别为–2%～18% 和 5%～22%（表 6-2）。

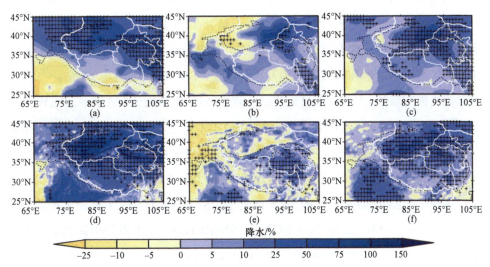

图 6-33　RCP4.5 情景下 ensG（上）和 ensR（下）预估的 21 世纪末期（2081～2098 年）青藏高原冬季［(a)、(d)］、夏季［(b)、(e)］和年平均［(c)、(f)］降水相对 1986～2005 年的变化

十字符号表示至少 4/5 的模式预估有相同变化趋势；白色区域指当代数据为 0

在夏季，全球气候模式结果在高原大部分地区的一致性较低［图 6-33（b）］。ensG 预估的降水量在高原大部分地区将略有增加（<10%），区域平均值为 4%；降水量增幅最大（>25%）出现在塔里木盆地以北地区。在 ensR 中，高原北部地区降水量有所增加，内陆东部地区降水量增加了 10%～25%，预估结果一致性较好［图 6-33（e）］。ensR 的高原区域平均降水增加了 3%。

ensG 和 ensR 预估的年平均降水量都以增加为主，变化的空间分布基本一致，模拟结果的一致性好于季节平均［图 6-33（c）和图 6-33（f）］。与 ensG 相比，ensR 的预估结果更为一致。ensG 和 ensR 预估的高原区域平均降水量分别增加 7%（4%～11%）和 5%（1%～10%）（表 6-2）。

6.7.3 极端降雪事件

类似表 4-1 对极端降水的定义，定义 SNOWTOT、S1mm、S10mm 和 Sx5day 为极端降雪指数，分别对应 PRCPTOT、R1mm、R10mm 和 Rx5day，但均为降雪（日平均气温低于 0℃ 的降水）。

图 6-34（a）显示了 RCP4.5 情景下，ensR 预估的青藏高原及其周边地区 SNOWTOT（类似 PRCPTOT，但为总降雪量）在 21 世纪末期的变化特征。除在中部和西部部分地区略有增加（<10%）外，大部分地区的 SNOWTOT 普遍减少。在周边的塔里木盆地和柴达木盆地及更北地区，SNOWTOT 将增加 10%～25%。除青藏高原东部外，大部分地区变化的一致性较低。在 RCP8.5 情景下，SNOWTOT 的变化更为显著 [图 6-34（b）]。同时，在塔里木盆地以西地区，模拟的降雪量减少了 25%。除喜马拉雅山边缘地区外，热带降雨带中部和西部轻微变化的一致性普遍较低。青藏高原西部地区的 SNOWTOT 减少幅度高达 25%。

区域平均结果表明，在 RCP8.5 情景下，SNOWTOT 在 21 世纪末期的变化更加显著（表 6-3）。在 RCP4.5 情景下，SNOWTOT 在 21 世纪中期和末期的变化分别为 –6.0%（–12.6%～–0.5%）和 –10.1%（–15.9%～–4.0%），RCP8.5 情景下的变化分别为 –8.1%（–14.1%～–2.2%）和 –21.8%（–33.9%～–9.6%）。到 21 世纪末，RCP8.5 情景下的变化幅度是 RCP4.5 情景下的两倍，几乎是 21 世纪中期的三倍。

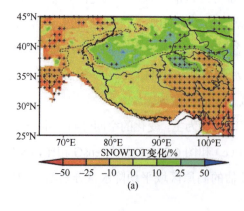
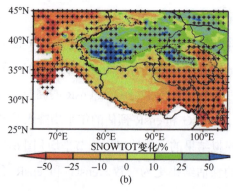

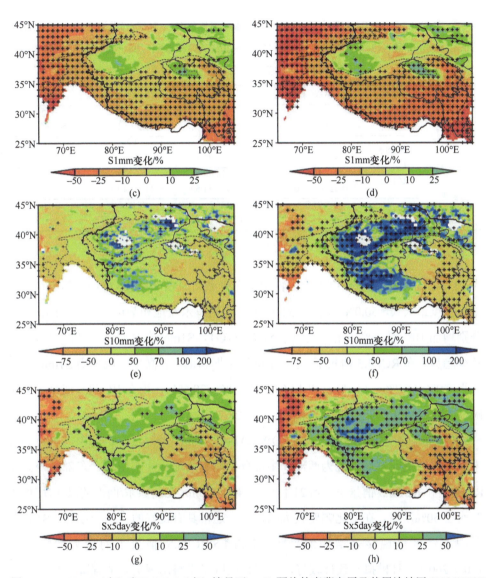

图 6-34 RCP4.5（左）和 RCP8.5（右）情景下 ensR 预估的青藏高原及其周边地区 SNOWTOT
[（a）、（b）]、S1mm [（c）、（d）]、S10mm [（e）、（f）] 和 Sx5day [（g）、（h）] 在 21 世纪末期
（2081～2098 年）相对于 1986～2005 年的变化

十字符号表示至少 4/5 的模式预估有相同变化趋势

在 RCP4.5 情景下，ensR 预估的青藏高原 S1mm（降雪日数）在 21 世纪末期
明显减少，并且各模拟之间的一致性很高 [图 6-34（c）]。在 RCP8.5 情景下，S1mm

表 6-3　RCP4.5 和 RCP8.5 情景下 ensR 预估的青藏高原(海拔> 3000m)区域平均 SNOWTOT、S1mm、S10mm 和 Sx5day 在 21 世纪中期(2041~2060 年)和末期(2081~2098 年)相对 1986~2005 年的变化百分比　　　　　　　　　　　　　　　　　　　(单位:%)

时期	情景	SNOWTOT	S1mm	S10mm	Sx5day
中期	RCP4.5	−6.0 (−12.6~0.5)	−8.9 (−14.1~−6.7)	−3.8 (−11.3~5.2)	−0.5 (−5.7~5.2)
	RCP8.5	−8.1 (−14.1~−2.2)	−13.2 (−14.7~−11.1)	−4.2 (−12.4~5.3)	0.1 (−7.5~9.4)
末期	RCP4.5	−10.1 (−15.9~−4.0)	−14.0 (−20.6~−11.5)	−6.5 (−14.1~4.1)	−0.8 (−7.2~8.2)
	RCP8.5	−21.8 (−33.9~−9.6)	−35.2 (−47.2~−28.7)	−11.2 (−27.5~6.2)	−0.6 (−13.2~13.6)

注:括号中的值分别表示 5 个模拟结果的最小值和最大值。

在 21 世纪末期的减少幅度更大,特别是在青藏高原东部(>25.0%),其中东南部减少幅度最大(> 50.0%)[图 6-34 (d)]。在塔里木盆地和柴达木盆地,S1mm 将分别增加 10%和 25%以上。类似于 SNOWTOT,S1mm 在高原西部地区也呈普遍减少趋势。在 RCP4.5 情景下,到 21 世纪中期和末期,高原区域平均 S1mm 分别减少 8.9%(6.7%~14.1%)和 14.0%(11.5%~20.6%),而在 RCP8.5 情景下分别减少 13.2%(11.1%~14.7%)和 35.2%(28.7%~47.2%)(表 6-3)。

S10mm 的变化幅度远大于 SNOWTOT 和 S1mm [图 6-34 (e)和图 6-34 (f)]。未来变化的空间格局表现为西部和中部分别略有增加和大幅增加,东部减少。在 RCP4.5 和 RCP8.5 情景下,到 21 世纪末期,S10mm 在高原东/西部的减少/增加幅度均在 50%以内。在变化幅度较大的地区,通常具有良好的模拟一致性。S10mm 在中部地区呈现显著增加的趋势,RCP4.5/RCP8.5 情景下的最大增幅大于 100%/200%,且模拟一致性较好,表明该地区未来将出现更多的强降雪事件。在高原北部的塔里木盆地、柴达木盆地及西北地区,S10mm 也将显著增加。在 RCP4.5 情景下,S10mm 增加幅度在 50%~100%,在 RCP8.5 情景下 S10mm 增加幅度在 100%~200%,且大部分具有较好的模拟一致性。S10mm 在高原上不同地区的变化趋势不同,导致区域平均的变化不明显,但总体上略有下降。在 RCP4.5 情景下,到 21 世纪中期和末期,S10mm 的变化分别为−3.8%(−11.3%~5.2%)和−6.5%

（–14.1%～4.1%），而在 RCP8.5 情景下，变化为–4.2%（–12.4%～5.3%）和–11.2%
（–27.5%～6.2%）（表 6-3）。

Sx5day 未来变化的空间形势与 S10mm 一致，但幅度较小且增加面积较大[图
6-34（g）和图 6-34（h）]。在 RCP4.5 情景下，东部高原 Sx5day 降幅和中西部高
原增幅大多在 10%以内，一致性较低。在 RCP8.5 情景下，Sx5day 在高原东部将
减少 10%～25%，并且在大多数地区具有良好的模拟一致性。Sx5day 在中西部地
区将增加 10%～25%，西部地区增幅更为明显且一致性较好。在塔里木盆地、柴
达木盆地以及青藏高原以北的中国西北地区，Sx5day 也将大幅增加，特别是在
RCP8.5 情景下的塔里木盆地南部地区，增幅将达到 50%以上。在 RCP4.5 情景下，
到 21 世纪中期和末期，高原区域平均 Sx5day 的变化为–0.5%（–5.7%～5.2%）和
–0.8%（–7.2%～8.2%），RCP8.5 情景下的变化分别为 0.1%（–7.5%～9.4%）和–0.6%
（–13.2%～13.6%）（表 6-3）。

为了分析青藏高原极端降雪事件未来变化的地形依赖性，图 6-34 显示了
RCP4.5 和 RCP8.5 情景下，极端降雪指数在 21 世纪中期和末期沿 35°N 的变化特
征。从图 6-34 中可以看到，极端降雪的变化在高原上不同海拔地区表现出明显差
异。在 RCP4.5 情景下的 21 世纪中期和末期以及 RCP8.5 情景下的 21 世纪中期，
极端降雪指数的变化幅度接近，而 RCP8.5 情景下的 21 世纪末期，极端降雪指数
的变化更加明显，尽管变化对路径的依赖性较小。

就 SNOWTOT 而言，低海拔地区下降幅度较大，高海拔地区下降幅度较小[图
6-35（a）]。在 RCP8.5 情景下，72°E 附近的印度河峡谷的 SNOWTOT 在 21 世纪
末期将减少约 80%，但在昆仑山沿线的最高点（海拔>5000m），SNOWTOT 将增
加 15%，随着海拔向东降低，SNOWTOT 将再次减少约 40%。

S1mm 的变化趋势[图 6-35（b）]与 SNOWTOT 的一致，但在到达昆仑山后
曲线更加平缓，且均为减少的趋势。在整个剖面上，RCP8.5 情景下 21 世纪末期
的变化比 RCP4.5 与 RCP8.5 情景下 21 世纪中期和 RCP4.5 情景下 21 世纪末期的
变化更为显著。

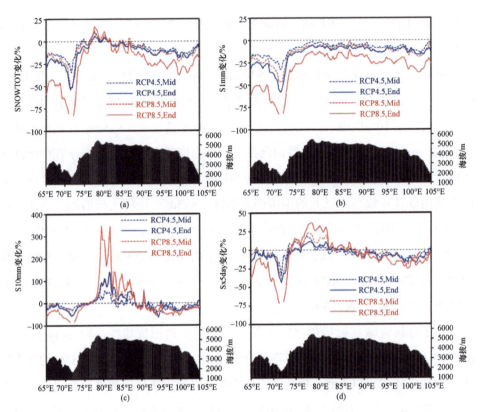

图 6-35　RCP4.5 和 RCP8.5 情景下，ensR 预估的青藏高原 35°N 剖面上 SNOWTOT（a）、S1mm（b）、S10mm（c）和 Sx5day（d）在 21 世纪中期（2041～2060 年）和末期（2081～2098 年）相对 1986～2005 年的变化

Mid 表示 21 世纪中期，End 表示 21 世纪末期

　　S10mm 在西部减少，然后沿昆仑山西部迅速增加 [图 6-35（c）]。在 RCP8.5 情景下，S10mm 在 21 世纪末期的增加最为明显，比当代气候增加了近三倍。当海拔随着向东而低于海拔 4500m 时，S10mm 呈减少趋势，并且各个时期和路径下的减少幅度基本接近。

　　同样，Sx5day 在西部印度河峡谷上空的减少幅度最大（约 75%），在海拔 5000m 以上地区的迅速增加，然后向东随海拔降低而呈减少趋势[图 6-35（d）]。与 S10mm 相比，增加的峰值略微向东移动。在 RCP8.5 情景下，Sx5day 在 21 世纪末期的最大增加幅度超过 30%。

第 7 章

统计降尺度和误差订正

统计降尺度方法通过在大尺度模式结果与观测资料（如环流与地面变量）之间建立联系，得到降尺度结果。传统上常用的统计降尺度方法可以分成转换函数法、环流分型法和天气发生器等。一般而言，气候模式输出结果和观测相比，或多或少地会存在误差，影响其在评估研究中的应用，因此需要对模式结果进行误差订正。误差订正方法近年来经常被归于模式输出统计（Model Output Statistics，MOS）法统计降尺度的范围，或被称为统计转换（Statistical Transformation）等。本节将对此进行重点介绍。

7.1 误 差 订 正

7.1.1 意义及简介

在使用气候模式进行气候变化预估研究时，研究人员一般更多关注未来的气候变化信号，如未来气温将变化几摄氏度、降水变化多少百分比或者每日变化量（mm/d），却忽视了气候模式本身存在的模拟偏差问题。此外，研究中一般会使用这样的假设，即认为气候模式的模拟偏差在当代和未来是一样的。基于此假设，通过计算当代与未来模拟结果的差值（气候变化信号），便可消除这种偏差，从而保证预估结果的可靠性。已有分析证实，对于某些变量和区域而言，模式预估的未来气候变化结果受当代气候模拟偏差的影响较小。

但在将气候模式结果应用于驱动如水文和农业等影响评估模式时，其较小的偏差也会对模拟产生很大影响，需要进行误差订正工作，现在随着对气候变化影响评估和脆弱性及风险研究的深入，这一问题也得到了越来越多的重视。

以作物模型为例，其对温度有严格限制，如高温灾害在高于某个温度阈值时会触发，低温灾害在低于某个温度阈值时会触发，对作物的生长发育造成影响。更进一步地，如在应用较广的 DSSAT CERES-Rice（Decision Support System for Agro-technology Transfer Crop Estimation through Resource and Environment Synthesis-Rice）模型中，水稻灌浆期日平均温度高于32℃就会受到高温胁迫，灌浆速率呈线性下降，在日平均温度达到40℃时，当日产量会减少20%；在 DSSAT CERES-Maize 模型中，日平均温度在25℃以上时，就会影响玉米的灌浆速率；在 APSIM（Agricultural Production Systems Simulator）-Oryza 水稻模型中，日最高温度大于 36.6℃ 时，会导致水稻结实率降低；再如在另外一个应用较广的 APSIM-Wheat 小麦模型中，热量控制作物的生育期及生长，每日适宜生长的最高、最低和最适温度分别为34℃、0℃和26℃，如果温度高于34℃或低于0℃，小麦的生长发育和生育期的长短就会受到影响。除逐日温度外，积温也是作物衡量生长发育的重要指标。在大部分作物模型中，生育期模型直接与温度或积温相关。同时，积温还被作为作物的品种参数，决定作物某一生育进程的时长。如果气候模式中温度的模拟存在误差，会对积温产生影响，直接导致作物的生育期延长或缩短，进而影响结实率、灌浆速率等因子，最终影响产量。

对气候模式结果进行误差订正的方法有很多，其中最简单的就是扰动法（Perturbation Method）或称 DC（Delta Change）方法，即以观测作为当代气候，将气候变化信号直接（对于气温）或按照比例（对于降水）叠加到观测上，作为未来气候。例如，观测中北京当代高温日数为20d/a；气候模式模拟的北京当代高温日数为25d/a，未来是30d/a，变化则是5d/a，则未来北京的高温日数为25d/a。

对于降水的订正则是将气候变化信号，即降水的变化按照比例叠加到观测上，作为未来气候。该方法简便易行，可以有效地订正气候平均态，但对于日尺度数据的处理较难适用，也不能对概率分布方面进行有效的订正，如对降水的协方差和变率无明显订正效果。目前较常用的方法是基于概率分布的订正，即分位数映射（QM）方法，参见 7.1.2 节。

对模式结果进行误差订正时，需要注意由观测资料的不确定性引起的问题，如高山和缺乏台站观测的边远地区，误差订正可能会导致新偏差的出现。同时，一部分误差订正方法会使气候模式本身所预估的信号改变，如上述 QM 方法会降低预估的中国区域气温的升高值，对空间分布也会产生改变，这一问题可以使用扰动 QM（QDM）方法避免。此外，需要特别指出的是，误差订正方法并不能改善和增加模式技巧，未来气候模式模拟和预估中偏差的减少仍需依赖模式本身的完善和进步。

7.1.2 分位数映射

分位数映射（QM）方法，为在选定的参照时段内，分别计算观测值和模拟值的累积概率分布函数（Cumulative Distribution Function，CDF），构建两者之间的传递函数（Transfer Function，TF）。然后利用传递函数，订正其他时段内模拟值的 CDF，最终达到降低模式模拟误差的目的。按照传递函数构造方法的不同，还可以进一步分为参数转换和非参数转换，相比而言，采用非参数转换方法来建立传递函数的适用性更广泛。

对一个区域气候模式（RegCM4）的模拟使用 QM 方法订正气温和降水结果，结果表明，经过订正后的模式结果与观测的分布和数值均非常接近，可以为影响评估研究提供更好的支持数据（韩振宇等，2018；童尧等，2017）。

选择的 QM 方法为非参数分位数映射中的 RQUANT 方法，即鲁棒经验分位数的非参数分位数映射（Gudmundsson et al.，2012）。QM 方法是给定某个变量 x，使原始模式输出数据的 CDF 与建模时期（1981～2000 年）观测值的 CDF 尽量接近。建模时期从式（7-1）中得到的关系，应用到式（7-2）中，得出 21 世纪其余

时间序列中订正后 x 的未来值。

$$F_{m,c}\left(x_{m,c}\right) = F_{o,c}\left(x_{o,c}\right) \tag{7-1}$$

$$x_{bc} = F_{o,c}^{-1}\left[F_{m,p}\left(x_{m,p}\right)\right] \tag{7-2}$$

式中，x_{bc} 为误差订正的结果，模式数据用下标 m 表示；$x_{m,c}$、$F_{m,c}$、$x_{m,p}$、$F_{m,p}$ 分别为变量在建模时期（用下标 c 表示）和预估时期（用下标 p 表示）的模拟值，以及它们相应的经验 CDF（F）；$x_{o,c}$ 和 $F_{o,c}^{-1}$ 为观测数据（用下标 o 表示）和对应的逆经验 CDF。

使用非参数变换来建立传递函数的优点是不需要对原始数据的分布进行特定的假设，RQUANT 方法是使用鲁棒经验分位数的非参数分位数映射，它使用的是局部线性最小二乘回归对模式与观测的经验 CDF 进行拟合，拟合传递值之间的插值类型选择的是线性插值。

对 QM 方法的计算可基于 R 语言（The R Core Team，2013）的软件包 QMap（http://cran.r-project.org/web/packages/qmap/index.html）进行（Gudmundsson et al.，2012）。

7.1.3 扰动分位数映射

QDM 或称 Delta 分位数映射，保留了分位数的变化，Cannon 等（2015）所描述的方法与 QM 的等距和均衡形式类似，为在每一个分位数中，都先进行去趋势处理，然后将建模时期构造的传递函数通过 QM 方法对模式模拟值进行订正，最后将模式的预估结果的相对变化或绝对变化叠加到订正结果中。

对于气候变量 x，我们首先计算与时间 t 相关的非超额概率：

$$\varepsilon(t) = F_{m,p}^{(t)}\left[x_{m,p}(t)\right] \tag{7-3}$$

式中，$x_{m,p}(t)$ 为未来变化时期时间 t 对应的模式模拟值，用下标 p 表示；$\varepsilon(t)$ 的范围是 0～1；$F_{m,p}^{(t)}$ 为模式预估时期 $x_{m,p}$ 对应的 CDF，是对时间 t 使用 30 年滑动平均得出的经验 CDF。

对于降水，建模时期和预估时期 t 之间的分位数选择用相对变化来表示，可以定义为

$$\Delta(t) = \frac{F_{m,p}^{(t)-1}\left[\varepsilon(t)\right]}{F_{m,c}^{-1}\left[\varepsilon(t)\right]} = \frac{x_{m,p}(t)}{F_{m,c}^{-1}\left\{F_{m,p}^{(t)}\left[x_{m,p}(t)\right]\right\}} \tag{7-4}$$

而对于温度，建模时期和预估时期之间分位数选择用绝对变化表示：

$$\Delta(t) = F_{m,p}^{(t)-1}\left[\varepsilon(t)\right] - F_{m,c}^{-1}\left[\varepsilon(t)\right] = x_{m,p}(t) - F_{m,c}^{-1}\left\{F_{m,p}^{(t)}\left[x_{m,p}(t)\right]\right\} \tag{7-5}$$

式中，$F_{m,c}^{-1}$ 为在建模时期内模式模拟结果中得到的逆 CDF。还可以根据观测值在建模时期内模式预估时段 t 中对模拟的 ε 分位数进行订正，公式如式（7-6）所示：

$$\hat{x}(t) = F_{o,c}^{-1}\left[\varepsilon(t)\right] \tag{7-6}$$

这里 $F_{o,c}^{-1}$ 值得到的是在建模时期内从观测值 $x_{o,c}$ 中计算而来的逆 CDF。

最后，在未来时段 t，降水的订正结果等于误差订正值 $\hat{x}$ 乘以降水的相对变化量 $\Delta(t)$ [式（7-7）]，温度的订正结果等于误差订正值 $\hat{x}$ 加上温度的绝对变化量 $\Delta(t)$ [式（7-8）]，如下所示：

$$x_{bc}(t) = \hat{x}(t)\Delta(t) \tag{7-7}$$

$$x_{bc}(t) = \hat{x}(t) + \Delta(t) \tag{7-8}$$

对 QDM 方法的计算可基于 R 语言中的程序包 MBC 进行（https://cran.r-project.org/web/packages/qmap/index.html）。

7.1.4 气温订正结果

使用 QM 和 QDM 方法，对 CORDEX-EA RegCM4 模拟结果中的气温进行订正，并对比了两种方法的订正效果。中国气温分布在冬季呈现出明显的纬度梯度；而在夏季东部基本都是高温区，西部则明显依赖地形高度。在冬季，区域气候模式集合模拟结果 ensR 的偏差，表现出在寒冷季节高纬度地区存在普遍的暖偏差 [图 7-1（c）]，与再分析资料和一般全球气候模式驱动模拟的结果一致（Gao et al.,

2017；Jiang et al.，2016)。同时，研究发现青藏高原呈现出明显的冷偏差。在夏季 [图 7-1 (d)]，模式模拟的结果显示西北地区有暖偏差，除四川盆地以外的其他地区普遍存在冷偏差。模拟的偏差分布型在单个模式中表现的结果较为一致，并且其主要偏差表现一致的区域已经在图 7-1 中用阴影区域表示。

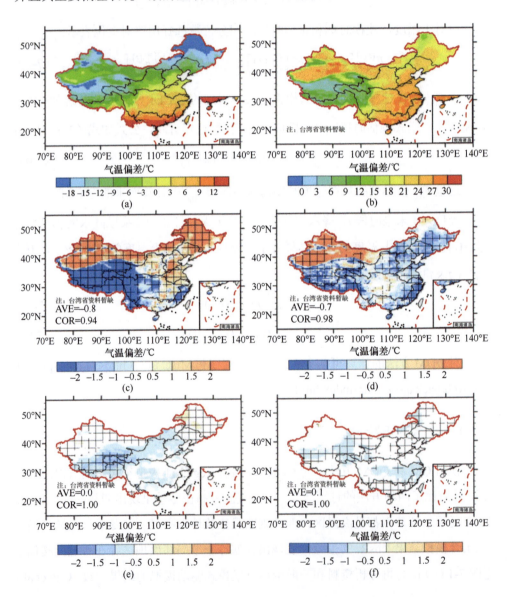

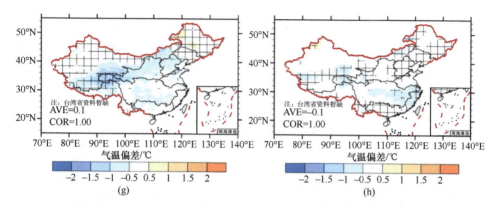

图 7-1 2001～2015 年中国地区气温的观测及模式结果订正前后的偏差

（a）冬季观测；（b）夏季观测；（c）冬季模式偏差；（d）夏季模式偏差；（e）冬季 ensR_QM 偏差；（f）夏季 ensR_QM 偏差；（g）冬季 ensR_QDM 偏差；（h）夏季 ensR_QDM 偏差。图中交叉区域表示所有模式都模拟了正/负偏差，左下角给出了整个中国的区域平均值（AVE）和与观测之间的相关系数（COR）

QM 方法订正后的集合平均结果 ensR_QM［图 7-1（e）和图 7-1（f）］和 QDM 方法订正后的集合平均结果 ensR_QDM［图 7-1（g）和图 7-1（h）］都大大降低了冬季和夏季与观测之间的偏差。在两个季节中，ensR_QM 和 ensR_QDM 之间的偏差与模式之间的一致性比较接近。在冬季［图 7-1（e）和图 7-1（g）］，除了在青藏高原东部的长江和黄河发源地外，大部分地区的偏差都在±1.0℃以内。在东北和西北地区有较小的偏差，误差在±0.5℃以内。全国各地普遍存在着冷偏差，但总体各模式之间的一致性较低。ensR_QM 和 ensR_QDM 在不同流域和整个中国的区域平均偏差接近 0，COR 都接近 1.00（表略）。

在夏季，偏差比冬季结果较小，大部分在±0.5℃以内［图 7-1（f）和图 7-1（h）］。在长江流域的中下游和青藏高原上的一小部分地区，发现有 0.5～1℃的冷偏差。与冬季相似，整个中国地区的偏差都接近 0，并且相关系数达到了 1。

7.1.5 降水订正结果

对于降水，在冬季的干旱季节中，中国东南部的降水量大于 200 mm，北方和西北部地区的降水量都小于 50 mm（图 7-2）；在夏季，全国的降水更为明显，南部沿海地区的最大值超过 750 mm［图 7-2（b）］。CORDEX-EA RegCM4 区域气候模式的集合结果 ensR 中，降水偏差的空间分布和数值与模式由再分析场驱动时的模拟结果一致（Gao et al.，2017），冬季在中国东南地区的降水中心有 25%～50% 的低估，而在中西部干旱地区有很大的高估。夏季中 ensR 的偏差 ［图 7-2（d）］ 比冬季中的小很多，表明区域气候模式在雨季期间表现得更好一些，主要模式偏差是从海河流域北部到内蒙古的整个区域是高估的，以及对西北沙漠的低估。

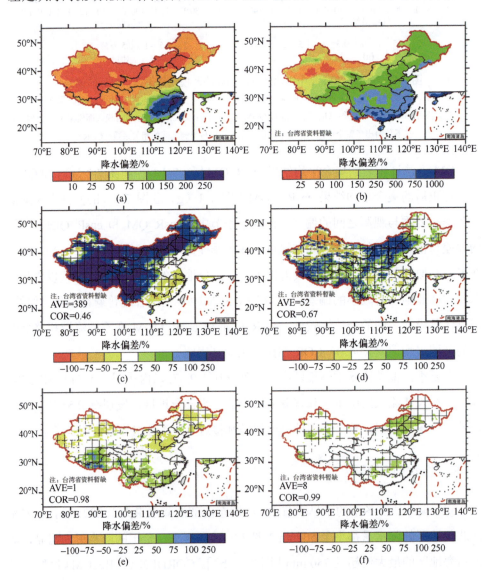

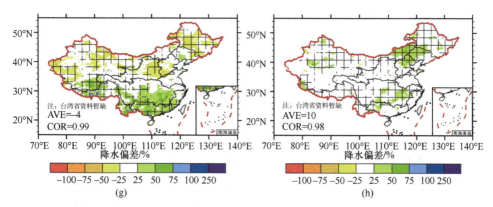

图 7-2 2001~2015 年中国地区降水的观测及模式结果订正前后的偏差

（a）冬季观测；（b）夏季观测；（c）冬季模式偏差；（d）夏季模式偏差；（e）冬季 ensR_QM 偏差；（f）夏季 ensR_QM 偏差；（g）冬季 ensR_QDM 偏差；（h）夏季 ensR_QDM 偏差。图中交叉区域表示所有模式都模拟了正/负偏差，左下角给出了整个中国的区域平均值（AVE）和与观测之间的相关系数（COR）

　　同样，QM 和 QDM 两种误差订正方法均大大减小了模式的模拟偏差，在夏季更为明显，大多数地区的偏差值在±25%以内 [图 7-2（e）~图 7-2（h）]。在冬季和夏季，ensR_QM 和 ensR_QDM 的偏差无论是数值还是分布情况都较为相似。在冬季时，不同流域的平均偏差在±25%以内，夏季时平均偏差在–5%~15%。冬季和夏季中的 ens_QM 在整个中国区域的平均偏差值分别为 1%和–4%，ensR_QDM 的区域平均偏差值较大，在冬、夏季分别为 8%和 9%。整个中国的 COR 普遍较高，范围在 0.98~0.99。

7.1.6　不同订正方法对气温变化预估的影响

　　图 7-3（a）和图 7-3（b）呈现了中国 ensR 在 21 世纪末（2079~2098 年）冬季和夏季的气温预估变化情况，图 7-4（a）和图 7-4（b）给出了在不同流域中冬季和夏季平均气温的变化情况。可以看出，两个季节的预估结果都出现了明显的增暖趋势。在冬季中，青藏高原的升温最大，范围从 3℃到大于 4℃ [图 7-3（a）]。这可能与该寒冷地区积雪的变暖和融化之间的较强反馈有关，并且被认为是降尺度的增量之一（Wu and Gao，2020）。在西北的盆地（沙漠）地区，冬季的变暖也很高（>2.7℃）。如图 7-4（a）和图 7-4（b）所示，数值广泛分布于各个流域中，

在西南流域和西北盆地的内陆河流有最大增温值，大约为 3℃，而珠江流域和淮河流域有最小的增温，大约为 2℃。在冬季，整个中国区域的平均增温为 2.6℃。

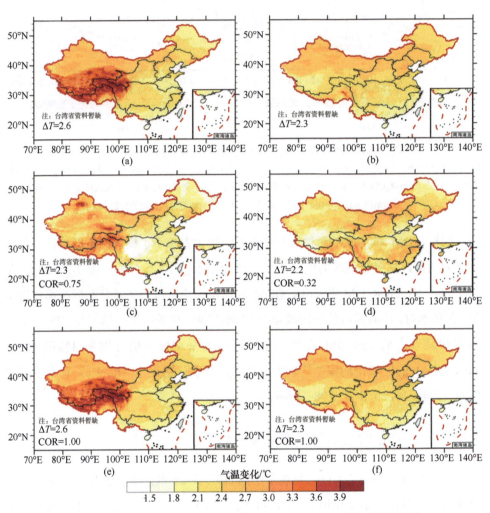

图 7-3　相对于 1986～2005 年 21 世纪末（2079～2098 年）气温的变化
（a）冬季 ensR；（b）夏季 ensR；（c）冬季 ensR_QM；（d）夏季 ensR_QM；（e）冬季 ensR_QDM；（f）夏季 ensR_QDM。
左下角提供了整个中国的气温变化值，（c）～（f）给出 COR

在夏季，变暖趋势略微减弱，全国平均增温为 2.3℃ [图 7-3（b）]。与冬季相比，夏季的变暖在空间上的分布更均匀，在各个流域中的分布范围较小，在 2～

2.5℃ [图 7-4（b）]。较大的增温值（>2.4℃）主要出现在从东北的辽河流域到西北以及西南流域的北部地区。

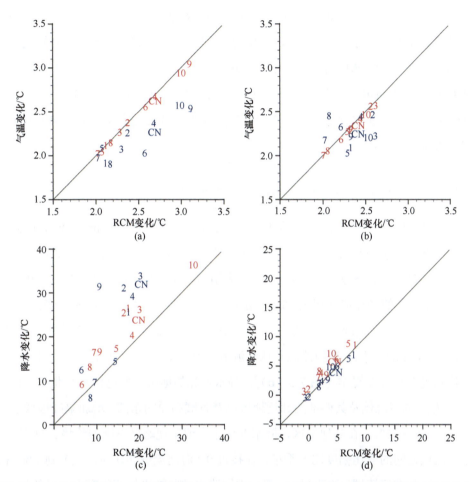

图 7-4　21 世纪末中国 10 个主要流域的 ensR、ensR_QM 和 ensR_QDM 的气温和降水变化的比较（a）冬季气温；（b）夏季气温；（c）冬季降水；（d）夏季降水。彩色符号表示不同的方法，蓝色表示 QM，红色表示 QDM。数字表示不同的流域：1—松花江 SRB；2—辽河 LRB；3—海河 HaiRB；4—黄河 YLB；5—淮河 HRB；6—长江 YRB；7—珠江 ZRB；8—东南诸河 SERB；9—西南诸河 SWRB；10—西北内陆河 NWRB，CN 代表整个中国地区

在冬季中，ensR_QDM 在大小和空间分布上都显示与 ensR 非常相似（实际上几乎相同）的值［图 7-3（e）］，而在 ensR_QM 中则发现有很大的差异［图 7-3（c）］。

在 ensR_QM 中，青藏高原上的变暖大大减弱，四川盆地地区的变暖也大大减少。图 7-4 显示，在所有流域内，ensR_QM 的变暖都比原始 ensR 低，导致 ensR_QM 的全国平均增暖相对于 ensR 降低了 0.3℃。ensR_QM 和 ensR 的升温趋势之间的相关系数是 0.75。同样在夏季中，ensR_QDM 也很好地保持了 ensR 的原始气候变化信号，而 ensR_QM 则没有［图 7-3（d）和图 7-3（f）］。ensR_QM 使中国平均变暖的幅度比 ensR 低 0.1℃，空间分布的差异也很大，COR 约为 0.32。总而言之，QM 方法可以明显改变冬季和夏季中原始模式的气温变化信号，而 QDM 方法可以很好地保留它。

7.1.7　不同订正方法对降水变化预估的影响

图 7-5 显示了 21 世纪末冬季和夏季中 ensR、ensR_QM 和 ensR_QDM 的降水变化。在两个季节和所有结果中，除西北部的一些区域外，全国各地的降水量均呈现增加趋势。在冬季中，除从长江流域的西南部延伸到中游地区以外的其他地区，降水变化的增加值都超过 15%［图 7-5（a）］。西北干旱盆地的相对变化最大，超过 50%。冬季在中国地区的平均变化为 19%。不同流域的增加幅度差别很大［图 7-4（c）］，长江流域、东南流域和珠江流域的值小于 10%，西北盆地的内陆河流的值超过 30%。在夏季［图 7-5（b）］，降水增加的地区主要包括东北北部（松花江流域）、淮河流域及其西部的邻近地区以及青藏高原的东部。增加幅度远低于冬季，在 5%～15%。在其他地区，降水变化不大或呈现略微下降的趋势。夏季中，不同流域之间的变化幅度比冬季小，在接近 0（海河流域和辽河流域）到 7%（松花江流域和淮河流域）的范围内。整个中国降水的区域平均变化有小幅度的增加，仅为 3%。

QM 和 QDM 方法在两个季节都保留了降水的变化信号［图 7-5（c）～（f）］。在冬季，订正结果对气候变化信号改变的影响较小或有较小的负变化（长江流域和西南地区），但整体趋向于放大增加。与 QDM 相比，这种增加的放大现象在 QM 方法订正结果中的中国西部地区表现得更为明显。使用 QM 方法时，中国区域内降水的平均变化为 32%，比原始模式模拟的结果高约 7%。在冬季

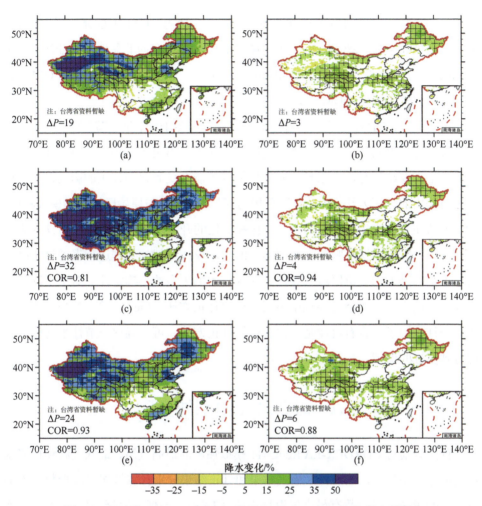

图 7-5 相对于 1986~2005 年 21 世纪末（2079~2098 年）降水的变化
（a）冬季 ensR；（b）夏季 ensR；（c）冬季 ensR_QM；（d）夏季 ensR_QM；（e）冬季 ensR_QDM；（f）夏季 ensR_QDM。
左下角提供了整个中国的降水变化值，（c）~（f）给出 COR

[图 7-5（c）和（e）]，ensR_QM 和 ensR_QDM 与 ensR 之间的相关系数仍然很高，分别为 0.81 和 0.93。在夏季 [图 7-5（d）和（f）]，这两种方法都比冬季更好地保留气候变化信号。QM 和 QDM 在夏季中也发现了增加的放大，但不如冬季明显。在 QDM 中，西北流域降水的减少转化为增加。ensR_QM 和 ensR_QDM 在中国区域内的平均降水变化分别为 4%和 6%，因此接近 ensR 值（3%）。与 ensR 的

相关系数也很高，分别为 0.94 和 0.88。在整个流域内，QM 和 QDM 方法与 ensR 的差异分别在–1%～2%和 1%～4%［图 7-4（d）］。仅在西北盆地的内陆河流上的 QDM 结果中发现低于 0.90 的 COR（0.80）。通常，在夏季中用于降水的 QM 方法保留的变化信号要比 QDM 更好。

　　总而言之，QDM 方法能够将两个季节气温和冬季（干旱季节）降水的未来变化信号更好地保留下来。在夏季，这两种方法表现出更多的相似结果。我们分析出的一个重要结论是，未来预估的变化幅度可能会受到误差订正的影响，并且取决于所采用的订正方法、季节和所分析的变量。例如，与原始区域气候模式相比，QM 方法在冬季产生了更大的降水变化和更低的升温趋势，而 QDM 方法大大降低了这两种影响。这反映出一个事实，即在对模式模拟的数据进行误差订正时要格外小心，因为这会给区域气候模式的预估增加更多的不确定性。对于不同的模式及不同的变量，可能需要选用不同的误差订正方法。Pierce 等（2015）提出增加一个订正因子，也有可能是一种有效的订正方法，可以确保季节性平均值的变化得到更好的保留。

7.2　对极端气候指数的订正

　　首先分别对 CDRDEX-EA RegCM4 模拟输出的最高气温、最低气温和日降水数据进行误差订正，然后针对模式结果和订正结果分别计算极端气候指数。本书所选择的极端气候指数有最高气温极大值（TXx）、最低气温极小值（TNn）、连续干旱日数（CDD）和最大 1 日降水量（Rx1day）。其中，CDD 定义为日降水量小于 1 mm 的最长连续日数，Rx1day 定义为年最大日降水量。

　　研究分析主要分为两部分，分别是订正方法的历史时段验证，以及未来预估模拟的订正对比分析。验证订正方法时，受观测资料和模拟数据的时段限制，将 1981～2000 年（共 20 年）作为建模期，2001～2015 年（共 15 年）作为检验订正效果的验证期。Reiter 等（2016）的研究指出，建模期的长度与订正效果有关，通常长度缩短，订正效果就会降低。因此，实际应用于未来气候变化模拟订正时，会选择尽可能长的历史时段作为建模期。本节在未来预估模拟的误差订正时，选择 1981～2015 年共 35 年作为建模期，订正并分析了未来到 21 世纪末期（2079～2098 年）相对于 1986～2005 年气候参照期的变化，讨论订正方法对未来气候变化信号的影响。

分析方法选择相关系数（COR）和均方根误差（RMSE）来衡量数据之间的空间相关性和差异性。在验证时段，利用 COR 和 RMSE 来检验模式模拟结果以及订正结果与观测之间的偏差情况；在未来预估时段，利用两个指标来判断订正结果的未来变化与原始模式结果的未来变化之间的差异和空间相关性，以此来判断是否较好地保留了模式的气候变化信号。另外，使用泰勒图（Taylor，2001）和泰勒评分 S（Peng et al.，2019）来定量表示各个模式的模拟性能，以及两种误差订正方法对极端气候指数的订正效果。在计算模拟偏差和未来变化时，Rx1day 利用相对偏差和相对变化的百分比来表征，其他指数则用绝对变化来表示。

7.2.1　气温指数

图 7-6 给出了验证期中国地区 TXx 和 TNn 多模式集合平均的模拟偏差以及使用 QM 和 QDM 两种方法订正后的结果与观测的偏差。可以看出，模式模拟的 TXx 在我国大部分地区偏大，尤其是在西北地区，其偏差在 2℃以上；而在内蒙古中东部、青藏高原东南部地区存在较明显的冷偏差，且 5 个模拟的结果较为一致 [图 7-6（a）]。经过误差订正后，偏差在中国大部分地区都集中于±1℃以内；两种订正方法的误差空间分布相似，都是在中部和东部地区有一定冷偏差，东北和青藏高原东部有一定暖偏差 [图 7-6（b）和图 7-6（c）]。

模式模拟的 TNn 偏差明显大于 TXx [图 7-6（d）]，尤其是在青藏高原地区的偏差值超过了–10℃。模式模拟的冬季气温在青藏高原往往呈现明显的冷偏差（韩振宇等，2018），年极端最低气温常出现在冬季，因此造成该地区 TNn 偏差较大。在高纬度地区，除一些山脉附近地区外（如长白山脉、天山山脉和太行山脉等），其他地区都为明显的暖偏差。经过 QM 方法订正后 [图 7-6（e）]，其偏差在我国大部分地区都减少到±1℃以内。QDM 订正后也能有效地减少模式模拟的偏差情况［图7-6（f）］，但在中部和南部地区的偏差较 QM 方法大，误差在–5～–2℃。在观测中，相较于建模期，验证期的 TNn 在内蒙古和新疆等地有一定程度减小而其余地区增加；模式未能较好地模拟这种变化的空间分布，对 QDM 订正结果产生影响，因而造成 QDM 在验证期的订正效果略差（图略）。

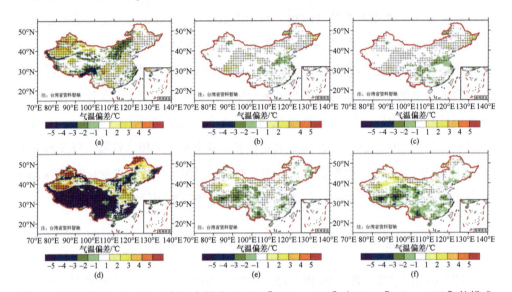

图7-6　验证期（2001～2015年）中国地区 TXx［（a）～（c）］和 TNn［（d）～（f）］的模式结果订正前后与观测的偏差

（a）和（d）为 ensR；（b）和（e）为 ensR_QM；（c）和（f）为 ensR_QDM。图中画线区域表示所有模式模拟都为正/负偏差

　　表7-1 给出了相对于观测的 TXx 和 TNn 模式模拟与两种订正结果在中国范围的 RMSE 和 COR，同时计算了 ensR、QM 和 QDM 三者之间的差异显著性以及它们与观测之间的差异显著性，并用显著差异的格点占全国百分比来表征。ensR 模拟的 TXx 要好于 TNn，RMSE 分别为 1.76℃和 7.32℃，经过 QM 和 QDM 订正后，使 RMSE 都减少到 1℃以下。ensR 与观测数据的差异在我国大部分地区都通过了95%显著性检验，而 QM 和 QDM 与观测的差异在我国有较少地区通过显著性检验。对于极端气温指数的订正，QDM 方法对 TXx 的订正结果与观测之间的 RMSE 较小，为 0.59℃，QM 的为 0.62℃；而对于 TNn，则是 QM 的 RMSE 较小，为 0.79℃，

QDM 的值为 0.84℃。两种误差订正方法都能够有效地减小 TXx 和 TNn 与观测结果之间的 RMSE。ensR 模拟 TXx、TNn 的空间分布型与观测十分接近，与观测的 COR 分别是 0.98 和 0.91，全部通过了 95%显著性检验；经过误差订正后，与观测的 COR 都接近 1.00。ensR 与 QM 和 QDM 之间的差异在我国半数格点以上都通过了 95%显著性检验，而 QM 和 QDM 方法之间则几乎很少地区通过检验，说明两种方法的误差订正效果是显著的，同时两种方法的订正效果无显著差异。

表 7-1　验证期（2001～2015 年）模式集合平均（ensR）和订正结果（QM 和 QDM）与观测之间的 RMSE 和 COR，ensR、QM 和 QDM 三者之间及与观测之间的显著差异（95%显著性检验）的格点占全国百分比

指数	RMSE（COR）			显著差异的格点占全国百分比/%					
	ensR	QM	QDM	ensR-OBS	QM-OBS	QDM-OBS	ensR-QM	ensR-QDM	QM-QDM
TXx	1.76（0.98）	0.62（1.00）	0.59（1.00）	65	23	20	60	56	0
TNn	7.32（0.91）	0.79（1.00）	0.84（1.00）	79	15	15	71	71	1
CDD	39.11（0.46）	8.66（0.97）	9.53（0.97）	83	27	31	73	77	20
Rx1day	23.30（0.77）	6.88（0.98）	7.92（0.97）	76	22	18	62	64	2

注：其中 COR 均通过了 95%显著性检验。TXx 和 TNn 的 RMSE 的单位为℃；CDD 的 RMSE 的单位为天；Rx1day 的 RMSE 的单位为%。

7.2.2　降水指数

模式集合平均对于 CDD 的模拟 [图 7-7（a）]，在准噶尔盆地和吐鲁番盆地有很大的正偏差，偏差值大于 50 天，在塔里木盆地和我国东南地区也有一定程度的正偏差；在中国大部分地区模拟的 CDD 都是偏少的，尤其是在青藏高原和内蒙古地区，负偏差达到了 35 天，这是由于模式模拟的冬季降水系统性偏多，造成 CDD 模拟偏短（童尧等，2017）。模式集合平均结果与观测的 RMSE 为 39.11 天，相关系数为 0.46（表 7-1）。经过误差订正后 [图 7-7（b）和图 7-7（c）]，有效地减小了模式模拟的偏差，其结果在我国大部分地区的偏差都在 ±15 天以内，且 5 个模式偏差的正负一致性较好。两种方法使其订正结果与观测的 RMSE 分别减小到 8.66 天和 9.53 天；空间相关系数也都得到了提高，都达到了 0.97（表 7-1）。

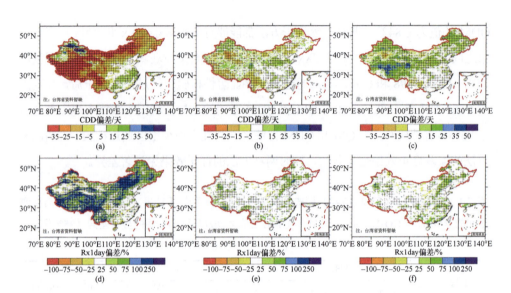

图 7-7 验证期（2001~2015 年）中国地区 CDD[（a）~（c）]和 Rx1day[（d）~（f）]的模式结果订正前后与观测的偏差

（a）和（d）为 ensR；（b）和（e）为 ensR_QM；（c）和（f）为 ensR_QDM。图中划线区域表示所有模式模拟都为正/负偏差

对于 Rx1day 的模拟结果 [图 7-7（d）]，除在西北的盆地地区以及我国的东南地区有一定程度的偏少外，模式的集合平均结果在我国的整个西部和北部地区的模拟都是明显偏多的，尤其是在喜马拉雅山脉和横断山脉交界处，其偏差值超过了 250%，这可能是受到 RegCM 系列模式对这些区域降水模拟整体偏多的影响（Gao and Giorgi，2017；Gao et al.，2017），也与格点观测资料在站点稀疏地区的不确定性有关（吴佳和高学杰，2013）。经过 QM 和 QDM 的订正后 [图 7-7（e）和图 7-7（f）]，其偏差在我国的大部分地区都集中在±25%，其中 QM 方法的订正结果相对较好 [图 7-7（e）]。通过表 7-1 的数值可以更清楚地看出误差的订正效果，订正后将 ensR 与观测的 RMSE（23.30%）分别减少到 6.88%（QM）和 7.92%（QDM），空间相关系数也从 0.77 分别提高到了 0.98 和 0.97。对于极端降水指数的订正，两种订正方法的效果无明显差别，只是 QM 方法的全国平均 RMSE 较小。有关降水指数模拟误差和订正效果的显著性检验结果与温度指数类似（表 7-1），其中 COR 也均通过了 95%显著性检验。

从给出的 5 个区域气候模式模拟集合平均结果的泰勒图能够看出［图 7-8（a）］，模式对于气温指数的模拟效果要好于降水指数，其中对 TXx 模拟的偏差最小且 COR 最高。经过误差订正后，各个指数的偏差都明显减小，COR 也得到了有效的提高，所有指数的 COR 都达到 0.97 以上，对气温指数的订正结果相对于降水指数更加靠近观测值（REF），相关系数接近 1.00。从图 7-8 中还能看出，两种误差订正方法的订正效果无明显差异。

7.2.3 不同模式的模拟性能及其订正效果

基于 5 组模拟结果及其 QM 和 QDM 方法订正后的结果，分别计算极端气候指数，并进行误差的定量评估［图 7-8（b）和图 7-8（c）］。在模式模拟的极端气候指数中，对 TXx 模拟的空间相关系数最高（都超过 0.95），其中 HdR 的 COR 最大。相对而言，TNn 模拟值与观测的 COR（0.8~0.95）都低于 TXx，Rx1day 模拟值的 COR 相对更低（0.6~0.9），也是 HdR 的模拟效果较好。CDD 模拟值与观测的 COR 相对最小，其中 EdR 的 COR 值最高，也仅为 0.5 左右；MdR 模拟的最差，与观测的 COR 在 0.30 以下。经过误差订正后，无论是 QM 方法还是 QDM 方法，都有效地提高了不同模式不同极端指数与观测的 COR，尤其是对 TXx 和 TNn，在 5 组模拟和集合平均结果中其 COR 都达到了 0.99；对于降水指数 CDD 的订正结果，COR 提升到 0.95 以上；Rx1day 的订正结果则是除 CdR 模式外，其余与观测的 COR 也都达到了 0.95 以上［图 7-8（b）］。

在泰勒 S 评分图中［图 7-8（c）］也能更清楚地看出，模式对于降水指数的模拟性能较差，尤其是 CDD，其中在 CDD 的模拟中 CdR 和 MdR 模式评分在 5 个模式和集合平均中较低，在 Rx1day 的模拟中 CdR 和 NdR 的评分较低。经过误差订正后，对于极端气温指数 TXx 和 TNn，无论是哪种订正方法，其在各个模式中的评分都达到了 1.98 以上；极端降水指数的订正结果评分虽然较气温低，但评分整体都有了大幅度的提高。总的来说，QM 和 QDM 方法都能够针对不同的模式结果进行订正，使订正后的结果与观测更为接近。

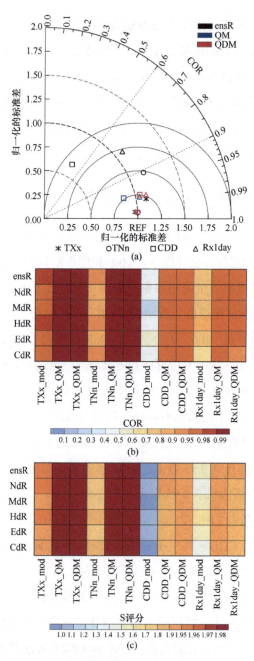

图 7-8　验证期（2001～2015 年）误差订正前后模式在中国地区的模拟性能

（a）泰勒图；（b）相关系数；（c）S 评分。REF 表示观测值

7.2.4　气温指数未来变化

图 7-9 给出了中国地区模式集合平均及其订正结果在 21 世纪末期（2079～2098 年）的极端气温指数变化，预估 TXx 和 TNn 未来在整个中国地区都是显著增加的。多模式集合平均模拟 TXx 的未来变化值在 2.1～3.0℃，全国平均值为 2.45℃ [图 7-9（a）]。经过 QDM 订正后 [图 7-9（c）]，其结果在大小和空间分布上都显示与 ensR 非常接近，全国平均增加 2.58℃；而在 ensR_QM 中则发现较大的差异 [图 7-9（b）]，除西北的盆地地区增温幅度较 ensR 小外，我国大部分地区的增温都较大，造成在中国地区的平均增温值也变大，为 2.67℃。通过表 7-2 也能进一步量化说明，ensR_QM 与 ensR 变化之间的 RMSE 为 0.59℃，相关系数为 0.34，而 ensR_QDM 与模式的结果更为接近，RMSE 为 0.20℃，相关系数达到 0.80。

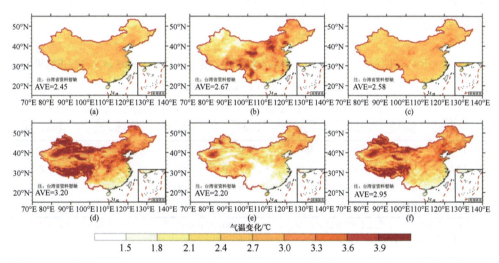

图 7-9　21 世纪末期（2079～2098 年）的 TXx [（a）～（c）] 和 TNn [（d）～（f）] 变化（相对于 1986～2005 年）

（a）和（d）为 ensR；（b）和（e）为 ensR_QM；（c）和（f）为 ensR_QDM。图中左下角给出了整个中国的区域平均值（AVE）。整个中国区域全部通过了显著性检验，因此未给出标记

相对于 TXx，ensR 预估的 TNn 未来变化幅度更大，增幅在 2.4～4.0℃ [图 7-9（d）]。从 TNn 的模拟结果与订正结果未来变化分布图来看，ensR_QDM 很好

地保持了 ensR 的原始信号，ensR_QM 则没有 [图 7-9（e）和图 7-9（f）]。模式集合平均对 TNn 未来预估的全国平均值是增加 3.20℃ [图 7-9（d）]，经过 QM 订正后的 TNn 未来变化结果是整体偏小的 [图 7-9（e）]，全国平均值仅为 2.20℃，与订正前模式预估值的 RMSE 为 1.21℃，相关系数仅为 0.55，偏差较大（表 7-2）；而 ensR_QDM 无论从空间分布情况还是变化幅度上看，都较 ensR_QM 结果与模式原始模拟的未来变化都更为接近 [图 7-9（f）]，全国平均增加 2.95℃，与订正前模式预估值的 RMSE 为 0.34℃，相关系数达到了 0.96（表 7-2）。表 7-2 给出了 ensR、ensR_QM 和 ensR_QDM 预估结果三者之间的差异显著性。其中，对于 QM 与 QDM 方法之间显著差异的格点占全国百分比，TXx 和 TNn 分别达到了 46% 和 56%；而 ensR_QDM 与 ensR 的未来变化结果更为接近（显著差异比例仅为 11% 和 3%），可以说明，在对未来气候变化信号的保留中，QDM 方法较优。总而言之，QM 方法明显改变了原始模式的 TXx 和 TNn 变化信号，而 QDM 方法可以很好地保留它。

表 7-2　21 世纪末期（2079~2098 年）极端指数变化（相对于 1986~2005 年）在订正结果 QM 和 QDM 与未订正模拟结果的异同

指数	RMSE		COR		显著差异的格点占全国百分比/%		
	QM	QDM	QM	QDM	ensR-QM	ensR-QDM	QM-QDM
TXx	0.59	0.20	0.34	0.80	54	11	46
TNn	1.21	0.34	0.55	0.96	64	3	56
CDD	6.07	4.00	0.56	0.66	39	31	11
Rx1day	8.51	6.37	0.68	0.75	7	3	7

注：其中 COR 均通过了 95% 显著性检验。TXx 和 TNn 的 RMSE 的单位为℃；CDD 的 RMSE 的单位为天；Rx1day 的 RMSE 的单位为%。

7.2.5　降水指数未来变化

图 7-10 是 ensR、ensR_QM、ensR_QDM 的降水指数 CDD 和 Rx1day 在 21 世纪末期相对于 1986~2005 年的变化。ensR 模拟的未来 CDD 在高纬度地区是减少的，而在低纬度地区呈现增加的趋势，减少的高值区在塔里木盆地、柴达木盆

地和内蒙古高原西部，因此造成全国平均的 CDD 变化为负值，即−1.87 天［图 7-10 （a）］。经过误差订正后，无论是 ensR_QM 还是 ensR_QDM，都能够再现 CDD 的 未来变化是高纬度减少、低纬度增加，但减少幅度较 ensR 大，尤其是 QM 方法， 其全国平均变化值为−5.22 天，而 ensR_QDM 的平均变化值为−3.87 天，与 ensR 更为接近［图 7-10 （b）和图 7-10 （c）］。从统计指标来看，ensR_QM 与 ensR 变 化间的 RMSE 为 6.07 天，相关系数为 0.56；ensR_QDM 与 ensR 变化间的 RMSE 为 4.00 天，相关系数为 0.66。因此，QDM 方法的预估结果更接近 ensR。

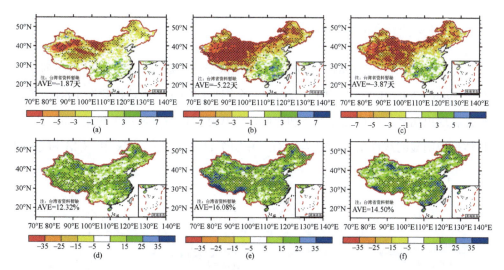

图 7-10　21 世纪末期（2079~2098 年）的 CDD[（a）~（c）]和 Rx1day[（d）~（f）]变化（相 对于 1986~2005 年）

（a）和（d）ensR；（b）和（e）ensR_QM；（c）和（f）ensR_QDM。图中左下角给出了整个中国的区域平均值（AVE）。 点状区域表示通过 95%显著性检验

对于 Rx1day 的 ensR 模拟，我国大部分地区未来变化是增加的，且无明显的 区域差异，全国平均变化幅度为 12.32% ［图 7-10 （d）］。QM 方法误差订正能一 定程度地保留 ensR 模拟的 Rx1day 的气候变化信号，但在喜马拉雅山脉和昆仑山 脉等区域的未来变化增加更为明显，达到 35%以上，全国平均变化为 16.08% ［图 7-10 （e）］。而 QDM 比 QM 方法在数值和分布上更接近 ensR 的情况，但也在一 定程度上呈偏多趋势，全国平均变化为 14.50% ［图 7-10 （f）］。表 7-2 的统计分析

显示，QDM 和 QM 在保留 Rx1day 的气候变化信号上 RMSE 都较小，相关系数较高；但相比而言，QDM 方法的预估结果更接近 ensR，ensR_QM 和 ensR_QDM 与 ensR 的 RMSE 分别为 8.51% 和 6.37%，相关系数分别为 0.68 和 0.75。对于 CDD 和 Rx1day 的未来变化，QM 与 QDM 之间存在显著差异的格点比例较小，但以 ensR 表征的未来变化为基准，QM 与其显著差异的格点比例仍略高于 QDM。因此，全国平均变幅、RMSE、COR 和差异显著性等多个方面的评价都显示，对于降水极端事件的气候变化信号保留，仍是 QDM 方法较好。

7.2.6 未来变化的时间序列

图 7-11 给出的是 1981～2098 年中国地区极端指数未来变化的时间序列（相对于 1986～2005 年），从图中能够看出，全国平均的 4 个极端指数在 1981～2098 年都表现出明显的线性变化趋势和年际及年代际变化特征。对于极端气温指数，整体呈现明显的线性增加 [图 7-11（a）和图 7-11（b）]。在 TXx 中，QM 和 QDM

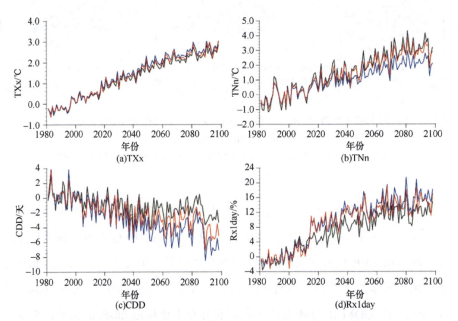

图 7-11 1981～2098 年中国地区极端指数未来变化的时间序列（相对于 1986～2005 年）
其中三种实线中黑色代表 ensR，蓝色代表 ensR_QM，红色代表 ensR_QDM

订正结果的变化与 ensR 的变化基本一致，全国平均序列的变化趋势也接近 [图 7-11（a）]。表 7-3 给出的是 ensR 和 ensR_QM 以及 ensR_QDM 在全国平均序列的变化趋势（均通过了 95%显著性检验）和两种订正方法与 ensR 之间的 RMSE。ensR 模拟的 TXx 变化趋势是 0.27℃/10a（表 7-3），ensR_QM 的结果为 0.30℃/10a，与 ensR 的 RMSE 为 0.17℃；而 QDM 的结果与 ensR 更为接近，为 0.28℃/10a，RMSE 也减少到 0.12℃。对于 TNn 来说 [图 7-11（b）]，其变化曲线波动振幅较大，年际变化更为明显。在 2040 年以后，ensR_QM 的增幅与 ensR 相差较大，整个时段的 RMSE 为 0.65℃（表 7-3），而 ensR_QDM 的变化特征与 ensR 更为接近，RMSE 为 0.27℃（表 7-3）。ensR 模拟 TNn 变化的趋势是 0.36℃/10a，ensR_QM 预估的变化趋势较小，为 0.25℃/10a，而 ensR_QDM 的结果与 ensR 更为接近，为 0.33℃/10a（表 7-3）。因此，对于极端气温指数的全国平均时间序列变化的订正，QDM 方法较好。

表 7-3　全国平均时间序列的变化趋势（均通过了 95%显著性检验）及订正结果 QM 和 QDM 与未订正模拟结果 ensR 的 RMSE

指数	变化趋势			RMSE	
	ensR	QM	QDM	QM	QDM
TXx	0.27	0.30	0.28	0.17	0.12
TNn	0.36	0.25	0.33	0.65	0.27
CDD	−0.22	−0.59	−0.43	2.25	1.40
Rx1day	1.36	1.74	1.57	3.15	2.77

注：TXx 和 TNn 变化趋势的单位为℃/10a；CDD 变化趋势的单位为 d/10a；Rx1day 变化趋势的单位为%/10a；TXx 和 TNn 的 RMSE 的单位为℃；CDD 的 RMSE 的单位为天；Rx1day 的 RMSE 的单位为%。

CDD 则表现更为明显的年际和年代际变化特征，且呈现减小的线性趋势 [图 7-11（c）]，ensR 预估的全国平均时间序列的变化趋势为−0.22d/10a（表 7-3）。ensR_QM 和 ensR_QDM 在 2040 年之后的变化都较 ensR 的变化有明显偏低的情况 [图 7-11（c）]，因此两种订正方法的变化趋势值偏低，分别为−0.59d/10a 和 −0.43d/10a（表 7-3）。其中，QDM 方法的偏差较小，RMSE 为 1.40 天，而 QM 方

法相应的 RMSE 为 2.25 天（表 7-3）。从 Rx1day 的变化序列图中能看出［图 7-11
(d)]，其变化有明显的线性增加趋势，ensR 的线性趋势值为 1.36%/10a（表 7-3），
在 2020 年之后 ensR_QM 和 ensR_QDM 的变化较 ensR 是偏多的，且 ensR_QM
的偏差较大［图 7-11（d）]。通过表 7-3 更能清楚地说明这一现象，ensR_QM 和
ensR_QDM 的变化趋势分别为 1.74%/10a 和 1.57%/10a，且 QDM 与模式的 RMSE
更小，为 2.77%（QM 为 3.15%）。在极端降水指数的全国平均时间序列变化的订
正中，仍然是 QDM 方法较好。

　　综上可以得出，QDM 方法在对气候变化模拟误差订正中的优势更为突出，不
仅能减少模拟偏差，也能有效保留极端指数在未来的气候变化信号，使时间序列
的变化趋势与模式原始预估值接近。值得注意的是，误差订正方法并不能提高模
式本身的模拟和预估技巧。模拟技巧的提高依赖模式的改进和输入数据的精度提
高等，预估技巧的提高在模式改进的基础上还依赖对气候系统内部变率的深入理
解和未来社会经济情景的合理设定，QDM 方法正是保证了在误差订正的同时不引
入额外的预估不确定性。QDM 方法可广泛用于其他的全球和区域气候模式，但其
订正效果及与 QM 方法的对比还有待评估；同时，未来工作中将进一步改进订正
效果的检验方法，如采用交叉验证方法等。

第 8 章

1.5℃和 2℃温升情景下中国及周边地区的气候变化

　　自工业革命以来，随着化石燃料燃烧导致的温室气体排放的增加，全球平均温度逐渐升高，极端高温事件发生的频率和强度也不断增加。为了人类社会和地球的可持续发展，将全球温升控制在一定范围内这一理念已被科学界广泛接受。气候变化是全球面临的共同挑战，需要各国合作行动。2015 年 12 月，《联合国气候变化框架公约》缔约方大会通过了《巴黎协定》，正式将"2℃温升目标"纳入大会成果，并提出"力争把温升目标控制在较工业革命前上升 1.5℃以内"。《巴黎协定》是继 1992 年《联合国气候变化框架公约》、1997 年《京都议定书》之后，人类历史上应对气候变化的第三个里程碑式的国际法律文本，形成 2020 年后的全球气候治理格局。在 1.5℃/2℃温升阈值下，全球和区域气候将如何改变是人们所关注的问题，事关减缓和适应未来气候变化的政策、方针和措施的制定。在科学上，1.5℃和 2℃温升阈值下气候系统的响应有何差异尚属于一个新话题，《巴黎协定》的签署使得这一问题迅速成为国际热点。

8.1 丝绸之路核心区

中国西部和中亚位于古丝绸之路核心区，是连接东西方的桥梁。1.5℃和2℃温控目标的设定，是国际社会应对气候变化的重要举措。理解在上述温升阈值下丝绸之路核心区平均气候和极端气候的可能变化，将为"一带一路"倡议的实施提供重要科学参考。采用 CMIP5 多模式的集合平均，针对多种排放情景，Zhou 等（2018）估算了丝绸之路核心区达到 1.5℃和 2℃增暖的时间，比较了全球平均温度达到 1.5℃和 2℃温升阈值时丝绸之路核心区的平均气候和极端气候指标的变化。结果如图 8-1 所示，相对于当前气候态（1986～2005 年），在四种排放情景下（RCP2.6、RCP4.5、RCP6.0 和 RCP8.5），CMIP5 多模式集合预估的丝绸之路核心区到 21 世纪末将分别增温 1.5℃、2.9℃、2.6℃和 6.0℃。在四种排放情景下，年平均降水较当前气候态均显著增加，其中在 RCP8.5 情景下增加约 14%。

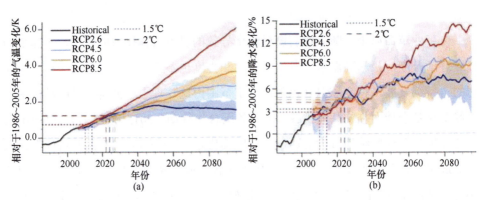

图 8-1　预估的丝绸之路核心区年均气温（a）和降水（b）的变化（参考气候时段为 1986～2005 年，进行了 9 年滑动平均）（Zhou et al.，2018）

粗实线为多模式集合平均，阴影区为模式之间的离差。点线表示丝绸之路核心区达到 1.5 ℃（2 ℃）温升的时间及其对应的多模式集合温度和降水变化

四种排放情景下的预估结果均显示，丝绸之路核心区将在 2020 年前温升达到 1.5℃；在 RCP8.5 情景下，该地区将在 20 世纪 20 年代温升达到 2.0℃，而在 RCP4.5 情景下，温升达到 2.0℃的时间则推迟到 20 世纪 30 年代。比较全球温升达到 1.5℃

和2.0℃阈值时的气候变化，发现全球额外升温0.5℃（相比于1.5℃温升阈值）将导致丝绸之路核心区升温 0.73℃，极端热浪的天数将增加 4.2 天，年平均降水增加2.72%，而连续干旱日数的变化则具有区域依赖性。

8.2　亚 洲 地 区

基于 18 个 CMIP5 模式在 RCP 情景下的模拟结果，对全球温升 1.5～4℃阈值下亚洲地区平均温度和降水以及极端气温和降水变化的综合分析，及 1.5℃与 2℃温升阈值下异同的对比表明：相比工业革命前，在全球温升 1.5℃、2℃、3℃和4℃阈值下，整个亚洲地区的平均温度相对工业革命前（1861～1900 年）分别升高2.3℃、3.0℃、4.6℃和6.0℃，均高于全球平均水平，其中中国所在的东亚地区在1.5℃温升阈值下温度将升高2℃，在2℃温升阈值下将升高2.4℃（徐影等，2017）。

在 1.5℃、2℃、3℃和4℃阈值下，全球平均温度升高 1.5～4℃时，亚洲不同区域的 TXx 概率密度曲线均向右移动，表明随着全球变暖加剧，TXx 的平均值都将增大，偏热天气出现的概率将增加，极热天气将会更频繁地发生，东亚（中国）的概率密度曲线变得更宽，揭示 TXx 的标准差变大，亦即 TXx 的变化幅度加大，出现破纪录天气的概率将会有很大增加；TNn 的变化情况基本与 TXx 类似。不同温升阈值下，TNn 的概率密度曲线也呈现出向右的移动，表明 TNn 的平均值将升高，偏冷气候出现的概率将减少。

利用美国国家大气研究中心耦合的综合评估模型的地球系统模式的 1.5℃和2℃温升阈值下平衡态气候变化的预估试验结果，Li 等（2018）研究了全球温升1.5℃/2℃情景下东亚极端高温的变化。在分析表征极端高温事件强度、频率和持续时间等多个指标变化的基础上，发现相较于全球平均增温，东亚平均增暖在两个温升情景下都将更强，约 0.2℃。在人口相对较多的地区，如中国东南部地区、朝鲜半岛以及日本，极端高温事件的强度、频率和持续时间都比其他地区的增幅更大。定量分析表明，与 2℃温升阈值相比，控制全球增暖在 1.5℃以内，将令东亚极端高温事件强度、频率和持续时间的增幅减少 35%～46%（Li et al.，2018）。

对于平均降水而言，在 1.5℃、2℃、3℃和 4℃温升阈值下，整个亚洲区域相比工业革命前分别增加 4.4%、5.8%、10.2%和 13.0%，具有显著的区域性特征。当全球平均温度升高 1.5℃时，东亚平均降水将增加 3%；在 2℃温升阈值下，东亚平均降水将增加 4%。

在 1.5℃和 2℃温升阈值下，中国地区 Rx5day 的概率密度曲线变化不大，但变幅均增加，意味着中国地区极端降水量的变率会加大，同时降水的极端性将增强，出现强降水的概率将加大。

对比 1℃和 2℃温升阈值下，亚洲地区平均气温和降水的变化表明：全球温升1.5℃背景下，相比 2℃温升阈值，整个亚洲区域的温升幅度都降低。对于降水，亚洲大部分地区的增幅会减少 5%～20%。极端气温和极端降水在 1.5℃和 2℃温升阈值下的差别如图 8-2 所示，与 2℃温升阈值相比，1.5℃阈值下亚洲大部分区

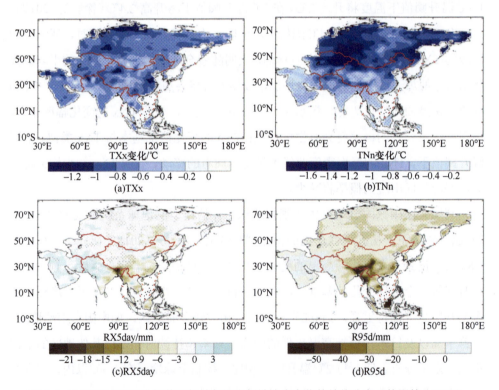

图 8-2　1.5℃和 2℃温升阈值下极端气温和极端降水变化的差值分布（徐影等，2017）

域的 TXx 升温幅度降低 0.6℃以上，TNn 增温幅度的降低相比 TXx 更为明显，东亚（中国）的西部地区达到 1.6℃以上。对比 TXx 和 TNn 在 1.5℃和2℃时的升温情况还可看出，亚洲区域 TXx 升温幅度的降低是均匀分布的，而 TNn 则不是。对于极端降水变化，相比 2℃，全球平均温度升高 1.5℃时，亚洲大部分区域的 Rx5day 的增加都呈减弱趋势，R95p 的减弱在东南亚表现得更为明显，可达 50 mm 以上（徐影等，2017）。

8.3　东亚季风区和全球季风区变化的比较

利用参加 CMIP5 多模式气候预估数据，结合不同共享社会经济路径（SSP）下的人口预估数据，本节探讨了从 1.5℃到2℃、3℃和4℃等不同温升目标情景下包括东亚在内的全球陆地季风区极端降水的变化及其对人口的影响（Zhang et al., 2018）。结果表明，极端降水对全球增温的响应表现为两方面，即平均态和变率均增加。因此，强度极强且影响力高的"危险"极端事件（如"20 年一遇"的极端降水事件）的发生频率将显著增加，这将导致季风区对这类"危险"极端降水事件的暴露度随温升而增加。比较全球温升 2℃和1.5℃时的极端降水 Rx5day 的变化差值发现，东亚地区显著偏强（图 8-3）。

围绕历史记录中 10 年一遇或 20 年一遇的极端降水事件在未来如何变化的研究表明，若将全球增温控制在 1.5℃，则相较于 2℃，这类事件所影响的季风区面积和人口数量（简称人口暴露度）都将减少 20%～40%。极端事件的"危险"等级越高，1.5℃相比于 2℃温升目标能够避免的风险越大（图 8-4）。因此，《巴黎协定》所提出的 1.5℃温升目标，相比于 2℃温升目标，能够显著减少极端降水事件对自然和人类社会的影响，这对于人口众多且分布密集的全球季风区尤为重要。基于多种极端降水研究指标的比较分析表明，这一结论不依赖"危险"极端事件的定义方法、RCP8.5 和 RCP4.5 两类温室气体排放情景以及人口预估情景等，且具有较高的模式一致性。进一步比较全球三大季风区（即亚澳季风区、非洲季风区、美洲季风区）极端降水变化的异同点发现，东亚季风区是对温升极

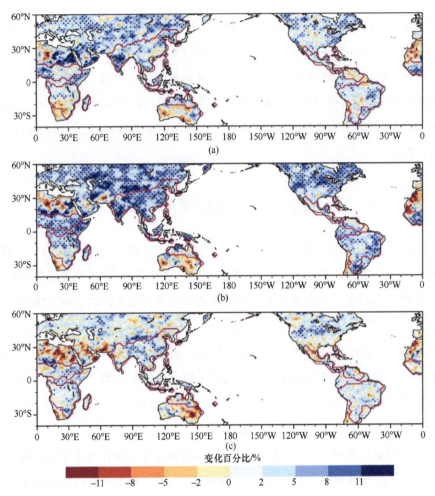

图 8-3 不同温升阈值下极端降水 Rx5day 的变化（Zhang et al.，2018）

（a）和（b）分别是全球温升 1.5℃和 2℃时相对于气候基准态（1986～2005 年）的变化百分比；（c）为全球温升 2℃和 1.5℃时的变化差值

为敏感的地区，从 1.5℃变为 2℃升温目标（即额外增温 0.5℃）会对其造成较大影响（图 8-4）。

　　Zhang 和 Zhou（2020）进一步揭示了全球不同温升水平下中国地区极端降水变化对人口的影响，指出若将全球温升控制在《巴黎协定》呼吁的 1.5℃，较之更高温升，能有效减缓中国地区旱涝灾害对人口的影响。基于 CMIP5 多模式气候预估，将气候变化预估与社会经济预估的人口数据相结合，分析了不同排放情景、

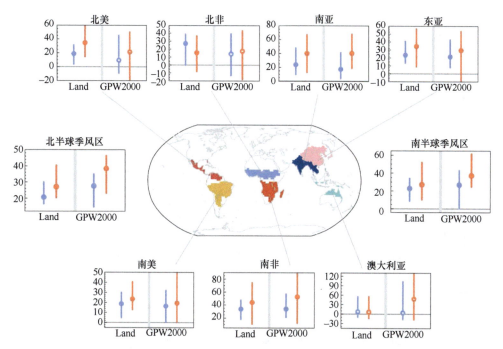

图 8-4   全球温升 1.5℃较 2℃少增暖 0.5℃所降低的季风区极端降水的暴露度（Zhang et al.，
2018）

蓝色和红色线条分别代表 10 年一遇和 20 年一遇的 Rx5day 极端降水指标，Land 表示陆地暴露度，GPW2000 表示
基于 2000 年人口水平的人口暴露度。圆圈和柱状图表示多模式的中值和四分位；实体（空心）圆圈表示超过（少
于）2/3 模式的预估少增暖 0.5℃能够减少暴露度

不同全球温升阈值以及不同社会经济路径下，中国地区极端强降水事件和极端干
期的变化及其对人口的影响（图 8-5）。研究表明，中国地区极端强降水事件将随
增温普遍增强（全球增温 1℃，中国地区平均的连续 5 日强降水将增强约 6.5%）。
而极端干期则呈偶极子型变化，在中国南部延长、北部缩短。由于华南地区人口
相对密集，极端干期的延长将对华南地区造成较大的社会影响。

为了理解未来极端降水对人口造成的影响，Zhang 和 Zhou（2020）进一步区
分了未来气候变化和人口分布变化的相对作用，通过比较不同气候预估情景和不
同社会经济路径发现，极端降水本身的未来变化将主导其对人口的影响，而人口
分布变化的影响相对较小（图 8-5）。该工作将传统的气候变化预估延伸到影响预
估，从而为减缓和适应策略的制定提供更多有价值的信息。在区域尺度上，由于

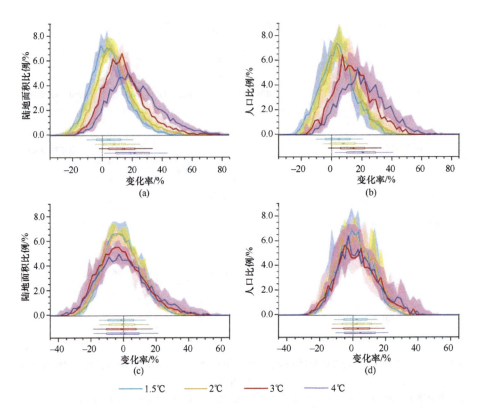

图 8-5　极端降水变化对中国地区陆地和人口的影响（Zhang and Zhou，2020）

不同全球温升水平下极端强降水事件 [Rx5day；（a）、（b）] 和极端干期 [CDD；（c）、（d）] 变化所影响的中国地区陆地面积（左）和人口（右）。蓝色、黄色、红色、紫色分别代表全球增温 1.5℃、2℃、3℃、4℃下相对于 1986~2005 年当代气候的变化。实线为 CMIP5 多模式中值，阴影表示模式不确定性范围。盒须图表示第 10、第 25、第50、第 75、第 90 百分位的面积或人口所经历的变化

气候变化和人口分布的不均匀性，研究发现，中国东南部地区是受气候变化影响人口较为敏感的地区。该地区人口密集，将同时面临更高的洪涝和干旱事件影响。因此，采取及时、有效的适应措施刻不容缓。

8.4　历史 0.5℃全球增暖背景下中国极端高温变化与预估的对比

2015 年 12 月 12 日，巴黎气候变化大会上通过《巴黎协定》，其主要目标是

将 21 世纪全球平均气温较工业革命前水平的上升幅度控制在 2℃以内，并努力将其限制在 1.5℃以内。其后，对全球平均表面温度上升 0.5℃所带来的气候影响的研究成为《巴黎协定》后科学议程中的热点问题。已有许多研究利用区域或全球气候模式预估结果研究 1.5℃相对于 2℃所能避免的气候影响。然而，由于气候模式自身具有一定不确定性，模式预估结果的可靠性有待检验，而国际社会采用的检验方法之一，就是与实际观测变化的对比，因为在历史观测记录中，全球平均地表温度已经历过 0.5℃的上升，在这样的气候背景下，与 0.5℃增暖相关的观测中的气候变化可能与未来的预测类似。

关于中国区域的研究，Zhao 等（2020）比较了观测资料和不同再分析资料所揭示的伴随 0.5℃温升我国各种极端气温指标的变化，指出了不同再分析资料的优缺点。Zhao 和 Zhou（2019）通过将中国观测记录中的极端高温变化与通用地球系统模式（Community Earth System Model，CESM）专门用于研究 1.5℃和 2℃温升情景下气候变化及其影响的实验预估结果进行对比，验证了是否可以利用观测资料结果来约束模式的预估结果。从空间累加的角度来看，中国在 0.5℃历史增温下的极端气温变化是可以被检测到的。夜间极端高温比白天极端高温表现出更显著的强度、频率上的增加（图 8-6）。与模式历史模拟实验对比可以看出，模式能够合理地模拟历史 0.5℃升温背景下中国极端高温的变化。与频率和持续时间指数相比，模式历史模拟实验能够更精确地再现观测中极端高温强度指数的变化（图 8-7）。对于未来 0.5℃额外增温背景下中国极端高温的变化，观测可以作为白天极端高温变化的保守估计，而夜间极端高温则显示出与历史观测类似或较弱的变化。

该研究还指出，未来可能的人为气溶胶排放减少将加剧我国极端高温的增加，这种现象在白天极端高温上可能体现得更加明显。考虑到未来可能的气溶胶减少，当前严重污染的地区需要得到更高的重视。综上，观测数据中 0.5℃全球增暖背景下的气候影响可以作为评价气候模式模拟能力的重要指标，也可以作为对未来区域尺度预估结果的保守估计（Zhao and Zhou，2019），这一结果为气候变化和适应以及气候模式的开发和预测提供了重要信息。

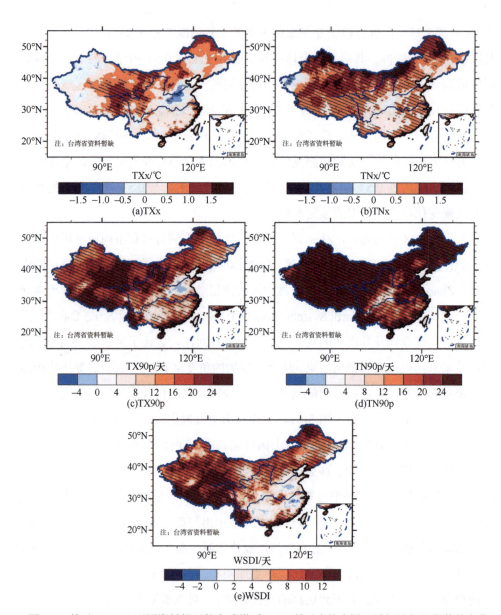

图 8-6   基于 CN05.1 观测资料揭示的全球增暖 0.5℃所对应的中国区域极端气温指数的变化
（Zhao and Zhou，2019）

图中给出的是 1991～2010 年相对于 1961～1979 年的差值。图中的黑色点线表示通过 95%的显著性检验

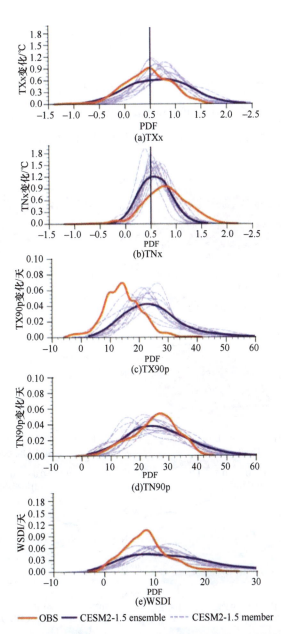

图 8-7 CESM Low-warming 预估实验结果中 0.5℃额外增温背景下中国极端高温的变化（Zhao and Zhou，2019）

概率密度函数（PDF）曲线代表中国 1991～2010 年与 1961～1979 年相比发生特定变化的陆地面积百分比。红色实线为 CN05.1 观测数据的结果。紫色实线为 CESM 模式预估集合平均结果，紫色虚线为 CESM 模式预估各成员结果

8.5 全球 1.5℃和 2℃温升阈值下青藏高原的气候变化

在青藏高原未来暖湿化的背景下,若将全球平均温升控制在《巴黎协定》提出的 1.5℃,相较于 2℃温升,可避免或减少的影响如何?基于 CMIP5 的降尺度数据 NEX-GDDP,图 8-8 给出全球平均温升 2℃较 1.5℃时青藏高原平均和极端气

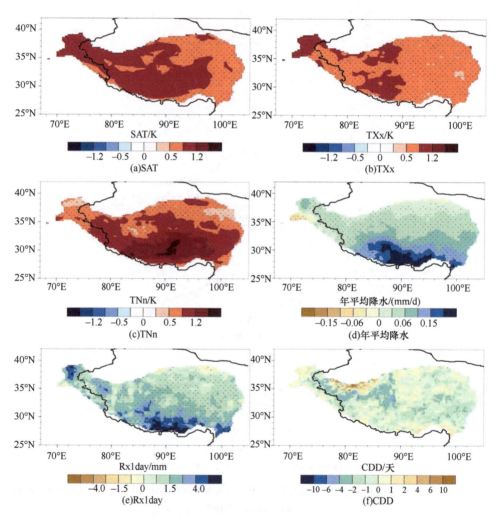

图 8-8 NEX-GDDP 多模式集合平均预估的全球平均温升 2℃较 1.5℃时青藏高原平均和极端气候变化(周天军等,2020)

点状区域表示超过 2/3 模式预估的变化符号一致;SAT 为年平均气温

候的变化。当全球平均增温 0.5℃时，青藏高原地区增温均超过 0.5℃，且其主体和西部地区增温可达 0.80℃ [图 8-8（a）]。随着平均温度的升高，极端高温和极端低温均显著升高 [图 8-8（b）和图 8-8（c）]。其中，极端低温的升温幅度最强，在高原南部甚至可达到 1.20℃（周天军等，2020）。

全球平均温升 2℃相较于 1.5℃，高原地区平均和极端强降水均将显著增加，特别是高原南部地区，如年最大日降水量的增幅可超过 4mm [图 8-8（d）和图 8-8（e）]。与全球其他区域相比，青藏高原地区是受 0.5℃额外增温影响显著的敏感地区之一。与极端强降水的变化不同，CDD 则无显著变化，模式一致性较低 [图 8-8（f）]，这与气候预估中极端干事件或干旱的变化不确定性较大是一致的。在 1.5℃与 2℃温升阈值下，基于连续干旱日数（CDD）、有效水资源量（P-E）、土壤湿度（SMA）和标准化降水指数（SPI12）的多个干事件指数预估显示，不同指数指示的干湿变化并不一致，存在较大的不确定性（周天军等，2020）。

因此，在青藏高原暖湿化的变化背景下，若将全球平均升温控制在 1.5℃，相较于 2℃温升，可显著减少极端气温的进一步升高和极端强降水的增强。这一结论不依赖极端指数的选择、预估试验设计，具有较高的模式一致性。

8.6　未来温控阈值降低 0.5℃对中亚极端事件的影响

中亚干旱区位于丝绸之路经济带的地理中心区域，是连通欧亚地区文化和经济交流的桥梁。理解该区域未来的气候变化特征，可为正确应对气候变化、保障"一带一路"倡议的顺利实施提供重要的科技支撑。那么，在未来百年中亚地区的高影响极端气候事件将如何变化？特别是 0.5℃全球温控阈值的差异对这一变化有何影响？Peng 等（2020）基于 CMIP5 模式数据的分析表明，在整个 21 世纪，随着人为排放引起的全球变暖，中亚地区的极端气温和降水事件相较于历史时段都将持续显著增强。除了 CDD 外，所有极端气候指数对增暖的响应都高度一致，具有很高的信噪比（图 8-9）。其中，表示冷的极端气温指数的敏感性要高于表示暖的极端气温指数。例如，在 RCP8.5 情景下，TNn 的敏感性为 1.93℃/K，TXn 的敏感性为 1.71℃/K，而 TNx 的敏感性为 1.18℃/K，TXx 的敏感性为 1.25℃/K，造成这种差别的原因是冬季的增温速率要快于夏季。对于和降水相关的极端指数而言，Rx1day、Rx5day 和 SDII 三个极端指标的敏感性分别为 6.30 %/K、5.71 %/K 和 4.99 %/K（图 8-9）。如果未来能够将全球变暖的温升阈值控制在较工业革命前高 1.5℃而不是 2℃以内，中亚地区的极端气温和降水事件增强幅度将能降低至少 24%（图 8-10）。该研究结果表明，更低阈值的温控目标可以极大地降低极端气候事件在干旱区造成的灾害风险。

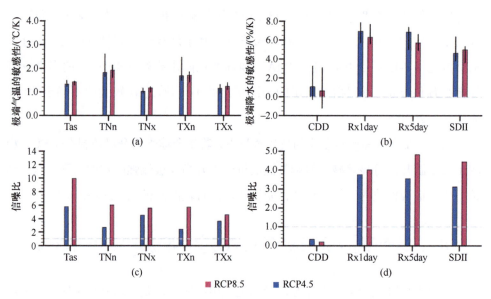

图 8-9　中亚区域平均的极端气温（a）和极端降水（b）变化对于全球平均温升的敏感度以及信噪比（Peng et al.，2020）

柱状图表示多模式集合平均的中值，垂直黑线表示 25%～75%不确定性范围。（c）和（d）表示极端气温和极端降水变化的信噪比

此外，由于 CMIP5 模式在模拟中亚历史时期的极端气候指数中存在着明显的偏差，因此在研究过程中我们采用了一种基于观测资料的偏差订正方法来约束模式预估结果，发现校正前后预估结果存在着一些明显的不同。例如，校正之后，

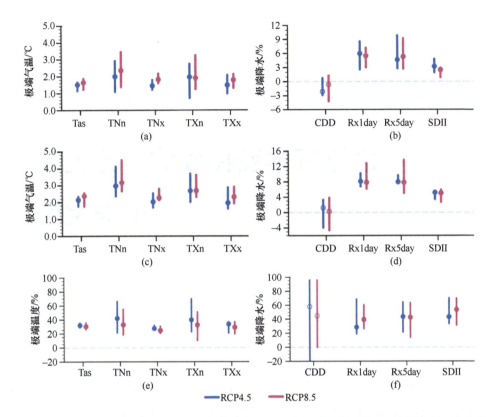

图 8-10　在 RCP4.5 和 RCP8.5 情景下全球温升 1.5℃和 2℃时校正后的中亚极端气温（左）和
极端降水（右）指数的变化（Peng et al.，2020）

第一排和第二排分别表示全球增暖 1.5 ℃和 2 ℃时的变化，第三排表示少增暖 0.5 ℃可以避免的影响。圆圈和柱状
图分别表示多模式中值和 25%~75%的不确定性范围，实心（空心）表示高于（低于）70%的模式同号

在未来排放情景下该区域极端降水对全球变暖的响应幅度增大而极端气温的响应
幅度减小。该研究表明基于观测资料来订正模式预估结果，是提高区域气候变化
未来预估结果准确性的有效途径之一（Peng et al.，2020）。

第 9 章

区域气候变化预估中的主要不确定性

　　气候变化预估的偏差，一般包括 3 个方面：①未来人为和自然辐射强迫的不确定性，包括由经济发展情景不同导致的温室气体、气溶胶排放和土地利用情景等的不确定性，这取决于政策和技术发展等多种可能；自然外强迫的变化，以太阳常数的变化和火山喷发为代表；天气–气候系统自身变率和非线性过程的影响，其中的变率长期的如太平洋年代际振荡，短期的如 ENSO 现象等。②气候模式所存在的不确定性，源于模式对客观世界描述的欠缺，以及对变化机制和数据的理解不足等多方面。③在区域气候模拟方面，全球气候模式驱动场的偏差也会传递给区域气候模式，引起结果的偏差和不确定性。本章主要侧重介绍了气候模式在中国区域气候模拟中普遍存在的一些和需要解决的问题，同时介绍了全球气候模式与嵌套区域模式之间的误差和气候变化预估结果之间的关系。

9.1　气候模式在中国区域存在的主要模拟偏差

通常认为东亚夏季风气候系统复杂，气候模式对其的模拟能力存在较多问题。但随着模式的发展，在中国区域气候模拟中，模式的不足更多出现在冬季。具体就气温而言，模式误差的主要特征为高纬度存在明显的暖偏差，青藏高原有较大的冷偏差，其他地方也多以冷偏差为主；在降水方面，对中国冬季位于东南地区的降水中心存在数量模拟不足的问题，而对北方半干旱和干旱地区的降水模拟则存在明显偏多的现象。夏季的模拟情况较冬季好一些，但同样存在中国南方湿润区降水模拟偏少、北方偏多的现象。以 ERA40 再分析资料驱动下的 RegCM4 区域气候模式模拟为例（图 9-1 和图 9-2）（Gao et al.，2017），可以明显看到上述特点，其中气温在

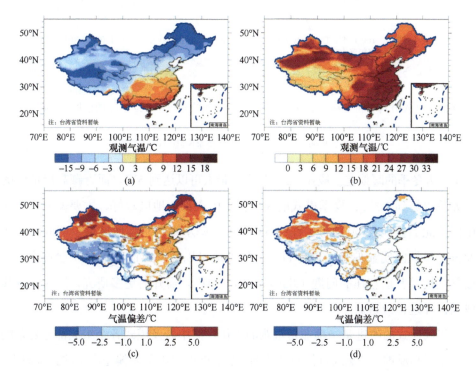

图9-1　ERA40再分析数据驱动下，中国区域观测气温的分布和RegCM4模拟的偏差（Gao et al.，2017）

（a）冬季观测；（b）夏季观测；（c）冬季的模拟偏差；（d）夏季的模拟偏差

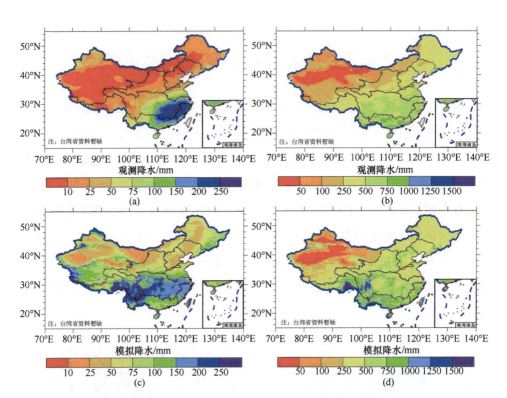

图 9-2　ERA40 再分析资料驱动下中国区域观测降水的分布和 RegCM4 的模拟（Gao et al.，2017）

（a）冬季观测；（b）夏季观测；（c）冬季模拟；（d）夏季模拟

中国北方冬季的暖偏差一般在 2.5℃以上，最大可以达到 5℃，而青藏高原地区的冷偏差也达到 2.5℃；夏季模式的模拟在中国大部分地区较好，主要偏差发生在中国西北的盆地–沙漠地带，在 2.5℃以上。降水则在东南地区偏少的同时，在北方干旱地区明显偏多，偏差百分比的差值可以达到数倍。我们注意到这是一般气候模式普遍存在的问题（Jiang et al.，2016），需开展更多研究，深入了解其成因，并进行改进。

气候模式的改进是一项非常艰难的工作，其中涉及模式各个组成部分复杂的相互作用和反馈。虽然通过简单的诊断分析，能够得出部分偏差产生的直接原因，但要将这些分析结果具体落实到模式中进行修改以消除偏差，仍需开展大量且艰难的工作。例如，地面气温偏低，直接的原因可能和地表能量平衡有关，这取决于入射短波辐射和发射长波辐射的计算。入射短波辐射则和上层云的计算有关，发射长波辐射则和土壤温度即陆面过程的计算有关，而诸如云的形成则又与地表的长波辐射产生联系，几者之间存在着复杂的非线性作用关系和反馈机制，有可能改动直接诊断出的误差原因，最后导致模式模拟的效果更差，或者在某一个变量改善的同时，导致其他变量出现更大的误差。再如降水的模拟偏差，显然会和环流及水汽输送相关，但积云对流参数化方案引起的降水偏多等问题，可以导致潜热释放偏大的误差，反过来又会影响环流和水汽输送。

总体而言，对模式的改进需要在非常深入分析的基础上，更重要的是开展大量的数值试验，才可能取得更好的模拟效果，特别是考虑到上述模式在中国区域的误差存在于各代众多全球和区域气候模式中，因此在对这些误差予以足够关注的情况下，开展长期和复杂的工作才有望取得进展。

9.2　观测数据的不足

可靠的观测数据，是进行气候模式验证并在此基础上进一步发展的必要保证，这一问题在区域和局地尺度以及地形复杂区更加重要。中国幅员辽阔，东部地形相对平缓，人口密集，经济发展水平高，气象观测台站分布较密集，观测时间长，基于这些观测台站制作出的格点化观测数据相对可靠性更高。在西部广大地区，如西北沙漠腹地和高山特别是青藏高原西北部无人区，观测台站稀少或者稀缺，有限的台站也分布在河谷等相对适于居住的地区，属于典型的资料稀缺地区，有限的观测资料无法满足研究需求。此外，降水观测在高寒地区还经常会由于风的因素，在很大程度上低估实际的固态降水（如降雪）。近年来，大量再分析资料、气候模式输出数据、卫星遥感数据集等广泛出现，它们有很好的空间覆盖性，在一定程度上可以起到填补相应空白的作用，但不同数据源从方法到质量存在较大差异，影响了其可靠性。

遥感数据具有高时空分辨率，且能够覆盖中国全境，故常用来替代观测资料在观测台站缺乏地区的应用，但遥感资料对云的正确识别与否是其与观测资料产生不确定性的关键。基于自动气象站观测数据的试验结果表明，如中分辨率成像光谱仪（Moderate-Resolution Imaging Spectroradio-meter，MODIS）夜间地表温度产品中存在的未被检测到的云栅格要明显多于白天地温产品，其产品中含有的大量未被检测到的云栅格，影响了夜间地表温度的准确性，进而显著降低了日最低气温的估算精度；对于日最高气温的估算，云的影响主要来自云对日最高气温和白天地表温度相关关系的干扰，而云对日最低气温和夜间地表温度相关关系的影响很小。此外，基于常规气象站数据的试验结果显示：在前人研究中多次发现的日最高气温估算精度显著低于日最低气温的问题主要来自栅格内地表温度的空间异质性，即 MODIS 栅格值与单点观测的差异，而这一问题对 MODIS 白天地表温度的影响要显著高于夜间地表温度。进一步的试验发现：对邻近时刻的 MODIS 地温观测进行"无云"条件限定，尽管对提高日最高气温估算精度的效果有限，但可以有效降低夜间地表温度中异常值的比例，从而提高日最低气温估算精度（Zhang et al.，2016）。

基于 2400 余个中国地面气象台站的观测资料，通过插值所建立的 0.25°×0.25° 经纬度分辨率的格点化数据集 CN05.1（参见 3.4 节），是目前使用常规台站最多的格点化数据，包括日平均气温、最高气温、最低气温，以及降水、相对湿度、风速和蒸发等多个变量。和其他区域尺度数据的对比发现，中国东部 CN05.1 的降水量较 EA05 和 APHRODITE 的差别均较小，尤其是相对于 EA05，差别基本在 ±10%内，差异达到显著水平的格点数很少，但相对于 APHRODITE 则偏大一些，部分地区偏大值可达 10%~25%，差异显著。在青藏高原的西北部至昆仑山西段地区，CN05.1 中的降水量较 EA05 和 APHRODITE 偏大。塔里木盆地中的降水则较其他两个资料略微偏大，一般在 25%~50%。实际上有研究表明，这里的降水量一般小于 25 mm，甚至可以达到 10 mm 以下，而这些地区又没有观测台站，降水量是由盆地周边降水量较大的台站结果插值得出的，会导致 CN05.1 预估的该地的降水量和 EA05、APHRODITE 一样有所高估。总体来说，上述差别较大的地区，一般都对应着观测台站稀少或没有的地区，所得格点化数据在这些地区存在较大的不确定性，实际应用中需要特别注意此类问题。

　　此外，在诸如区域气候模式等高分辨率模式模拟中，类似青藏高原西南部的雅鲁藏布江大拐弯地区，往往会模拟出较大降水，这里是南方水汽进入青藏高原的主要通道，确实存在着大降水中心，而在观测数据中并没有这一高值区。再如青藏高原北缘的昆仑山地区，观测数据显示降水很少，而高分辨率气候模式常常模拟出明显的降水带，但实际气候中该地区确实存在较大降水，这些降水成为其北侧塔里木盆地诸多河流的重要水源。

　　总体而言，台站观测资料的格点化是一项非常复杂的工作，CN05.1 的插值方法尚有不少有待改进的地方，其中包括：①更多观测资料的搜集。除使用的中国气象局所属台站外，中国地区还有为数众多的水文、林业、民航及农垦等部门和系统管理的观测站点，尽量多地搜集这些站点的观测数据，将会在很大程度上提高最终格点化资料的准确性。此外，不同数据集之间差别较大的地区，一般都是缺少台站观测点的地区，是未来调整台站布局中需要注意到的问题（胡婷等，2011）。②原始资料的整理。其包括资料的均一化处理（Li and Yan，2010）、热岛效应的扣除等（龚道溢和王绍武，2002）。同时，研究表明固态降水观测经常因为风导致偏小误差（可以达到 10%～20%）（Adam and Lettenmaier，2003），需要在针对中国不同地区特点的基础上予以订正（叶柏生等，2008）。③一般的观测台站，都位于平原或山区的河谷地带，使得周边高山格点上的插值需要进行地形方面的订正。本研究是通过 ANUSPLIN 软件实现的，所得到的订正系数在整个应用区域内是一个统一的值，该值在所使用站点数量不同的情况下，会有一定差别，如 CN05.1 中实际使用的温度垂直递减率，较 CN05 低大约 0.1℃/100m（详细分析及图略）。未来可以考虑按照气候特征进行适当分区后，在不同地区分别进行插值。

　　在日尺度（1～6h）内，可用于气候模式评估的数据多直接来自卫星遥感数据反演，它们具有较高的空间分辨率，包括 TRMM、CMORPH、GPM IMERG V06B、全球卫星降水制图(Global Satellite Mapping of Precipitation，GSMaP)、多源权重集合降水（Multi-Source Weighted-Ensemble Precipitation，MSWEP）和基于神经网络的遥感降水估算（Precipitation Estimation From Remotely Sensed Information Using

Artificial Neural Networks，PERSIANN）等，但其时间序列较短，且经常存在一些系统误差。未来进行日尺度观测站点资料的整理、分析，并与遥感资料相结合，将有助于在区域气候模式及极端事件的模拟检验方面取得更大进展。

9.3 区域气候模式结果和全球气候模式驱动场之间的关系

对 CORDEX-EA RegCM4 气候变化集合试验结果开展分析，各个模式之间的中国地区冬季气温模拟偏差的相关系数由表 9-1 给出（Wu and Gao，2020）。不同区域气候模式（全球气候模式驱动场）之间的相关系数表明区域气候模式（全球气候模式驱动场）中模型偏差的一致性（即它们在多大程度上相似），而全球气候模式以及嵌套的区域气候模式之间的相关系数表明了全球气候模式驱动场对区域气候模式的影响程度。可以看到，尽管全球气候模式的模拟偏差较大，但它们之间的相关系数很高，在 0.39～0.77，均通过 95%显著性检验。如图 9-3（a）所示，平原和盆地的冷偏差以及山脉的暖偏差存在高度的一致性。因此，全球气候模式模拟偏差大的其中一部分原因是其分辨率较粗，难以更真实地反映小尺度地形的气温差异。

表 9-1 各个模式之间的中国地区冬季气温模拟偏差的相关系数

模式	CSIRO	EC	Had	MPI	CdR	EdR	HdR	MdR
CSIRO	—	0.59*	0.61*	0.77*	0.31*	0.31*	0.34*	0.33*
EC	0.59*	—	0.39*	0.74*	0.51*	0.68*	0.62*	0.65*
Had	0.61*	0.39*	—	0.44*	−0.11	−0.06	−0.03	−0.05
MPI	0.77*	0.74*	0.44*	—	0.53*	0.57*	0.59*	0.60*
CdR	0.31*	0.51*	−0.11	0.53*	—	0.89*	0.93*	0.92*
EdR	0.31*	0.68*	−0.06	0.57*	0.89*	—	0.92*	0.99*
HdR	0.34*	0.62*	−0.03	0.59*	0.93*	0.92*	—	0.93*
MdR	0.33*	0.65*	−0.05	0.60*	0.92*	0.99*	0.93*	—

注：*表示通过 95%显著性检验，灰色表示全球气候模式之间的相关系数，深灰色表示每对全球气候模式驱动场/区域气候模式的相关系数，浅灰色表示区域气候模拟之间的相关系数。后文表 9-3～表 9-5 同。

与相应的全球气候模式驱动场相比，4 个模拟中有 3 个区域气候模式模拟的平均偏差较小，偏差值在-1.3～-0.4℃。相对于小尺度复杂地形区域，如西北部的山脉和附近盆地，区域气候模式的改善是显而易见的［图 9-3（d）、图 9-3（f）、图 9-3（h）、图 9-3（i）］。值得注意的是，尽管全球气候模式的偏差显示出很大的

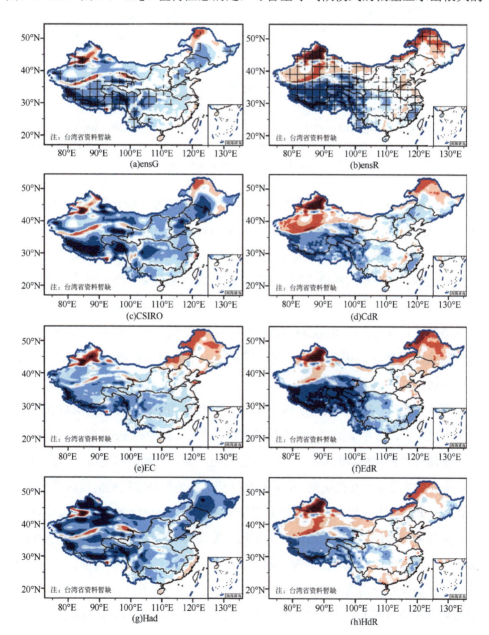

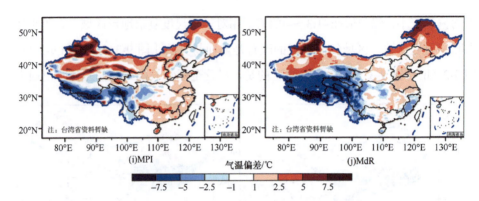

图 9-3　各个模式对中国 1986～2005 年冬季平均气温的模拟与观测的偏差（Wu and Gao，2020）（a）ensG；（b）ensR；（c）CSIRO；（d）CdR；（e）EC；（f）EdR；（g）Had；（h）HdR；（i）MPI；（j）MdR。（a）和（b）中的方格区代表所有模拟偏差一致为负/正

差异，但嵌套的区域气候模式的模拟偏差在幅度或空间分布上都非常一致。这表明区域气候模式模拟偏差并不总是跟随全球气候模式驱动场。4 对全球气候模式驱动场/区域气候模式中有 3 对相关系数通过显著性检验，表明在大尺度环流占主导地位的季节，全球气候模式驱动场的作用较大。如图 9-3（b）所示，区域气候模式的常见偏差包括中国东北部和西北部的暖偏差，以及青藏高原和东南地区的冷偏差等。这也与之前 RegCM 系列模式的模拟一致，表明模式内部物理过程在该区域占主导地位。因此，区域气候模式模拟中的相关系数较高，数值范围为0.89～0.99。

图 9-4 显示了各个模式对中国 1986～2005 年夏季平均气温的模拟与观测的偏差。可以看到，与冬季相比，夏季的模拟性能更好，偏差在±5℃以内。与冬季类似，全球气候模式模拟的夏季气温在山脉附近（如西北部的祁连山、天山和昆仑山、华北的太行山）存在暖偏差，在山脚（西北部地形坡度陡峭的地区更为明显）和盆地（如柴达木盆地和四川盆地）则存在冷偏差。CSIRO 和 Had 在大部分地区显示出普遍的暖偏差，在中国区域的平均偏差均为 0.7℃。同时，冷偏差在 EC 和 MPI 中占主导地位，最大的冷偏差超过 2.5℃，出现在青藏高原南部。EC 和 MPI 的区域平均偏差分别为−1.2℃和−0.3℃（表 9-2）。可以注意到，由于全球气候模式的偏差空间分布不太一致，模式集合的区域平均值接近 0。区域气候模式总体表

现出更为一致的特征，即在以中国北部、东部沿海地区和青藏高原表现为冷偏差，而在西北沙漠地区为显著的暖偏差。值得注意的是，上述偏差与再分析资料驱动

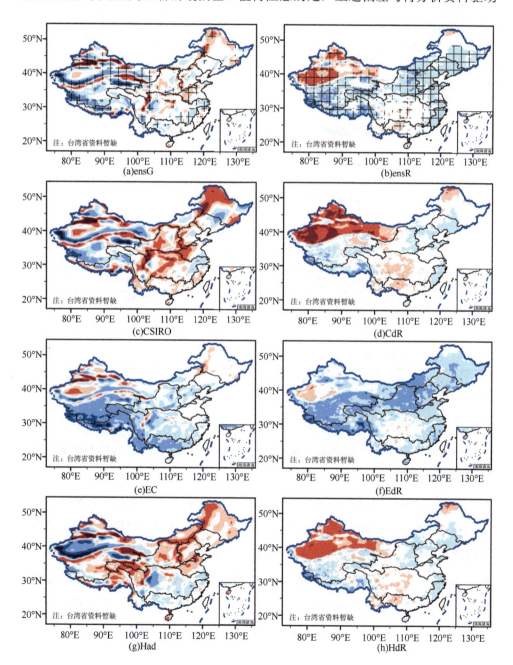

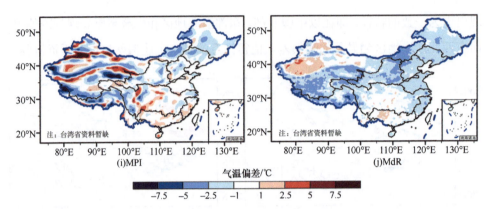

图 9-4　各个模式对中国 1986～2005 年夏季平均气温的模拟与观测的偏差（Wu and Gao，2020）
（a）ensG；（b）ensR；（c）CSIRO；（d）CdR；（e）EC；（f）EdR；（g）Had；（h）HdR；（i）MPI；（j）MdR。（a）
和（b）中的方格区代表所有模拟偏差一致为负/正

表 9-2　1986～2005 年的区域平均气温偏差和 2080～2099 年的变化值（相对于 19865～
2005 年）　　　　　　　　　　　　　　　　　　　　　　（单位：℃）

	季节	CSIRO/CdR	EC/EdR	Had/HdR	MPI/MdR	ensG/ensR
偏差	冬季	−2.6/−1.2（1.3）	−0.8/−1.3（−0.5）	−2.6/−0.4（2.2）	0.7/−0.4（−1.1）	−1.3/−0.8（0.5）
	夏季	0.7/−0.3（−1.0）	−1.2/−2.0（−0.8）	0.7/−0.5（−1.2）	−0.3/−1.5（−1.2）	0.0/−1.1（−1.1）
变化值	冬季	3.4/3.0（−0.4）	2.0/1.9（−0.1）	3.8/3.2（−0.6）	2.6/1.8（−0.8）	3.0/2.5（−0.5）
	夏季	3.3/2.4（−0.9）	1.9/1.8（−0.1）	3.1/3.0（−0.1）	2.3/2.3（0.0）	2.7/2.4（−0.3）

注：括号内的数据为区域气候模式和全球气候模式的差值。

的结果一致，但主导黄海沿岸地区的冷偏差除外。这在很大程度上与全球气候模
式模拟的海表温度存在明显的冷偏差有关。区域气候模式的模拟偏差比全球气候
模式驱动场普遍偏低 1℃。

夏季，全球气候模式之间的相关系数也很高，在 0.49～0.83（表 9-3）。与冬
季类似，这在很大程度上也可以归因于其粗分辨率。区域气候模式模拟的偏差分
布均较为相似，相关系数值在 0.79～0.96。区域气候模式与其驱动场的相关系数
则较低，4 对中有 3 对为负（EdR 和 EC 除外）。以上研究表明，在夏季，以较小
规模天气和气候系统为主要特征，区域气候模式对全球气候模式驱动场的敏感性
较低，意味着区域气候模式的表现更多地取决于其自身的内部物理过程。

表 9-3　各个模式之间的中国地区夏季气温模拟偏差的相关系数

模式	CSIRO	EC	Had	MPI	CdR	EdR	HdR	MdR
CSIRO	—	0.63*	0.70*	0.83*	−0.14	−0.06	−0.07	−0.05
EC	0.63*	—	0.49*	0.66*	0.17	0.18*	0.20*	0.14
Had	0.70*	0.49*	—	0.68*	−0.44*	−0.42*	−0.34*	−0.41*
MPI	0.83*	0.66*	0.68*	—	−0.09	−0.03	−0.03	−0.00
CdR	−0.14	0.17	−0.44*	−0.09	—	0.79*	0.95*	0.84*
EdR	−0.06	0.18*	−0.42*	−0.03	0.79*	—	0.85*	0.96*
HdR	−0.07	0.20*	−0.34*	−0.03	0.95*	0.85*	—	0.91*
MdR	−0.05	0.14	−0.41*	0.00	0.84*	0.96*	0.91*	—

　　图 9-5 为冬季和夏季中国地区 10 个流域的全球气候模式与区域气候模式模拟偏差的散点图。图中的灰色阴影区域表示与全球气候模式驱动场相比,区域气候模式的偏差更大,而白色区域则代表模拟性能更好。冬季,在 CdR 和 HdR 中发现在大多数流域的模拟偏差有明显的系统性减少,其两个全球气候模式驱动场存在较大的冷偏差。在大多数流域,EdR 的偏差接近其驱动场,其余流域的偏差则略大。夏季,区域气候模式普遍显示为冷偏差,导致由 CSIRO 和 Had 的两个较

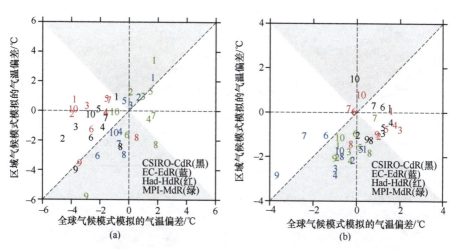

图 9-5　全球气候模式和区域气候模式对中国 10 个流域 1986～2005 年冬季(a)、夏季(b)气温的模拟偏差(Wu and Gao,2020)

不同颜色代表不同模式,数字代表不同流域(参见图 7-4 图题)

暖模式驱动的模拟结果（CdR 和 HdR）有所改善。同时，其他两个较冷的模式（EC 和 MPI）驱动的结果（EdR 和 MdR）中，冷偏差则被进一步放大。

图 9-6 为 21 世纪末期（2080～2099 年）全球气候模式和区域气候模式模拟的冬季平均气温变化。可以看到，所有模式的模拟中均存在显著的增温。全球气候模式集合的增暖范围在 2.4～3.9℃，中国区域平均值为 3.0℃。中国西部的增暖幅度更为明显，其中西北和青藏高原部分地区的升温幅度最大，超过 3.6℃。全球气候模式间的增温幅度和空间分布均存在较大差异。中国区域平均增暖值在 Had（3.8℃）中最大，其次是 CSIRO（3.4℃）、MPI（2.6℃），EC（2.0℃）最小（表 9-2）。全球气候模式之间的相关系数在–0.21～0.50，6 对中只有 3 对为正且通过显著性检验，说明它们之间的差异巨大（表 9-4）。总体来看，区域气候模式模拟的升温幅度一般依赖驱动场，但又较驱动场偏小。冬季区域平均模拟增温幅度为 1.8～3.2℃，总体区域平均值为 2.5℃（表 9-2），比全球气候模式低 0.5℃。MdR 和 MPI 之间的差异最大，为–0.8℃，EdR 和 EC 之间的差异最小，为–0.1℃。在北部流域，区域气候模式的暖偏差可能与冰雪覆盖的减少，从而导致雪反照率下降，

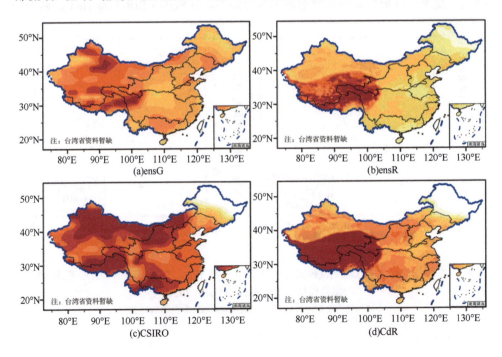

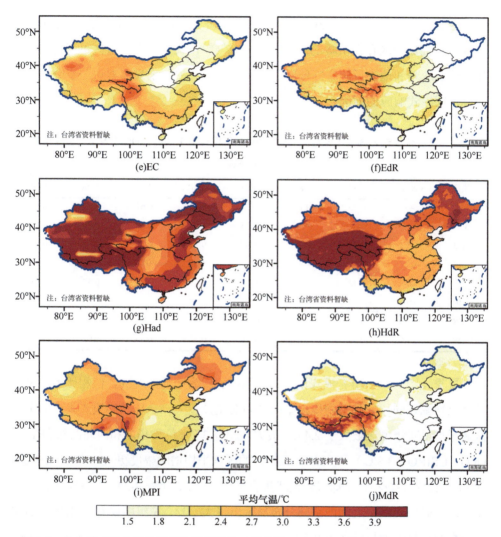

图 9-6　各个模式预估的冬季平均气温变化（相对于 1986～2005 年）（Wu and Gao，2020）

最终致使该地区增暖幅度较弱有关。但在南方地区其背后的机制要复杂得多，需要在未来的研究中进一步探索。

区域气候模式中的升温分布总体上与全球气候模式驱动场一致。区域气候模式和全球气候模式驱动场之间的相关系数在 0.43～0.64，通过 95%显著性检验（表 9-4）。然而，区域气候模式除了在空间分布上显示出更多的细节特征外，青藏高原地区的变化与全球气候模式之间也存在显著差异，即除了 EdR 外，4 个模拟中有 3 个在高原地区存在增暖的高值区。区域气候模式中增温高值区可能与积雪融化导致的变暖和地表反照率降低的强烈反馈效应有关，未来需要进一步分析，以明确不同模式响应的原因。

表 9-4　各个模式之间的中国地区 2080～2099 年相对于 1986～2005 年冬季气温变化的相关系数

模拟	CSIRO	EC	Had	MPI	CdR	EdR	HdR	MdR
CSIRO	—	0.26*	0.12	−0.21*	0.64*	0.61*	−0.01	0.18*
EC	0.26*	—	0.24*	0.05	0.42*	0.60*	0.35*	0.33*
Had	0.12	0.24*	—	0.50*	0.23*	0.21*	0.43*	0.51*
MPI	−0.21*	0.05	0.50*	—	0.12	0.04	0.70*	0.63*
CdR	0.64*	0.42*	0.23*	0.12	—	0.74*	0.57*	0.71*
EdR	0.61*	0.60*	0.21*	0.04	0.74*	—	0.48*	0.53*
HdR	−0.01	0.35*	0.43*	0.70*	0.57*	0.48*	—	0.90*
MdR	0.18*	0.33*	0.51*	0.63*	0.71*	0.53*	0.90*	—

夏季（图 9-7），所有模式模拟的气温均表现为明显的升高，但相比冬季来说总体上增幅较弱，并且不同模拟结果之间的差异较大。全球气候模式集合的中国区域平均增暖幅度一般大于 2.4℃，最大值超过 3℃，位于华北和西北西部 [图 9-7（a）]。CSIRO（3.3℃）和 Had（3.1℃）的区域平均增暖幅度更大，MPI（2.3℃）和 EC（1.9℃）较小，全球气候模式集合平均为 2.7℃（表 9-2）。与冬季类似，夏季全球气候模式结果之间的空间分布显示出很大差异，6 组中仅有 2 组模式的相关系数通过显著性检验（表 9-5）。

除了 CSIRO 和 CdR 存在 0.9℃ 的较大差异外，区域气候模式夏季平均气温增幅总体上接近但略低于全球气候模式驱动场（表 9-2），基本上高于 0.3℃ 的冷偏差与全球气候模式驱动场有关。与冬季一样，区域气候模式模拟的升温空间分布在大范围内与全球气候模式驱动场一致。其相关系数均为显著，范围在 0.25～0.67。值得注意的是，尽管区域气候模式对全球气候模式模拟偏差的响应不太敏感，但对全球气候模式模拟的气候变化信号则有很好的响应，无论是区域平均值还是变

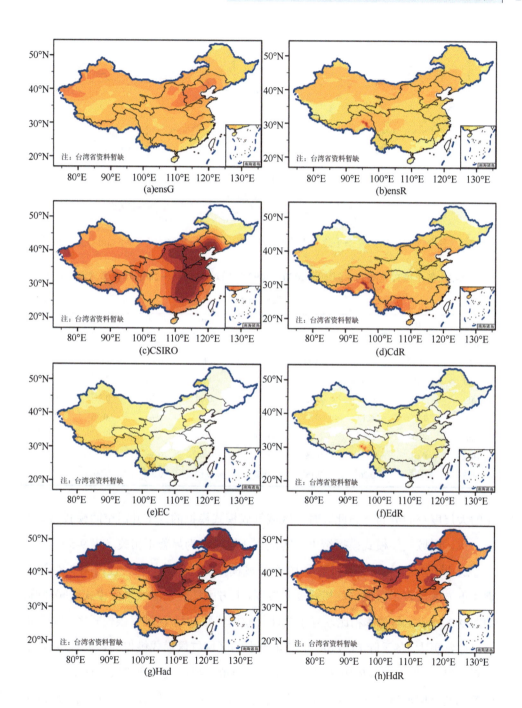

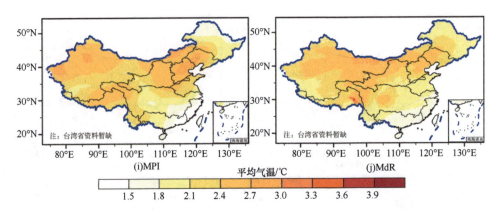

图 9-7　各个模式预估的夏季平均气温变化（相对于 1986～2005 年）（Wu and Gao，2020）

表 9-5　各个模式之间的中国地区 2080～2099 年相对于 1986～2005 年夏季气温变化的
相关系数

模式	CSIRO	EC	Had	MPI	CdR	EdR	HdR	MdR
CSIRO	—	−0.09	−0.10	0.29*	0.37*	−0.02	0.01	0.05
EC	−0.09	—	−0.33*	0.40*	0.13	0.25*	−0.05	0.26*
Had	−0.10	−0.33*	—	0.15	−0.53*	0.26*	0.65*	0.15
MPI	0.29*	0.40*	0.15	—	−0.04	0.26*	0.51*	0.67*
CdR	0.37*	0.13	−0.53*	−0.04	—	0.08	−0.46*	−0.10
EdR	−0.02	0.25*	0.26*	0.26*	0.08	—	0.36*	0.34*
HdR	0.01	−0.05	0.65*	0.51*	−0.46*	0.36*	—	0.69*
MdR	0.05	0.26*	0.15	0.67*	−0.10	0.34*	0.69*	—

化的大尺度空间分布。与此同时，区域气候模式模拟的夏季升温空间模式与冬季不一致。区域气候模式模拟结果之间仅有 2 组显示为显著正相关（表 9-5）。

21 世纪末，中国冬季和夏季 10 个流域模拟变化信号的相关性由图 9-8 给出。虚线下方区域表示区域气候模式变暖较弱，上方区域表示区域气候模式变暖较强。如图 9-8 所示，与冬季相比，夏季全球气候模式驱动场/区域气候模式之间的升温差异通常更大。冬季除 EC/EdR 外，3/4 组中的区域气候模式模拟的增温幅度较弱，而夏季仅有 CSIRO/CdR 中区域气候模式的模拟结果在大多数流域的增暖较弱。不同模式及不同流域之间，冬季的变化范围总体更大。区域气候模式中增暖较弱的特征存在季节、区域以及不同驱动场之间的差异，在大多数流域中，CSIRO/CdR

和 Had/HdR 的增暖比其他两个组更为明显。

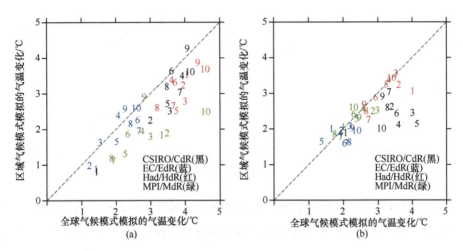

图 9-8　全球气候模式和区域气候模式对中国 10 个流域 2080～2099 年冬季（a）、夏季（b）气
温变化的预估

不同颜色代表不同模式，数字代表不同流域（参见图 7-4 图题）

对于中国区域平均而言，全球气候模式驱动场与区域气候模式气温的变化都具有显著正相关，表明全球气候模式在区域尺度上的巨大作用。然而，区域尺度的相关性在不同流域或模式之间则表现出很大的差异。

图 9-9 给出了 2006～2099 年中国地区冬、夏季气温变化的 9 年滑动平均时间序列。如图 9-9 所示，在整个 21 世纪，冬季气温变化幅度明显比夏季更大。在 RCP4.5 情景下，21 世纪中期之前，不同模式预估的变暖几乎是呈线性增加的，然后随着排放趋于稳定变暖趋势也变得平缓，特别是夏季。2040 年之前，不同模式之间的差异较小。与全球气候模式驱动场相比，区域气候模式中的增暖较弱。值得注意的是，嵌套的区域气候模式模拟的逐年气温变化与全球气候模式驱动场的变化非常一致。去趋势后两者的相关系数在统计学上显著。可见区域气候模式模拟的气温年际变化主要受全球气候模式驱动场支配。总的来看，无论是全球气候模式驱动场还是其嵌套的区域气候模式，模拟偏差与变化信号之间都没有明显的关系。

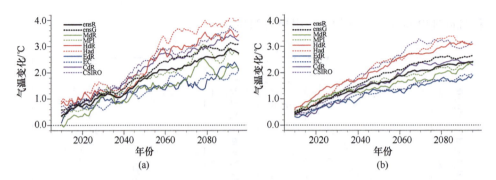

图 9-9　2006～2099 年（相对于 1986～2005 年）中国冬季（a）和夏季（b）气温变化的 9 年滑动平均时间序列

在气温方面，区域尺度的升温更多取决于全球气候模式驱动场的影响（气候敏感度）；在降水方面，冬季全球气候模式和区域气候模式结果类似，夏季两者会有较大不同。对全球气候模式进行降尺度的区域气候模式，其不确定性来源包括全球气候模式误差及所预估的气候变化信号对它的影响。在这个研究中，区域气候模式预估得到的中国区域升温，在总体一致的情况下，普遍较驱动全球气候模式场低；而在降水方面，即使多个全球气候模式驱动场的变化信号一致，其驱动下的区域气候模式给出来的预估结果也存在较大差别，特别是在东部季风区（Gao et al.，2012）。

9.4　来自模式和内部变率的不确定性

气候预估的本质是考察气候系统对人为辐射强迫变化的响应，但是 ENSO、太平洋年代际振荡模态、大西洋多年代际振荡等海气耦合系统的内部变率，能够影响气候预估结果。气候预估结果的不确定性，受到模式性能和内部变率的共同影响（Zhou et al.，2020；陆静文等，2020）。以青藏高原地区的气候预估为例，基于 IPCC AR5 中分解模式不确定性和内部变率不确定性的方法，估算 RCP8.5 情景下青藏高原区域温度和降水远期预估不确定性中两者的贡献（图 9-10 和图 9-11）。结果表明，青藏高原温度预估的不确定性较小，几乎所有区域在整个预估时段的噪声均小于外强迫信号的一半，西部的不确定性较东部稍大（图 9-10）。一般而言，高海拔地区升温会更高，西部的不确定性较大可能与其海拔较高有关。表面温度近期预估的不确定性最大，远期最小，主要与内部变率的信噪比随时间减小有关，而模式不确定性几乎不随时间变化（图 9-10），因此温度远期预估不确定性主要由模式的差异主导，内部变率的信噪比小于 0.10，可以忽略（周天军等，2020）。

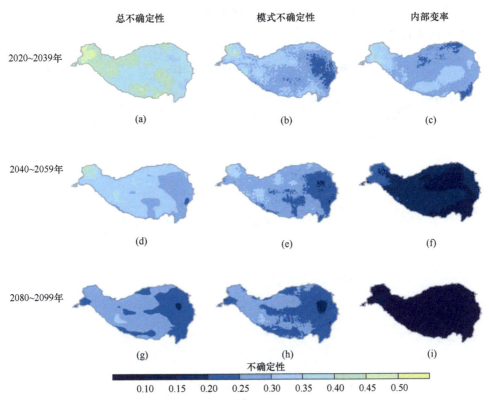

图 9-10 RCP8.5 情景下，20 个 CMIP5 模式预估近期（2020～2039 年）、中期（2040～2059 年）、远期（2080～2099 年）青藏高原年平均气温相对于 1986～2005 年变化的不确定性（周天军等，2020）

总不确定性 [（a）、（d）、（g）] 用信噪比（$\sigma_N/\bar{X}$）表示，并将其分解为模式不确定性 [（b）、（e）、（h）] 以及内部变率 [（c）、（f）、（i）] 的贡献

降水预估的不确定性的极大值中心位于西部和北部边缘，这可能与复杂地形处环流变化的不确定性有关（图 9-11）。这些地区降水变化的噪声是外强迫信号的

5 倍以上，其中模式不确定性和内部变率对西部边缘不确定性的贡献相当，而北部边缘的不确定性主要来源于内部变率（图 9-11）。降水预估的不确定性也随时间的延长而减少，模式不确定性和内部变率均有贡献。降水近期预估的不确定性主要由内部变率主导 [图 9-11（a）～图 9-11（c）]，中期预估中模式不确定性和内部变率相当 [图 9-11（d）～图 9-11（f）]，而远期预估中高原中部、东部和东南部降水预估的不确定性则由模式不确定性主导，内部变率的贡献较小 [图 9-11（g）～图 9-11（i）]。

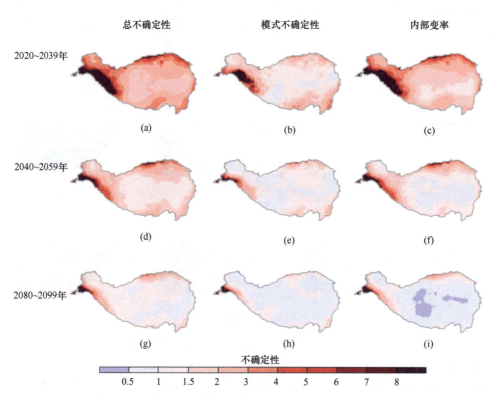

图 9-11　RCP8.5 情景下，20 个 CMIP5 模式预估近期（2020～2039 年）、中期（2040～2059 年）、远期（2080～2099 年）青藏高原年平均降水相对于 1986～2005 年变化的不确定性（周天军等，2020）

总不确定性 [（a）、（d）、（g）] 用信噪比（$\sigma_N/\bar{X}$）表示，并将其分解为模式不确定性 [（b）、（e）、（h）] 以及内部变率 [（c）、（f）、（i）] 的贡献

考察青藏高原不同季节的温度和降水预估不确定性随时间的变化（图9-12）发现，年平均和季节平均的温度和降水预估不确定性均随时间延长呈减小趋势。年平均温度和降水预估的不确定性反映的主要是夏季的特征，夏季预估的不确定性主要源于模式的差异。对于降水的预估，春秋季的不确定性则由内部变率主导，模式不确定性贡献较小，远期预估中噪声可降至低于外强迫信号的水平；冬季不确定性最大，随时间减少最慢，模式不确定性和内部变率均对其有重要贡献（图9-12）。内部变率决定了青藏高原地区温度和降水预估的不确定性在冬季最大、夏季最小的特征（周天军等，2020）。

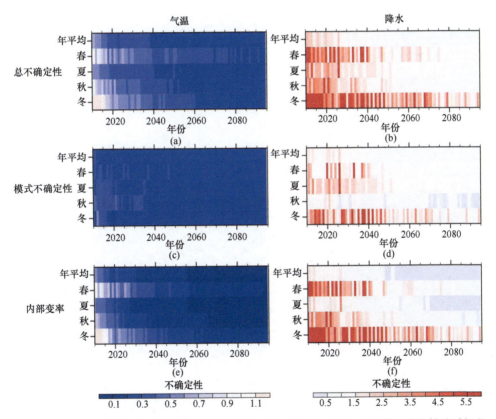

图9-12　RCP8.5情景下青藏高原区域平均气温（左）和降水（右）变化的不确定性随时间和
季节的变化（周天军等，2020）

总不确定性[（a）、（b）]用信噪比（$\sigma_X/\bar{X}$）表示，并将其分解为模式不确定性[（c）、（d）]和内部变率[（e）、（f）]
的贡献。横轴为预估年份；纵轴每一行分别表示年平均，以及春季、夏季、秋季和冬季平均

　　综上所述，青藏高原近期预估受内部变率的影响很大，超过了模式差异导致的不确定性，因此约束近期预估结果，减小其不确定性的难度较大。中远期预估中内部变率的影响有所减小，有望通过"涌现约束"技术减小模式不确定性。而对于近期预估来说，要解决内部变率的影响需要发展考虑了初值影响的年代际预报系统，不管是青藏高原还是其他区域的近期气候预估都是如此（周天军和吴波，2017；吴波等，2017；Hu and Zhou，2021）。

第 10 章
区域气候模式 RegCM 和 WRF 介绍

在过去的几十年中，区域气候模式（RCM）在世界不同区域，被越来越多地应用于提供相对于全球气候模式（GCM）而言更小尺度的气候信息。东亚地区由于复杂的地形、海岸线和土地利用分布，以及影响当地气候的区域环流（如季风、热带风暴等），对于 RCM 来说是非常有应用价值的地区之一。随着经济的快速发展，其气候也受到很大的人为强迫影响，如气溶胶排放和土地利用变化。此外，已有研究证明，若要较好地模拟以东亚季风为主的当地气候，依赖模式分辨率，如夏季季风雨带的位置和出现时段能否准确再现。由于上述原因，从开发的早期阶段，RCM 便已应用于东亚地区，并在此后得到更快发展。目前，东亚是 CORDEX 下的标准区域之一，并已有大量的气候预估集合结果。

本章将对应用非常广泛的两个区域气候模式 RegCM 和 WRF 进行简要介绍，包括其结构及主要应用等。

10.1　RegCM 在东亚地区的应用

在 2.2 节中所提及的不同 RCM 中，其大部分都在东亚地区有一定的作用，其中 RegCM 系统是最常用的之一（Gao and Giorgi，2017）。多年来，该区域的 RegCM 用户群体稳步增长，除了在 ICTP 定期举办的两年一次的研讨会外，各地也相继组织了多个培训讲习班和培训课程，如 2006 年 7 月在中国北京举行的第三届气候系统和气候变化国际讲习班期间的培训、2015 年 5 月在菲律宾马尼拉以及 2018 年在越南河内举行的培训和研讨会等。RegCM 团队在 CORDEX 背景下，针对东亚地区开展了更多的模式应用研究，并在其中特别强调气候系统不同组成部分之间的相互作用和反馈以及人为强迫对气候产生的影响的研究。

RegCM 是首个被用于气候降尺度的区域气候模式系统，它起源于 20 世纪 80 年代末和 90 年代初，在美国国家大气研究中心（NCAR）建立，并且经过了一系列后续版本的发展，如 RegCM2、RegCM2.5、RegCM3、RegCM4 和最新版本 RegCM5。RegCM 系统在 ICTP 开发和维护，一直处于更新、完善和发展之中。它是一个开源代码系统，被众多的科研团队广泛使用，形成了"区域气候研究网络"（即 RegCNET）。该模式可应用于世界各地，并逐步耦合海洋、湖泊、气溶胶、沙漠沙尘、化学、水文和陆面过程，成为区域地球系统模式。

大量研究表明，RegCM 能够很好地再现东亚地区当代气候的主要特征。令人特别感兴趣的结论是，该模式能够显著改善 GCM 对东亚夏季风模拟的常见偏差。事实上不同版本的 GCM 模拟的东亚季风降水中心偏差较大，与观测中的相比通常偏北偏西（即降水中心在青藏高原东部而不是中国东南部）。这种偏差主要是由 GCM 的粗分辨率引起的（Gao et al.，2006），随着分辨率的提高，模拟的降水模态与观测具有越来越高的一致性。研究发现，分辨率为 60 km 或更高，才能准确地模拟出东亚雨带及其季节演变（Gao et al.，2013）。

通过对不同的物理参数化方案选项及模式参数进行测试，能够得到东亚地区的最优模式配置。研究发现，Emanuel 积云对流方案在 RegCM3 和采用 CLM 陆面方案的 RegCM4.4 较新版本中都有较好的表现。Gao 等（2016，2017）推荐了 RegCM4.4 在东亚地区的物理和参数的配置。具体来说，当使用 Emanuel 积云对流方案和 CLM 陆面方案，以及基于中国数据集更新的土地覆盖数据时，模式在该区域上表现"最佳"。一般来说，RegCM 系统在季风（暖季）温度和降水的再现方面有较好的模拟能力，但在冷季如高纬度地区的暖偏差、南方降水量的低估和北方降水量的高估这种相对较大的误差（与大多数 GCM 结果相似）仍然存在。

此外，RegCM 系统被广泛应用于东亚地区 GCM 气候变化预估结果的降尺度研究。通常与驱动 GCM 相比，RegCM 不仅能够给出更详细的地理分布，还能够更好地再现当代大尺度降水特征。在未来降水变化预估方面，RegCM 不仅给出了降水变化信号与地形有关的更精细的结构，而且模拟出与驱动 GCM 明显不同的大尺度分布型（Gao et al.，2008，2012）。在这些研究中，虽然驱动的 GCM 与其他大多数 GCM 预估结果一致，均表现出季风降水显著增加，但 RegCM4 预估出更多降水减少的区域。同时，当 RegCM 由不同的 GCM 驱动时，中国东部会表现出不同的变化。这些结果表明，这一人口密集地区的季风降水预估仍然存在较大的不确定性，因而需要更多 GCM/RCM 的集合模拟以进一步认识此问题。

RegCM 系统在东亚的另外一项重要应用是，开展与较长历史时期的农业活动和高密度人口有关的土地利用的气候效应研究。所进行的试验包括在试验区域使用理想化的简单植被变化，即从一种类型变化到另一种类型（如从沙漠到森林），对比潜在植被覆盖与当前土地利用，以及 20 世纪末几十年来经济快速发展导致的土地利用变化。所有研究均表明，土地利用对该地区的气候有显著影响，然而不同试验所得到的空间分布结果和影响程度有一定不同，因此这同样也需要进行 RCM 的集合和对比研究。此外，一般国际数据库中的植被数据在中国区域通常显示出较大的偏差。例如，在 CLM 默认数据集的土地类型中，青藏高原主要被裸土覆盖，但实际上该区域中主要是草地。研究表明，使用基于本地数据集的更可靠的土地覆盖数据，可以有效改进模式模拟效果。

近几十年来，随着中国工业和经济发展所带来的污染排放量迅速增加，人为气溶胶对气候的影响日益引起人们的关注。RegCM 系统是第一个用于研究这个问题的 RCM，也是第一个在东亚地区将气溶胶辐射的直接和间接效应耦合到 RCM 的模式。模拟结果表明，气溶胶有明显的降温和抑制降水的作用，特别是在工业化程度较高的地区，如中国西南地区中部的四川盆地。由于气溶胶效应的复杂性，需要开展进一步研究，以更好地定量评估气溶胶颗粒对降水的影响，特别是在其与云的相互作用方面，而 RegCM 系统已开展的工作为此打下了良好基础。东亚也是最主要的沙尘源区之一，如中国西部和蒙古沙漠等，多个沙尘气溶胶的模拟结果表明，RegCM 系统对近地面浓度的时空变化、质量负荷、光学厚度和主要源区的沙尘气溶胶排放的再现具有较好的模拟能力。

我国学者已在相当程度上开展了将 RegCM 与气候系统其他组成部分（如不同的海洋模型、植被模型和地下水模型等）进行耦合的研究。与海洋耦合后的 RegCM，可以极大地提高模式对西北太平洋降水的气候态和年际变率的模拟能力（Zou and Zhou，2013a）。RegCM 的其他应用还包括古气候研究和季节预测试验，关于后者，如 Zhang 等（2015）发现 RegCM 在一些特定地区和年份的预测技巧方面有所改善，但总体而言在应用模式进行实时季节预测方面仍需开展进一步研究。

RegCM 系统也处于不断发展的过程中，如增加了新的积云对流方案、非静力平衡版动力框架、完整的云微物理方案等，使得模式能够应用于几公里尺度的高分辨率模拟试验中。此外，MIT-OGCM 海洋模式、CLM 陆面模式、CHYM 陆地水文模型等都在持续更新耦合到 RegCM 中。

综上所述，东亚地区利用 RegCM 系统已经开展了众多试验，为该地区的气候模拟研究提供了非常有价值的结果。该系统的应用和发展将继续促进该地区的气候研究，包括气候变化预估、土地利用对气候变化的影响、气溶胶和污染研究（分布、传输和对气候的影响），以及古气候和季节预测等各个方面。

10.2　RegCM5 的动力过程

RegCM5 目前的动力过程有三种方案，分别是传统的静力框架（源自 MM5 静力框架）、后期发展的非静力框架（源自 MM5 非静力框架）以及最新的 MOLOCH 非静力框架。

10.2.1 RegCM5 静力框架

RegCM5 静力框架仍沿用 RegCM4 的方案，该方案源自 MM5 静力框架。其动力过程主要由动量和能量方程构成，其中包括水平动量方程、连续方程、静力方程和热力学方程。

（1）水平动量方程：

$$\frac{\partial p^* u}{\partial t} = -m^2 \left(\frac{\partial p^* uu / m}{\partial x} + \frac{\partial p^* vu / m}{\partial y} \right) - \frac{\partial p^* u \dot{\sigma}}{\partial \sigma}$$

$$-mp^* \left[\frac{RT_v}{(p^* + p_t / \sigma)} \frac{\partial p^*}{\partial x} + \frac{\partial \phi}{\partial x} \right] + fp^* v + F_H u + F_V u$$

$$\frac{\partial p^* v}{\partial t} = -m^2 \left(\frac{\partial p^* uv / m}{\partial x} + \frac{\partial p^* vv / m}{\partial y} \right) - \frac{\partial p^* u \dot{\sigma}}{\partial \sigma}$$

$$-mp^* \left[\frac{RT_v}{(p^* + p_t / \sigma)} \frac{\partial p^*}{\partial y} + \frac{\partial \phi}{\partial y} \right] - fp^* u + F_H v + F_V v$$

式中，变量 u、v 分别为向东、向北的速度分量；m 为地图投影的放大系数；f 为科氏力参数；R 为干空气的比气体常数；T_v 为虚温；ϕ 为位势高度；F_V、F_H 分别为水平、垂直的扩散效应。其中 $\dot{\sigma} = \dfrac{\mathrm{d}\sigma}{\mathrm{d}t}$，$p^* = p_s - p_t$，$\dot{\sigma}$ 为 σ 系中的垂直速度；p_s 为地表面气压；p_t 为模式大气顶气压；p^* 无特殊意义，为地表与模式大气顶气压差。

（2）连续方程和 $\dot{\sigma}$ 方程：

$$\frac{\partial p^*}{\partial t} = -m^2 \left(\frac{\partial p^* u / m}{\partial x} + \frac{\partial p^* v / m}{\partial y} \right) - \frac{\partial p^* \dot{\sigma}}{\partial \sigma}$$

对上述公式进行垂直积分，得到模式表面气压的时间变率。

$$\frac{\partial p^*}{\partial t} = -m^2 \int_0^1 \left(\frac{\partial p^* u / m}{\partial x} + \frac{\partial p^* v / m}{\partial y} \right) \mathrm{d}\sigma$$

通过对上述公式进行积分可计算出气压倾向，由此模式中每一层的垂直速度为

$$\dot{\sigma} = -\frac{1}{p^*}\int_0^\sigma \left[\frac{\partial p^*}{\partial t} + m^2 \left(\frac{\partial p^* u/m}{\partial x} + \frac{\partial p^* v/m}{\partial y} \right) \right] d\sigma'$$

式中，σ' 为积分哑变量，$\dot{\sigma}(\sigma = 0) = 0$。

（3）静力方程：

$$\frac{\partial \phi}{\partial \ln\left(\sigma + p_t/p^*\right)} = -RT_v\left[1 + \frac{q_c + q_r}{1 + q_v} \right]^{-1}$$

式中，T_v 为虚温；q_v、q_c 和 q_r 分别为水蒸气、云水或冰以及雨水或雪的混合比。

（4）热力学方程和 ω 方程：

$$\frac{\partial p^* T}{\partial t} = -m^2 \left(\frac{\partial p^* uT/m}{\partial x} + \frac{\partial p^* vT/m}{\partial y} \right)$$

$$+ \frac{RT_v\omega}{c_{pm}\left(\sigma + p_t/p^*\right)} - \frac{\partial p^* T\dot{\sigma}}{\partial \sigma} + \frac{p^* Q}{c_{pm}} + F_H T + F_V T$$

式中，ω 为 p 坐标系下的垂直速度；c_{pm} 为湿空气的定压比热容；Q 为非绝热加热项；$F_V T$ 为垂直混合作用与干对流调整的影响；$F_H T$ 为水平辐散的影响。

$$\omega = p^* \dot{\sigma} + \sigma \frac{dp^*}{dt}$$

其中

$$\frac{dp^*}{dt} = \frac{\partial p^*}{\partial t} + m\left(u\frac{\partial p^*}{\partial x} + v\frac{\partial p^*}{\partial y} \right)$$

湿空气的定压比热容 $c_{pm} = c_p(1 + 0.8q_v)$，c_p 为干空气的定压比热容，q_v 为水汽混合比。

10.2.2 MOLOCH 非静力框架

RegCM5 新引入的非静力框架来自 MOLOCH 模式。MOLOCH 是意大利国家研究委员会大气科学与气候研究所（CNR-ISAC）用于公里级分辨率天气预报的区域天气数值模式。相比采用的 MM5 非静力框架，该非静力框架计算更加准确，计算稳定性和计算效率也有了明显的提升，特别是对于公里级的高分辨率模拟，时间步长设定可以是之前的 5 倍，甚至更大。

1. 垂直和水平坐标

MOLOCH 非静力框架（Davolio et al.，2017；Malguzzi et al.，2006）使用了随地形和垂直均分的混合垂直坐标。垂直坐标 ζ 定义在[0，Z_{top}]区间内，分辨率为 $d\zeta = \dfrac{Z_{top}}{kz}$，其中 kz 为垂直层数，$Z_{top}$ 为可设定的模型大气顶部刚性盖板（rigid lid），其垂直速度为零。模型高度和 ζ 坐标之间的关系是模型地形 $h(x, y)$ 和 ζ 变量的解析函数：

$$z = h(x,y)G(\zeta) + Z_f e^{\frac{\zeta}{H}-1}$$

式中，$Z_f = \dfrac{Z_{top}}{e^{\frac{Z_{top}}{H}}-1}$；$H$ 为可调的大气高度的尺度量，函数 $G(\zeta)$ 是 ζ 的多项式：

$$G(\zeta) = 1 - a_0\frac{\zeta}{Z_{top}} - (3-2a_0)\left(\frac{\zeta}{Z_{top}}\right)^2 + (2-a_0)\left(\frac{\zeta}{Z_{top}}\right)^3$$

式中，a_0 为[0，1]范围内的可调值。因此，垂直层的厚度会随着高度的增加而增加。

在水平方向上，该模式使用 Arakawa C 网格，其投影间距均匀，u、v 风力分量与其他变量交错分布。

2. 动力和热力学方程

利用上述 ζ 的定义，广义垂直速度（s）可表示为

$$\frac{\partial \zeta}{\partial t} = s = F_z\left[w - \left(u\frac{\partial h}{\partial x} + v\frac{\partial h}{\partial y}\right)G\right]$$

式中，w 为垂直风分量；F_z 为 $\zeta(z)$的导数，是一个不随时间变化的函数：

$$F_z = \frac{\partial \zeta}{\partial z} = \frac{1}{G(\zeta)h(x,y) + \frac{1}{H}Z_f e^{\frac{\zeta}{H}}}$$

状态变量 (Π, Θ, u, v, w) 的相关方程可写成：

$$\frac{\mathrm{d}u}{\mathrm{d}t} = mc_{p_d}\Theta_v \frac{\partial \Pi}{\partial x} - mG(\zeta)\frac{\partial h}{\partial x}\left(g + \frac{\mathrm{d}w}{\mathrm{d}t}\right) + f_v + K_u$$

$$\frac{\mathrm{d}v}{\mathrm{d}t} = mc_{p_d}\Theta_v \frac{\partial \Pi}{\partial y} - mG(\zeta)\frac{\partial h}{\partial y}\left(g + \frac{\mathrm{d}w}{\mathrm{d}t}\right) - f_u + K_v$$

$$\frac{\mathrm{d}w}{\mathrm{d}t} = -F_z c_{p_d}\Theta_v \frac{\partial \Pi}{\partial z} - g + K_w$$

$$\frac{\mathrm{d}\Theta_v}{\mathrm{d}t} \approx K_{\Theta_v}$$

$$\frac{\mathrm{d}\Pi}{\mathrm{d}t} \approx -\Pi \frac{R_d}{c_{v_d}} m^2 \left\{ F_z \left[\frac{\partial\left(\frac{u}{mF_z}\right)}{\partial x} + \frac{\partial\left(\frac{v}{mF_z}\right)}{\partial y} \right] + \frac{\partial\left(\frac{s}{F_z}\right)}{\partial \zeta} \right\}$$

式中，m 为地图投影的放大系数；$\Pi = \left(\dfrac{P}{P_0}\right)^{\frac{R_d}{c_{p_d}}}$ 为 Exner 函数，P 为压力，P_0 为参

考气压；$\Theta_v = \dfrac{T_v}{\Pi}$，为虚位温；$T_v \approx T\left(1 + 0.61q_v - q_c - q_i\right)$，$T$ 为温度，q_v、q_c、q_i 分

别为水蒸气、液态水和冰水的质量混合比；c_{v_d}、c_{p_d} 分别为干燥空气在恒定体积 v

和恒定压力 p 下的比热容；Π 和 Θ_v 的预报方程是湿空气热力学和连续的精确方

程的良好近似；K_u、K_v、K_w、K_{Θ_v} 为物理参数化相关项；f_u、f_v 为科里奥利项；R_d

为干空气的气体常数。

3. 时间积分算法

时间积分显式方案分为三个步骤：首先，使用隐式后向欧拉方案对声波的垂

直传播进行积分，时间步长为 Δt_s。然后，使用 Hubbard 和 Nikiforakis（2003）所

述的二阶总变化方法计算平流项，时间步长为 t_a。最后，在用户定义的大时间步

长 Δt_p 添加物理过程项的贡献。Δt_a 和 Δt_s 时间步长是 Δt_p 的整数分数，即

$$\Delta t_a = \frac{\Delta t_p}{n_{adv}}, \Delta t_s = \frac{\Delta t_a}{n_{sound}}$$

式中，n_{sound} 和 n_{adv} 为用户可配置的参数。

4. 差分求解方法

水平和垂直导数采用二阶中央有限差分方案计算。地表和模型顶部的广义垂直速度为零。方程不需要显式扩散项来维持计算稳定，通过对水平风的散度进行二阶空间滤波（系数可由用户配置）来提高数值稳定性。

w、Π 方程在 k 层的时空离散化由如下公式给出：

$$w_k^{n+1} = w_k^n - F_{z_f(k)} c_{p_d} \underline{\Theta}_v^n \frac{\Pi_k^{n+1} - \Pi_{k+1}^{n+1}}{\Delta z} \Delta t_s - g\Delta t_s$$

$$\Pi_k^{n+1} = \Pi_k^n - \Delta t_s \Pi_k^n \frac{R_d}{c_{v_d}} \left[\frac{F_{z(k)}}{\Delta \zeta} \left(w_k^{n+1} - w_{k+1}^{n+1} \right) + \mathrm{DIV}_k^n \right]$$

$$\mathrm{DIV}_k^n = m^2 F_{z(k)} \left[\frac{\partial \left(u^n / m F_{z(k)} \right)}{\partial x} + \frac{\partial \left(v^n / m F_{z(k)} \right)}{\partial y} \right]$$

$$+ F_{z(k)} \frac{\partial}{\partial \zeta} \left[w_k^{n+1} - \left(u^n \frac{\partial h}{\partial x} + v^n \frac{\partial h}{\partial y} \right) G(\zeta_k) \right]$$

式中，$\underline{\Theta}_v^n$ 的平均值由临近上下两个垂直层计算得出，速度梯度由时间步长 n 计算得出；$F_{z(k)}$ 为在 w 层面上计算得出的解析导数；DIV（divergence）风场散度分解项。Π_k^{n+1} 和 DIV_k^n 的两个计算方程的组合产生一个线性系统，通过反演程序求解。通过阻尼系数将水平速度的带状梯度和经向梯度部分相加，对水平速度进行发散阻尼。关于模型方程求解的更多详情，请参见 Malguzzi 等（2006）的研究。

10.3　RegCM5 的主要物理过程参数化方案和子模块

地球大气中发生许多物理过程，太阳产生的短波辐射可以被地表、云、气溶

胶、气体等吸收、反射和/或散射。长波辐射从地表向上发射，并从大气中的气体和云层向上或向下发射，并且可以向外太空逸出。来自昼夜辐射的加热会引发边界层发展，增加湍流并可能产生对流。云层以辐射或抬升过程形成并产生多种形式的降水（如雨、雪和霰），化学组分（如气溶胶、臭氧和污染物）可以改变云层和辐射。在地表，地形及下垫面的物理特性（如粗糙度、反照率、叶面积指数等）决定和影响地表通量。所有这些过程共同作用，形成天气和气候，这些过程在气候模式中均需要加以描述，各个物理方案（如辐射过程、陆面过程、边界层过程、积云对流和微物理过程等）负责模拟大气物理过程的不同组成部分并相互作用，最终模拟得到地球的大气和气候过程。

1. 辐射传输方案

RegCM5 数值试验中选用的长短波辐射方案是 NCAR CCM3 方案（Kiehl et al.，1996），该方案中太阳辐射近似计算了温室气体的效应，短波辐射方面的计算波段增加到 18 个，长波辐射不仅在计算中增加了更多的温室气体作用，而且在重复吸收区中更加细致地区分了子波段，因此使大气透射率的计算更加准确。云的散射和吸收计算中，增加了云冰以及固液混合相粒子的计算方案。对辐射传输方案的改进使模式对辐射模块的应用更好，因此更能较好地模拟大气的辐射能量。

2. 陆面过程方案

RegCM5 提供了两种陆面过程的参数化方案。

BATS1e：是由 Dickinson 等（1986）所设计的，经过不断改善和发展，形成目前的 BATS1e 陆面模式。该模式为经典的单层大叶模式，即在能够直接观测到的各种陆面参数基础上，所建立的植被覆盖表面上的热量–动量交换、辐射以及土壤中水热过程的参数化方案。

CLM：CLM 陆面过程的参数化方案（Oleson et al.，2008），包含 5 个可降雪层和 10 个不均匀的土壤层，并且每个格点都包含很多种地表覆盖类型，如植被、冰川、湿地、湖泊等，进而能捕捉到模式在各个格点上复杂的陆面过程（Steiner et al., 2009）。CLM3.5 与 RegCM 的耦合，不仅可以描述地气交换过程，还能对生态系统与局地气候间的反馈有很好的表现能力，因此可以使模式更加详细地描述陆面过程。

3. 行星边界层方案

RegCM5 同样提供了两种行星边界层（Planetary Boundary Layer，PBL）方案。

Holtslag PBL：Holtslag PBL 方案（Holtslag et al., 1990）以非局地扩散原则为基本原理，考虑到非稳定、混合均匀的大气中的大尺度涡旋所产生的逆梯度通量。该方案在与 RegCM 模式耦合时做了更新和调整，调整后的试验方案使模式能够更好地对地表进行反演。

UW PBL：UW PBL 模式是华盛顿大学开发的一种湍流模式，该模式是一个 1.5 阶的（Holtslag 模式为 1 阶）、区域的、向下的梯度扩散模型。其与 Holtslag PBL 的最主要区别在于，Holtslag PBL 的速度尺度是基于其表面条件而确定的，而 UW PBL 模式则利用局部的湍流动能来确定速度尺度。耦合该模式的出发点是使 RegCM 能够更好地模拟层积云和沿海雾（O'Brien et al., 2012）。

4. 积云对流参数化方案

RegCM5 提供了 4 种可选择的积云对流参数化方案。

Kuo 方案（Anthes, 1977）较早地考虑了大尺度对积云对流的强迫，又考虑了积云对流对大尺度环境的反馈作用，触发条件同时考虑水汽辐合和抬升运动，反馈过程主要依赖云内外温差，计算相对简单，模拟不确定性较大。

Grell 方案（Grell, 1993）为基于不稳定或准平衡率，采用简单的单云上升气流及下沉气流的通量和确定加热或湿润的补偿方案。

MIT-Emanuel 方案（Emanuel, 1991）假设云的混合是高度间断且不均匀的，并考虑了基于亚云尺度上升气流和下降气流的理想模式下的对流通量。与 RegCM 中其他对流参数化方案相比，该方案是最为复杂的，它包括许多可在模拟中设置的参数，以优化不同气候条件下的模拟性能。

Tiedtke 方案（Tiedtke，1989）是 Kuo 方案和 Arakawa-Schubert（A-S）方案（Arakawa and Schubert，1974）的结合，其中 A-S 方案为一种主要用于区域较大的模拟实验的闭合假设。简单来说，结合后的 Tiedtke 方案采用总体云模型表示积云群的总体作用，考虑积云对流对水平动量的垂直输送。

5. 大尺度降水方案

大尺度降水方案采用的是 SUBEX 次网格显式湿度方案，通过此方案处理非对流云和降水（Pal et al.，2000）。根据平均网格点的相对湿度与云量、云水的联系，分辨云中次网格的变化。

6. 海表通量参数化方案

BATS 方案使用标准的莫宁–奥布霍夫（Monin-Obukhov）相似理论（Monin and Obukhov，1954）来计算海表通量，且对对流和绝对稳定条件不做特殊处理。此外，该方案中的粗糙度长度设置为常数，即该变量不是风和稳定性的函数。

Zeng 方案是海–气间潜热和感热以及动量通量的参数化方案（Zeng et al.，1998）。该方案通过块体空气动力学算法计算表面与低层大气之间的感热通量、潜热通量和动量通量等。RegCM5 中还增添了多种粗糙度计算方式。

7. 湖泊模式

湖泊模式由 Hostetler 等（1993）开发，实现了与大气模式的耦合。在该湖泊模式中，感热通量、潜热通量以及动量通量是通过气象场资料、湖面温度和反照率计算得到的。模式中各层之间通过涡度和对流混合来实现热量的垂直传输，在模式设定中，冰、雪可能覆盖部分或者全部湖面。

8. 气溶胶和沙尘模式

该模式主要考虑气溶胶和沙尘的影响，特别是针对沙尘气溶胶的起沙、传输、光学特性和辐射过程进行了参数化，从而使该模式在沙漠和半沙漠地区的模拟效果更好（Alfaro and Gomes，2001；Solmon et al.，2006）。

10.4　WRF 数值模式简介

　　WRF 是一个广泛应用的区域天气气候模式，最初主要用于区域天气模拟和预报，它起源于 NCAR，是由多个研究机构和大学合作开发的。WRF 的开发工作始于 20 世纪 90 年代后期，主要由 NCAR、NOAA（代表 NCEP 和当时的预报系统实验室）、美国空军气象局（Air Force Weather Agency，AFWA）、美国海军研究实验室（United States Naval Research Laboratory，NRL）、俄克拉荷马大学（The University of Oklahoma，OU）和联邦航空管理局（Federal Aviation Administration，FAA）共同合作开展的（Skamarock et al.，2021）。WRF 模式是以 NCAR 和美国滨州大学开发的 MM5 模式为基础进行改进的，WRF 具有两个动力（计算）核心（或求解器）、一个数据同化系统以及一个支持并行计算和系统扩展的软件架构。该模式经过不断发展和改进，形成了一系列的版本，包括成熟的 WRF3.x 系列和最新的 WRF4.x 系列，并广泛应用于天气、气候、环境、生态、水文等各种时空尺度的研究领域。

　　WRF 模式有很强的灵活性和可配置性，可以应用于不同地理区域和气候条件下的天气和气候研究。此外，它还支持研究人员在多种理想条件下的模拟。WRF 模式开放的开发策略，使它可以很容易地吸收众多研究和开发者贡献的物理学、数值学和数据同化方面的代码，从而支持多种大气参数化方案、物理参数化方案和辐射方案的选择，能够针对特定研究目的进行定制和优化。这使 WRF 模式在模拟不同尺度的天气系统、气候状态和极端天气气候事件方面具有很高的适用性。

　　在天气预报应用方面，WRF 模式能够提供从几小时到数天的天气预报，覆盖从小尺度的雷暴到中尺度的气旋等各种天气现象。而在气候模拟方面，它可以模拟长期气候趋势，预测气候变化对不同区域的影响，并进行气候模拟实验以探究不同影响因素对气候的影响，在气候变化、极端天气事件预测、降水分布、风能资源评估、空气质量模拟等方面发挥着重要作用。由于其开源特性和广泛的应用，WRF 模式已经成为应用最广泛的气象和气候模式之一，被全球众多科研团队和机构所采用和推崇。

10.5　WRF 的动力框架

在 WRFv4.3.1 以前，WRF 主要有两种动力框架：WRF-ARW（WRF-高级研究版）和 WRF-NMM（非静力中尺度版）。WRF-ARW 由 NCAR/MMM 向社区提供支持。WRF-NMM 动力框架基于 Eta 模式，后来发展为由 NCEP 开发的非静力中尺度模式。WRF-NMM 由发展测试中心（Developmental Testbed Center，DTC）向社区提供支持。

由于目前 WRF 已经停止了 WRF-NMM 内核的开发（WRFv4.3.1 以后），因此以下仅介绍 WRF-ARW 动力核，其具有以下特点：WRF-ARW 是完全可压的非静力框架，也提供可选的静力框架；具有完整的科氏力和曲率项；使用基于质量的混合地形–压力垂直坐标；水平网格采用 Arakawa C 网格；支持保角的极射投影、兰勃特正形投影、墨卡托投影以及可旋转的经纬度投影；采用用于预报变量的保形通量形式；设置了上边界吸收及瑞利阻尼机制；具有可多重嵌套的水平松弛侧边界；考虑了地形重力波阻力；涵盖陆面、水文、地面边界层、大气和地表辐射、微物理和积云对流等完整的物理选项。

目前 WRF 垂直坐标采用类似于 NCAR CAM3.0 中的 sigma 混合坐标，以使地形对坐标表面的影响随着高度的增加而更快地消除，其具体公式为（Park et al., 2013）

$$\eta = \frac{p_{\mathrm{d}} - p_{\mathrm{t}}}{p_{\mathrm{s}} - p_{\mathrm{t}}}$$

$$p_{\mathrm{d}} = B(\eta)(p_{\mathrm{s}} - p_{\mathrm{t}}) + [\eta - B(\eta)](p_0 - p_{\mathrm{t}}) + p_{\mathrm{t}}$$

式中，η 为与地形和气压有关的垂直坐标，其取值范围从地表的 1 到模式上边

界的 0；p_d 为干空气压力的静力分量；p_s 和 p_t 分别为沿着地表和顶部边界的 p_d 值；p_0 为参考海平面气压。$B(\eta)$ 定义地形跟随 sigma 坐标和纯压力坐标之间的相对权重，使得当 $B(\eta) = \eta$ 时 η 对应于 sigma 坐标，而 $B(\eta) = 0$ 时对应于静力坐标。

WRF-ARW 中，将预报变量的通量形式定义为

$$V = \mu_d v = (U, V, W), \Omega = \mu_d \omega, \Theta_m = \mu_d \theta_m, Q_m = \mu_d q_m$$

式中，V、Ω、Θ_m 和 Q_m 分别表示考虑垂直坐标指标的三维速度矢量、垂直速度、位温和水汽通量。μ_d 为垂直坐标指标；$v = (u, v, w)$ 为水平和垂直方向的速度，而 $\omega = \dot{\eta}$ 是垂直速度；θ_m 为湿位温；q_m 为水汽变量的混合比；下标 d 和 m 分别代表干空气和湿空气。

这些预报通量的欧拉方程为

$$\partial_t U + (\nabla \cdot V u) + \mu_d \alpha \partial_x p + (\alpha / \alpha_d) \partial_\eta p \partial_x \phi = F_U$$

$$\partial_t V + (\nabla \cdot V v) + \mu_d \alpha \partial_y p + (\alpha / \alpha_d) \partial_\eta p \partial_y \phi = F_V$$

$$\partial_t W + (\nabla \cdot V w) - g \left[(\alpha / \alpha_d) \partial_\eta p - \mu_d \right] = F_W$$

$$\partial_t \Theta_m + (\nabla \cdot V \theta_m) = F_{\Theta_m}$$

$$\partial_t \mu_d + (\nabla \cdot V) = 0$$

$$\partial_t \phi + \mu_d^{-1} \left[(V \cdot \nabla \phi) - g W \right] = 0$$

$$\partial_t Q_m + (\nabla \cdot V q_m) = F_{Q_m}$$

式中，F_U、F_V、F_W 和 F_{Θ_m} 分别为由模型物理过程、湍流混合、球面投影效应和地球自转引起的强迫项；F_{Q_m} 为水汽强迫项；位势 ϕ 为预报量，但不能以通量形式编写；α_d 为干空气的密度的倒数 $(1/\rho_d)$，而 α 为整个气块密度的倒数；g 为重力加速度常数。上述前三个公式分别表示流体在 xyz 方向上的运动方程，第四个为热力学方程，第五个为质量守恒的连续方程，第六个为静力方程，第七个为水汽方程。

干空气静力压诊断公式为

$$\partial_\eta \phi = -\alpha_d \mu_d$$

完整压力的诊断关系（干空气加水汽）为

$$p = p_0 \left(\frac{R_d \theta_m}{p_0 \alpha_d} \right)^\gamma$$

式中，$\gamma = c_p/c_v = 1.4$，为干空气的比热容；R_d 为干空气的气体常数；p_0 为参考海平面气压。

坐标投影方面，WRF-ARW 动力框架目前支持四种球体投影——兰勃特正形投影、极地投影、墨卡托投影和经纬度投影。这些投影在 Haltiner 和 Williams（1980）中有所描述。对于兰勃特正形投影、极地投影和墨卡托投影，变换是各向同性的。各向同性变换在网格的任何地方都要求 $(\Delta x / \Delta y)|_{earth} =$ 常数。在以前的 WRF 版本中仅支持各向同性转换，从 WRF-ARW 第 3 版开始支持各向异性投影和完整的经纬网格。

时间积分方面，WRF-ARW 中使用 3 阶龙格–库塔（Runge-Kutta，RK）时间积分方案（RK3）。若定义预报变量为 $\Phi = (U, V, W, \Theta_m, \phi', \mu'_d, Q_m)$，时间积分方程为 $\Phi' = R(\Phi)$，RK3 积分采取 3 步形式来推进，从 Φ^t 到 $\Phi^{t+\Delta t}$ 的解为

$$\Phi^* = \Phi^t + \frac{\Delta t}{3} R(\Phi^t)$$

$$\Phi^{**} = \Phi^t + \frac{\Delta t}{2} R(\Phi^*)$$

$$\Phi^{t+\Delta t} = \Phi^t + \Delta t R(\Phi^{**})$$

式中，Δt 为模式的时间步长。在上述公式中，上标 t 表示第 t 个时刻，*和**分别为第一个和第二个积分中间变量，$t + \Delta t$ 为第 $t + \Delta t$ 个时刻（即一个步长之后的时刻）。

在 WRF-ARW 求解器（动力框架）中，空间离散化使用 Arakawa C 网格的间隔方式，如图 10-1 所示，即法向速度与热力学变量之间相隔半个网格长度。

变量的索引 (i, j, k) 表示变量在位置 $(x, y, \eta) = (i\Delta x, j\Delta y, k\Delta \eta)$ 处。将 θ 所在的点称为质量点，类似地，将定义 u、v 和 w 的位置分别表示为 u 点、v 点和 w 点。图中没有显示湿度变量 q_i，以及在离散网格上的质量点处定义的坐标度量 μ 和在 w 点处定义的位势 ϕ。模型中使用的诊断变量压强 p 和密度的倒数 α 是在质量点上计算的。网格长度 Δx 和 Δy 在模式形式中是常数；与球面上各种投影相关的物理网格长度的变化，通过映射因子 μ 进行考虑。垂直网格长度 $\Delta \eta$ 可以在满足约束条件下自由指定：在地表处 $\eta = 1$，在模式顶部处 $\eta = 0$，在地表和模式顶部之间 η 单调递减。

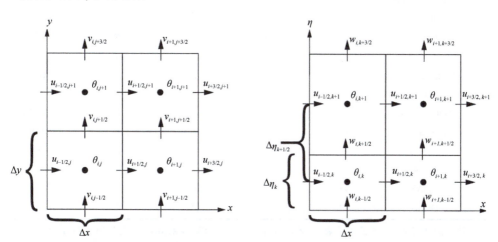

图 10-1　WRF-ARW 中的水平（左）和垂直（右）网格分布

10.6　WRF 的主要物理过程参数化方案和子模块

1. 积云对流参数化方案

目前有多种积云参数化方案可供选择，它们都具有不同的特点，但核心功能都是对对流和浅层云的次网格尺度效应进行参数化。它们根据对流不稳定性的存在情况，逐格点进行计算方案的激活启动，并向模式提供热量、湿度的格点倾向以及地表降水的对流部分。积云参数化方案通过重新分配网格格点中的空气来考虑垂直对流通量。积云参数化针对无法参数化对流过程的网格尺寸，通常认为网格大于 10km 时积云参数化方案是必要的，小于 3km 时则没有必要，格距介于 3km 和 10km 之间时被称为"灰区"，此时可能需要也可能不需要积云参数化方案。WRF 中可选的积云对流参数化方案见表 10-1。

表 10-1 WRF 中的积云对流参数化方案

方案	编号	水汽项	动量倾向	浅对流	辐射方案
Kain-Fritsch（KF）	1	Q_c、Q_r、Q_i、Q_s	否	是	是
BMJ	2	无	否	是	GFDL
Grell-Freitas（GF）	3	Q_c、Q_i	否	是	是
Old SAS	4	Q_c、Q_i	否	是	GFDL
Grell-3	5	Q_c、Q_i	否	是	是
Tiedtke	6	Q_c、Q_i	是	是	否
Zhang-McFarlane	7	Q_c、Q_i	是	是	RRTMG
KF-CuP	10	Q_c、Q_i	否	是	是
Multi-scale KF	11	Q_c、Q_r、Q_i、Q_s	否	是	RRTMG
KIAPS SAS	14	Q_c、Q_i	是	是	GFDL
New Tiedtke	16	Q_c、Q_i	是	是	否
Grell-Devenyi	93	Q_c、Q_i	否	否	是
NSAS	96	Q_c、Q_i	是	否/是	GFDL
Old KF	99	Q_c、Q_r、Q_i、Q_s	否	否	GFDL

注：下标中字母 c 表示云水，r 表示雨水，i 表示云冰，s 表示雪。RRTMG 含义见表 10-3。表 10-2～表 10-4 同。

2. 微物理方案

WRF 中的微物理方案用于模拟云和降水过程，其中部分方案考虑了冰相和/或混合相过程。微物理方案向模式提供大气热量和湿度的倾向，并给出了地表的解析尺度（非对流性）降水。WRF 中的微物理方案考虑了许多不同的微物理过程，而粒子的形成则取决于它们的类型。

WRF 中有许多类型的微物理方案可供选择，参见表 10-2。

表 10-2　WRF 中可选的微物理方案

方案	编号	质量变量	数字变量
Kessler	1	Q_c、Q_r	无
Purdue Lin	2	Q_c、Q_r、Q_i、Q_s、Q_g	无
WSM3	3	Q_c、Q_r	无
WSM5	4	Q_c、Q_r、Q_i、Q_s	无
Eta（Ferrier）	5	Q_c、Q_r、Q_s、Q_{t*}	无
WSM6	6	Q_c、Q_r、Q_i、Q_s、Q_g	无
Goddard 4-ice	7	Q_c、Q_r、Q_i、Q_s、Q_g、Q_h	无
Thompson	8	Q_c、Q_r、Q_i、Q_s、Q_g	N_i、N_r
Milbrandt 2-mom	9	Q_c、Q_r、Q_i、Q_s、Q_g、Q_h	N_c、N_r、N_i、N_s、N_g、N_h
Morrison 2-mom	10	Q_c、Q_r、Q_i、Q_s、Q_g	N_r、N_i、N_s、N_g
CAM 5.1	11	Q_c、Q_r、Q_i、Q_s	N_c、N_r、N_i、N_s
SBU-YLin	13	Q_c、Q_r、Q_i、Q_s	无
WDM5	14	Q_c、Q_r、Q_i、Q_s	N_n、N_c、N_r
WDM6	16	Q_c、Q_r、Q_i、Q_s、Q_g	N_n、N_c、N_r
NSSL 2-mom	17	Q_c、Q_r、Q_i、Q_s、Q_g、Q_h	N_c、N_r、N_i、N_s、N_g、N_h
NSSL 2-mom+CCN	18	Q_c、Q_r、Q_i、Q_s、Q_g、Q_h	N_c、N_r、N_i、N_s、N_g、N_h、N_n
NSSL 7-class	19	Q_c、Q_r、Q_i、Q_s、Q_g、Q_h	V_g
NSSL 6-class	21	Q_c、Q_r、Q_i、Q_s、Q_g	无
NSSL 6-class 2-mom	22	Q_c、Q_r、Q_i、Q_s、Q_g	N_n、N_c、N_r、N_i、N_s、N_g、V_g
WSM7	24	Q_c、Q_r、Q_i、Q_s、Q_g、Q_h	无
WDM7	26	Q_c、Q_r、Q_i、Q_s、Q_g、Q_h	N_c、N_r
Thompson Aerosol	28	Q_c、Q_r、Q_i、Q_s、Q_g	N_c、N_i、N_r、N_n、N_{ni}
HUJI Fast	30	Q_c、Q_r、Q_i、Q_s、Q_g	N_n、N_c、N_r、N_i、N_s、N_g
Thompson Hail/Graupel/Aerosol	38	Q_c、Q_r、Q_i、Q_s、Q_g	N_c、N_i、N_r、N_n、N_{ni}、N_g、V_g
P3	50	Q_c、Q_r、Q_i	N_r、N_i、R_i、B_i
P3-nc	51	Q_c、Q_r、Q_i	N_c、N_r、N_i、R_i、B_i
P3-2nd	52	Q_c、Q_r、Q_{i2}	N_c、N_r、N_i、N_{i2}、R_i、R_{i2}、B_i、B_{i2}
P3-3mc	53	Q_c、Q_r、Q_i	N_c、N_r、N_i、R_i、B_i、Z_i
ISHMAEL	55	Q_c、Q_r、Q_i、Q_{i2}、Q_{i3}	N_r、N_i、N_{i2}、N_{i3}、V_i、V_{i2}、V_{i3}、A_i、A_{i2}、A_{i3}
NTU	56	Q_c、Q_r、Q_i、Q_s、Q_g、Q_h、Q_{ccn}、Q_{rcn}	N_c、N_r、N_i、N_s、N_g、N_h、N_{in}、A_i、A_s、A_g、A_h、V_i、V_s、V_g、F_i、F_s

注：下标中字母 g 表示霰，h 表示雹，cnn 表示云水凝结核，rcn 表示雨水凝结核。N 表示数量，V 表示体积，R 表示凇附冰质量，B 表示凇附冰体积，A 表示冰晶横截面积，F 表示形状。

3. 辐射方案

WRF 辐射方案从微物理方案中获取云属性信息，然后计算大气温度倾向剖面以及由长波辐射和短波辐射引起的地表辐射通量。长波辐射方案负责计算地表和云层发射与吸收的长波辐射，并考虑水蒸气、二氧化碳等气体在热红外波段（波长大于 $3\mu m$）的辐射作用；短波辐射方案计算可能被地表或云层反射，或被水蒸气、臭氧和气溶胶等气体吸收的入射太阳辐射，同时考虑年周期以及昼夜周期对太阳辐射的影响。这些辐射方案包括太阳光谱中的紫外线、可见光和近红外波长。表 10-3 给出了 WRF 中的辐射方案，其中微物理相互作用涉及云水、雨水、云冰、雪和霰的混合比。

表 10-3   WRF 中的辐射方案

方案	编号	微物理相互作用	云量	温室气体浓度
RRTM	1	Q_c、Q_r、Q_i、Q_s、Q_g	1/0	常数或年平均
CAM	3	Q_c、Q_i、Q_s	最大–随机重叠	年平均 CO_2 或温室气体
RRTMG	4	Q_c、Q_r、Q_i、Q_s	最大–随机重叠	常数或年平均
New Goddard	5	Q_c、Q_r、Q_i、Q_s、Q_g	最大–随机	常数
FLG	7	Q_c、Q_r、Q_i、Q_s、Q_g	1/0	常数
RRTMG-K	14	Q_c、Q_r、Q_i、Q_s	最大–随机重叠	常数
Held-Suarez	31	无	无	无
GFDL	99	Q_c、Q_r、Q_i、Q_s	最大–随机重叠	常数

WRF 短波辐射方案主要计算晴空和多云条件下的太阳辐射通量，它考虑年度和昼夜的太阳辐射周期及下行和上行（反射）通量，主要内容见表 10-4。

表 10-4   WRF 中的短波辐射方案

方案	编号	微物理相互作用	云量	温室气体浓度分布方案
Dudhia	1	Q_c、Q_r、Q_i、Q_s、Q_g	1/0	无
Goddard	2	Q_c、Q_i	1/0	5 廓线
CAM	3	Q_c、Q_i、Q_s	最大–随机重叠	纬度/月
RRTMG	4	Q_c、Q_r、Q_i、Q_s	最大–随机重叠	1 廓线或纬度/月
New Goddard	5	Q_c、Q_r、Q_i、Q_s、Q_g	最大–随机	5 廓线
FLG	7	Q_c、Q_r、Q_i、Q_s、Q_g	1/0	5 廓线
RRTMG-K	14	Q_c、Q_r、Q_i、Q_s	最大–随机重叠	1 廓线或纬度/月
GFDL	99	Q_c、Q_r、Q_i、Q_s	最大–随机重叠	纬度/月

4. 行星边界层方案

行星边界层方案的目的是通过边界层涡动通量计算地表通量分布,并计算夹卷过程、梯度输送等水平和垂直方向上的混合过程。其有两种不同的类别,分别为湍流动能预测类(MYJ、MYNN2、BouLac、TEMF、QNSE-EDMF 和 UW),其中还包括非局地质量通量项(QNSE-EDMF、MYNN2 和 TEMF)、诊断非局部类(YSU、MRF、ACM2)。WRF 中的行星边界层方案参见表 10-5。

表 10-5　WRF 中的行星边界层方案

方案	编号	需配合 sfclay 方案编号	预报变量	诊断变量	云混合
YSU	1	1、91	none	exch_h	Q_C、Q_I
MYJ	2	2	4	EL_PBL exch_h	Q_C、Q_I
QNSE-EDMF	4	4	TKE_PBL	EL_PBL exch_h exch_m	Q_C、Q_I
MYNN2	5	1、2、5、91	QKE	Tsq、Qsq、Cov、exch_h、exch_m	Q_C
ACM2	7	1、7、91			Q_C、Q_I
BouLac	8	1、2、91	TKE_PBL	EL_PBL、exch_h、exch_m	Q_C
UW	9	1、2、91	TKE_PBL	exch_h、exch_m	Q_C
TEMF	10	10	TE_TEMF	*_temf	Q_C、Q_I
Shin-Hong	11	1、91		exch_h	Q_C、Q_I
GBM	12	1、91	TKE_PBL	EL_PBL、exch_h、exch_m	Q_C、Q_I
EEPS	16	1、5、91	PEK_PBL、PEP_PBL	exch_h、exch_m	Q_C、Q_I
KEPS	17	1、2	TPE_PBL、DISS_PBL TKE_PBL	exch_h、exch_m	Q_C
MRF	99	1、91			Q_C、Q_I

5. 陆面方案

以水为载体的能量再分配过程引发了地表径流、冰冻现象和植被蒸散等陆面过程,导致陆面与大气之间的物质交换。WRF 中的陆面物理过程包括地表层(sfclay)方案和 LSM 方案。地表层方案(表 10-6)确定地表层诊断,包括交换系数和传递系数。它们将热量和水分的交换系数提供给 LSM,然后 LSM 向 PBL 提供热量和水分的陆表通量。地表层方案还向 PBL 提供摩擦应力和热量、水分的水表面通量。LSM 负责模拟土壤温度、湿度、积雪和海冰温度。

表 10-6　WRF 中的地表层方案

方案	编号	说明
改进的 MM5	1	使用更新的稳定性函数；海洋上的热量和湿度粗糙度长度使用 COARE 3 公式
Eta	2	从 Eta 模式移植；基于 Monin-Obukhov 理论，使用 Zilitinkevich 热粗糙度长度和来自查算表的标准相似性函数
QNSE	4	与 QNSE PBL 方案对应的地表层选项
MYNN	5	Nakanishi 和 Niino PBL 对应的方案
Pleim-Xiu	7	
TEMF	10	总能量–质量通量方案
类 MM5	91	使用 Carslon-Boland 黏性亚层和来自查算表的标准相似性函数

WRF 的 LSM 方案（表 10-7）主要是由地表能量和水通量驱动的。它们预测土壤温度和土壤湿度（根据方案的不同，可以是 3 层或 4 层），以及地面上的雪水当量，主要研究内容分为三大部分：①植被和土壤，考虑了不同植被和土壤组分对能量转换与水循环的影响，如植被覆盖分数、植被类别（如农田、森林类型等）和土壤类别（如沙质、黏土等）；②积雪覆盖，主要根据降雪、升华和融化过程、径流来预测积雪水当量的变化；③城市效应，主要研究城市冠层、建筑等对城市地区能量的影响。

表 10-7　WRF 中 LSM 的可选方案

方案	编号	说明
SLAB	1	5 层热扩散模型，只有温度变量
Noah	2	NCEP/NCAR/AFWA 方案，包括 4 层土壤温度和湿度，包含雪盖和冻土物理过程
RUC	3	9 层陆面模型，大气和土壤通量分别在第一个大气层和顶部土壤层的中间计算，并且这些通量会修改跨越地表层中的热量和湿度储存
Noah-MP	4	有多种过程和参数可选的路面模型，包含独立的植被冠层、多层雪盖以及多种选项来处理地表水渗透和径流，以及地下水传输和储存，包括对非围限含水层的水位深度
CLM4	5	模型包含对生物地球物理学、水文学、生物地球化学和动态植被的复杂处理，垂直结构包括单层植被冠层、5 层雪盖和 10 层土壤
Pleim-Xiu	7	含有植被和次网格过程的双层模型
SSiB	8	这是简化的简单生物圈模式的第三代版本，用于气候模型中陆地/大气相互作用的研究

6. 物理过程参数化方案组合

WRF 的物理过程参数化方案都有多种选项可选，在不同地区、不同分辨率下最优的参数化方案组合也是不同的。通常这些参数化方案有成百上千种组合，寻找最优组合工作量往往是巨大的。现行的 WRF 版本中（WRFv4.5），提供了两种推荐的物理参数化方案套件，这是在特定应用中经过测试表现相对较好的选项组合，在相似的条件下可以参考这些选项的组合，它们分别是 NCAR 对流允许套件（CONUS）和 NCAR 热带套件（tropical），可以在 namelist.input 文件的&physics 部分中指定。只需设置"physics_suite"namelist 参数，即可假定包含所需的物理方案，因此不需要设置具体的方案［如 mp_physics（微物理方案）、cu_physics（积云对流方案）等］。这两个套件由经过大量测试并显示出合理结果的物理选项组合而成，分别为在美国大陆上进行对流尺度天气预报时选用的参数化方案组合 physics_suite='CONUS'（表 10-8），以及在美国大陆上进行对流尺度天气预报时选用的参数化方案组合 physics_ suite='tropical'（表 10-9）。

表 10-8　"CONUS" 参数化组合方案

物理过程	参数化方案	namelist 选项
Microphysics	Thompson	mp_physics=8
Cumulus	Tiedtke	cu_physics=6
Longwave Radiation	RRTMG	ra_lw_physics=4
Shortwave Radiation	RRTMG	ra_sw_physics=4
PBL	MYJ	bl_pbl_physics=2
Surface Layer	MYJ	sf_sfclay_physics=2
LSM	Noah	sf_surface_physics=2

表 10-9　"tropical" 参数化方案组合

物理过程	参数化方案	namelist 选项
Microphysics	WSM6	mp_physics=6
Cumulus	New Tiedtke	cu_physics=16
Longwave Radiation	RRTMG	ra_lw_physics=4
Shortwave Radiation	RRTMG	ra_sw_physics=4
PBL	YSU	bl_pbl_physics=1
Surface Layer	MM5	sf_sfclay_physics=91
LSM	Noah	sf_surface_physics=2

除此之外，WRF 还有其他特定应用的物理过程，有的以集成的方式集合到 WRF 模式上，有的则以耦合运行的方式，可以应用到特定的场景，如湖泊过程、风电场等整合在陆面过程中，水文过程、大气化学、火过程等则有分别单独的程序 WRF-Hydro、WRF-Chem 和 WRF-Fire 等。另外，WRF 还发展出专门针对飓风的 HWRF、针对极地的 Polar-WRF 以及针对外星球的 planetWRF 等，展示了 WRF 模式高度的灵活性和可扩展性。

参考文献

《中华人民共和国气候图集》编委会. 2002. 中华人民共和国气候图集. 北京: 气象出版社.

陈活泼. 2013. CMIP5 模式对 21 世纪末中国极端降水事件变化的预估. 科学通报, 58(8): 743-752.

陈杰, 许崇育, 郭生练, 等. 2016. 统计降尺度方法的研究进展与挑战. 水资源研究, 5(4): 299-313.

陈晓晨, 徐影, 许崇海, 等. 2014. CMIP5 全球气候模式对中国地区降水模拟能力的评估. 气候变化研究进展, 10(3): 217-225.

陈晓龙, 周天军. 2017. 使用订正的"空间型标度"法预估 1.5℃温升阈值下地表气温变化. 地球科学进展, 32(4): 435-445.

董思言, 熊喆, 延晓冬. 2014. RIEMS2.0 模式提高分辨率对中国气温模拟能力的影响. 气候与环境研究, 19(5): 627-635.

龚道溢, 王绍武. 2002. 全球气候变暖研究中的不确定性. 地学前缘, 9(2): 371-376.

韩振宇, 高学杰, 石英, 等. 2015. 中国高精度土地覆盖数据在 RegCM4/CLM 模式中的引入及其对区域气候模拟影响的分析. 冰川冻土, 37(4): 857-866.

韩振宇, 高学杰, 徐影. 2021. 多区域模式集合的东亚陆地区域的平均和极端降水未来预估. 地球物理学报, 64(6): 1869-1884.

韩振宇, 童尧, 高学杰, 等. 2018. 分位数映射法在 RegCM4 中国气温模拟订正中的应用. 气候变化研究进展, 14(4): 331-340.

韩振宇, 徐影, 吴佳, 等. 2022. 多区域气候模式集合对中国径流深的模拟评估和未来变化预估. 气候变化研究进展, 18(3): 305-318.

韩振宇, 周天军. 2012. APHRODITE 高分辨率逐日降水资料在中国大陆地区的适用性. 大气科学, 36(2): 361-373.

胡婷, 周江兴, 代刊. 2012. USCRN 气候基准站网布局理论在我国的应用. 应用气象学报, 23(1): 40-46.

李东欢, 周天军, 邹立维, 等. 2017. RegCM3 CORDEX 东亚试验模拟和预估的中国夏季温度变化. 大气科学, 41(3): 544-560.

李东欢, 邹立维, 周天军. 2017. 全球 1.5℃ 温升背景下中国极端事件变化的区域模式预估. 地球科学进展, 32(4): 446-457.

刘博, 周天军, 邹立维, 等. 2015. 区域海气耦合模式 FROALS 模拟的西北太平洋环流及其年际变率. 海洋学报, 37(9): 17-28.

陆静文, 周天军, 黄昕, 等. 2020. 表面气温内部变率估算方法的比较研究. 大气科学, 44(1): 105-121.

秦大河, 翟盘茂. 2021. 中国气候与生态环境演变: 2021 第一卷 科学基础. 北京: 科学出版社.

沈艳, 冯明农, 张洪政, 等. 2010. 我国逐日降水量格点化方法. 应用气象学报, 21(3): 279-286.

沈永平, 梁红. 2004. 高山冰川区大降水带的成因探讨. 冰川冻土, 26(6): 806-809.

沈雨辰. 2014. CMIP5 模式对中国极端气温指数模拟的评估及其未来预估. 南京: 南京信息工程大学.

田芝平, 姜大膀. 2013. 不同分辨率 CCSM4 对东亚和中国气候模拟能力分析. 大气科学, 37(1): 171-186.

童尧, 高学杰, 韩振宇, 等. 2017. 基于 RegCM4 模式的中国区域日尺度降水模拟误差订正. 大气科学, 41(6): 1156-1166.

吴波, 周天军, 孙倩. 2017. 海洋模式初始化同化方案对 IAP 近期气候预测系统回报试验技巧的影响. 地球科学进展, 32(4): 342-352.

吴佳, 高学杰. 2013. 一套格点化的中国区域逐日观测资料及与其它资料的对比. 地球物理学报, 56(4): 1102-1111.

吴婕, 韩振宇, 石英, 等. 2022. 中国及其屏障区柯本气候分类的 RegCM4 集合预估. 科学通报, 67(1): 99-112.

辛羽婷, 张文霞, 邹立维, 等. 2024. 气候变化影响中国东北地区降水侵蚀力的高分辨率区域模式预估. 大气科学, 48 (2): 480-496.

徐影, 张冰, 周波涛, 等. 2014. 基于 CMIP5 模式的中国地区未来洪涝灾害风险变化预估. 气候变化研究进展, 10(4): 268-275.

徐影, 周波涛, 吴婕, 等. 2017. 1.5~4℃升温阈值下亚洲地区气候变化预估. 气候变化研究进展,

13(4): 306-315.

颜宏, 沈国权, 毛耀顺. 2002. 中华人民共和国气候图集.

姚隽琛, 周天军, 邹立维. 2018. 基于气候系统模式 FGOALS-g2 的热带气旋活动及其影响的动力降尺度模拟. 大气科学, 42(1): 150-163.

姚遥, 罗勇, 黄建斌. 2012. 8 个 CMIP5 模式对中国极端气温的模拟和预估. 气候变化研究进展, 8(4): 250-256.

叶柏生, 成鹏, 杨大庆, 等. 2008. 降水观测误差修正对降水变化趋势的影响. 冰川冻土, 30(5): 717-725.

张冰, 巩远发, 徐影, 等. 2014. CMIP5 全球气候模式对中国地区干旱变化模拟能力评估. 干旱气象, 32(5): 694-700.

张冬峰, 高学杰. 2020. 中国 21 世纪气候变化的 RegCM4 多模拟集合预估. 科学通报, 65(23): 2516-2526.

张庆杰, 陶辉, 苏布达, 等. 2021. 基于 CMIP6 气候模式的新疆积雪深度时空格局研究. 冰川冻土, 43(5): 1435-1445.

章文波, 谢云, 刘宝元. 2002. 利用日雨量计算降雨侵蚀力的方法研究. 地理科学, 22(6): 705-711.

周佰铨, 翟盘茂. 2021. IPCC 第六次气候变化评估中的气候约束预估方法. 气象学报, 79(6): 1063-1070.

周天军, 陈梓明, 陈晓龙, 等. 2021. IPCC AR6 报告解读: 未来的全球气候——基于情景的预估和近期信息. 气候变化研究进展, 17(6): 652-663.

周天军, 吴波. 2017. 年代际气候预测问题: 科学前沿与挑战. 地球科学进展, 32(4): 331-341.

周天军, 张文霞, 陈德亮, 等. 2022. 2021 年诺贝尔物理学奖解读: 从温室效应到地球系统科学. 中国科学: 地球科学, 52(4): 579-594.

周天军, 张文霞, 陈晓龙, 等. 2020. 青藏高原气温和降水近期、中期与长期变化的预估及其不确定性来源. 气象科学, 40(5): 697-710.

周天军, 邹立维, 陈晓龙. 2019. 第六次国际耦合模式比较计划(CMIP6)评述. 气候变化研究进展, 15(5): 445-456.

周天军, 邹立维, 韩振宇, 等. 2016. 区域海气耦合模式 FROALS 的发展及其应用. 大气科学, 40(1): 86-101.

邹立维, 李东欢, 周天军, 等. 2018. FGOALS 海洋同化试验对西北太平洋夏季 SST—降水关系的模拟评估. 气候与环境研究, 23(2): 139-149.

邹立维, 周天军. 2012a. 一个区域海气耦合模式的发展及其在西北太平洋季风区的性能检验:

不同大气分量的影响. 中国科学: 地球科学, 42(4): 614-628.

邹立维, 周天军. 2012b. 区域海气耦合模式研究进展. 地球科学进展, 27(8): 857-865.

Adam J C, Lettenmaier D P. 2003. Adjustment of global gridded precipitation for systematic bias. Journal of Geophysical Research: Atmospheres, 108(D9) : 4257.

Adler R F, Huffman G J, Chang A, et al. 2003. The version-2 global precipitation climatology project (GPCP) monthly precipitation analysis (1979 – present). Journal of Hydrometeorology, 4(6): 1147-1167.

Alfaro S C, Gomes L. 2001. Modeling mineral aerosol production by wind erosion: Emission intensities and aerosol size distributions in source areas. Journal of Geophysical Research: Atmospheres, 106(D16): 18075-18084.

Anthes R A. 1977. A cumulus parameterization scheme utilizing a one-dimensional cloud model. Monthly Weather Review, 105(3): 270-286.

Arakawa A, Schubert W H. 1974. Interaction of a cumulus cloud ensemble with the large-scale environment, part I. Journal of the Atmospheric Sciences, 31(3): 674-701.

Aumann H H, Chahine M T, Gautier C, et al. 2003. AIRS/AMSU/HSB on the Aqua mission: Design, science objectives, data products, and processing systems. IEEE Transactions on Geoscience and Remote Sensing, 41(2): 253-264.

Ban N, Schmidli J, Schär C. 2014. Evaluation of the convection-resolving regional climate modeling approach in decade-long simulations. Journal of Geophysical Research: Atmospheres, 119(13): 7889-7907.

Bao J W, Feng J M, Wang Y L. 2015. Dynamical downscaling simulation and future projection of precipitation over China. Journal of Geophysical Research: Atmospheres, 120(16): 8227-8243.

Boé J, Terray L, Habets F, et al. 2007. Statistical and dynamical downscaling of the Seine basin climate for hydro-meteorological studies. International Journal of Climatology, 27(12): 1643-1655.

Brient F. 2020. Reducing uncertainties in climate projections with emergent constraints: Concepts, examples and prospects. Advances in Atmospheric Sciences, 37(1): 1-15.

Brohan P, Kennedy J J, Harris I, et al. 2006. Uncertainty estimates in regional and global observed temperature changes: A new data set from 1850. Journal of Geophysical Research: Atmospheres, 111(D12): D12106.

Brunner L, Pendergrass A G, Lehner F, et al. 2020. Reduced global warming from CMIP6 projections when weighting models by performance and independence. Earth System Dynamics, 11(4): 995-1012.

Bucchignani E, Montesarchio M, Cattaneo L, et al. 2014. Regional climate modeling over China with COSMO-CLM: Performance assessment and climate projections. Journal of Geophysical

Research: Atmospheres, 119(21): 12151-12170.

Bucchignani E, Zollo A L, Cattaneo L, et al. 2017. Extreme weather events over China: Assessment of COSMO-CLM simulations and future scenarios. International Journal of Climatology, 37(3): 1578-1594.

Cai W J, Li K, Liao H, et al. 2017. Weather conditions conducive to Beijing severe haze more frequent under climate change. Nature Climate Change, 7: 257-262.

Caldwell P M, Zelinka M D, Klein S A. 2018. Evaluating emergent constraints on equilibrium climate sensitivity. Journal of Climate, 31(10): 3921-3942.

Camargo S J, Zebiak S E. 2002. Improving the detection and tracking of tropical cyclones in atmospheric general circulation models. Weather and Forecasting, 17(6): 1152-1162.

Cannon A J, Sobie S R, Murdock T Q. 2015. Bias correction of GCM precipitation by quantile mapping: How well do methods preserve changes in quantiles and extremes? Journal of Climate, 28(17): 6938-6959.

Cha D H, Jin C S, Moon J H, et al. 2016. Improvement of regional climate simulation of East Asian summer monsoon by coupled air-sea interaction and large-scale nudging. International Journal of Climatology, 36(1): 334-345.

Chen X L, Zhou T J, Wu P L, et al. 2020. Emergent constraints on future projections of the Western North Pacific Subtropical High. Nature Communications, 11(1): 2802.

Chen Z M, Zhou T J, Chen X L, et al. 2022. Observationally constrained projection of Afro-Asian monsoon precipitation. Nature Communications, 13(1): 2552.

Chen Z M, Zhou T J, Chen X L, et al. 2023. Emergent constrained projections of mean and extreme warming in China. Geophysical Research Letters, 50(20): e2022GL102124.

Coppola E, Raffaele F, Giorgi F, et al. 2021. Climate hazard indices projections based on CORDEX-CORE, CMIP5 and CMIP6 ensemble. Climate Dynamics, 57: 1293-1383.

Coppola E, Sobolowski S, Pichelli E, et al. 2020. A first-of-its-kind multi-model convection permitting ensemble for investigating convective phenomena over Europe and the Mediterranean. Climate Dynamics, 55: 3-34.

Cowtan K, Way R G. 2014. Coverage bias in the HadCRUT4 temperature series and its impact on recent temperature trends. Quarterly Journal of the Royal Meteorological Society, 140(683): 1935-1944.

Daly C, Gibson W P, Taylor G H, et al. 2002. A knowledge-based approach to the statistical mapping of climate. Climate Research, 22: 99-113.

Davies H C, Turner R E. 1977. Updating prediction models by dynamical relaxation: An examination of the technique. Quarterly Journal of the Royal Meteorological Society, 103(436): 225-245.

Davolio S, Henin R, Stocchi P, et al. 2017. Bora wind and heavy persistent precipitation: Atmospheric water balance and role of air-sea fluxes over the Adriatic Sea. Quarterly Journal of the Royal Meteorological Society, 143: 1165-1177.

DeAngelis A M, Qu X, Zelinka M D, et al. 2015. An observational radiative constraint on hydrologic cycle intensification. Nature, 528: 249-253.

Di Z H, Duan Q Y, Gong W, et al. 2017. Parametric sensitivity analysis of precipitation and temperature based on multi-uncertainty quantification methods in the Weather Research and Forecasting model. Science China Earth Sciences, 60(5): 876-898.

Di Z H, Duan Q Y, Wang C, et al. 2018. Assessing the applicability of WRF optimal parameters under the different precipitation simulations in the Greater Beijing Area. Climate Dynamics, 50: 1927-1948.

Dickinson R E, Errico R M, Giorgi F, et al. 1989. A regional climate model for the Western United States. Climatic Change, 15(3): 383-422.

Dickinson R E, Henderson-Sellers A, Kennedy P J, et al. 1986. Biosphere-atmosphere transfer scheme (BATS) for the NCAR community climate model. [2025-01-21]. https://opensky.ucar. edu/islandora/object/technotes:383.

Doblas-Reyes F J, Sörensson A A, Almazroui M, et al. 2021. Chapter 10: Linking global to regional climate change//Masson-Delmotte V, Zhai P, Pirani A, et al. Climate Change 2021: The Physical Science Basis. Contribution of Working Group I to the Sixth Assessment Report of the Intergovernmental Panel on Climate Change. Cambridge: Cambridge University Press: 1363-1512.

Dong S Y, Xu Y, Zhou B T, et al. 2015. Assessment of indices of temperature extremes simulated by multiple CMIP5 models over China. Advances in Atmospheric Sciences, 32(8): 1077-1091.

Duan Q, Di Z, Quan J, et al. 2017. Automatic model calibration: A new way to improve numerical weather forecasting. Bulletin of the American Meteorological Society, 98(5): 959-970.

Emanuel K A. 1991. A scheme for representing cumulus convection in large-scale models. Journal of the Atmospheric Sciences, 48(21): 2313-2329.

Eyring V, Bony S, Meehl G A, et al. 2016. Overview of the Coupled Model Intercomparison Project Phase 6 (CMIP6) experimental design and organization. Geoscientific Model Development, 9(5): 1937-1958.

Eyring V, Gillett N P, Achuta Rao K M, et al. 2021. Human influence on the climate system//Masson-Delmotte V, Zhai P, Pirani A, et al. Climate Change 2021: The Physical Science Basis. Contribution of Working Group I to the Sixth Assessment Report of the Intergovernmental Panel on Climate Change. Cambridge: Cambridge University Press: 423-552.

Fu C B, Wang S Y, Xiong Z, et al. 2005. Regional climate model intercomparison project for Asia. Bulletin of the American Meteorological Society, 86(2): 257-266.

Fu Y H, Gao X J, Zhu Y M, et al. 2021. Climate change projection over the Tibetan Plateau based on a set of RCM simulations. Advances in Climate Change Research, 12(3): 313-321.

Fu Y H, Gao X J. 2024. Projected changes in extreme snowfall events over the Tibetan Plateau based on a set of RCM simulations. Atmospheric and Oceanic Science Letters, 17: 100446.

Gandin L S. 1965. The general problem of the optimum interpolation and extrapolation of meteorological fields(Optimum interpolation and extrapolation of meteorological fields). Trudy Glavnoi Geofizicheskoi Observatorii (Leningrad), 168: 75-83.

Gao X J, Giorgi F. 2017. Use of the RegCM system over East Asia: Review and perspectives. Engineering, 3(5): 766-772.

Gao X J, Shi Y, Giorgi F. 2016. Comparison of convective parameterizations in RegCM4 experiments over China with CLM as the land surface model. Atmospheric and Oceanic Science Letters, 9(4): 246-254.

Gao X J, Shi Y, Han Z Y, et al. 2017. Performance of RegCM4 over major river basins in China. Advances in Atmospheric Sciences, 34(4): 441-455.

Gao X J, Shi Y, Song R, et al. 2008. Reduction of future monsoon precipitation over China: Comparison between a high resolution RCM simulation and the driving GCM. Meteorology and Atmospheric Physics, 100(1): 73-86.

Gao X J, Shi Y, Zhang D, et al. 2012. Uncertainties in monsoon precipitation projections over China: Results from two high-resolution RCM simulations. Climate Research, 52: 213-226.

Gao X J, Wang M L, Giorgi F. 2013. Climate change over China in the 21st century as simulated by BCC_CSM1.1-RegCM4.0. Atmospheric and Oceanic Science Letters, 6(5): 381-386.

Gao X J, Wu J, Shi Y, et al. 2018. Future changes in thermal comfort conditions over China based on multi-RegCM4 simulations. Atmospheric and Oceanic Science Letters, 11(4): 291-299.

Gao X J, Xu Y, Zhao Z C,et al. 2006. Impacts of horizontal resolution and topography on the numerical simulation of East Asian precipitation. Chinese Journal of The Atmospheric Sciences, 30(2):185-192.

Giorgi F, Coppola E, Jacob D, et al. 2022. The CORDEX-CORE EXP- I initiative: Description and highlight results from the initial analysis. Bulletin of the American Meteorological Society, 103(2): E293-E310.

Giorgi F, Coppola E, Solmon F, et al. 2012. RegCM4: Model description and preliminary tests over multiple CORDEX domains. Climate Research, 52: 7-29.

Giorgi F, Gao X J. 2018. Regional earth system modeling: Review and future directions. Atmospheric and Oceanic Science Letters, 11(2): 189-197.

Giorgi F, Jones C, Asrar G R. 2009. Addressing climate information needs at the regional level: The CORDEX framework. WMO Bulletin, 58(3): 175-183.

Giorgi F, Marinucci M R, Bates G T, et al. 1993b. Development of a second-generation regional climate model (RegCM2). Part Ⅱ: Convective processes and assimilation of lateral boundary conditions. Monthly Weather Review, 121(10): 2814-2832.

Giorgi F, Marinucci M R, Bates G T. 1993a. Development of a second-generation regional climate model (RegCM2). Part Ⅰ: Boundary-layer and radiative transfer processes. Monthly Weather Review, 121(10): 2794-2813.

Giorgi F, Torma C, Coppola E, et al. 2016. Enhanced summer convective rainfall at Alpine high elevations in response to climate warming. Nature Geoscience, 9(8): 584-589.

Giorgi F. 1990. Simulation of regional climate using a limited area model nested in a general circulation model. Journal of Climate, 3(9): 941-963.

Grell G A, Dudhia J, Stauffer D R.1995. A description of the fifth-generation Penn State/NCAR Mesoscale Model (MM5). [2025-01-21]. ttps://opensky.ucar.edu/islandora/object/technotes:170.

Grell G A. 1993. Prognostic evaluation of assumptions used by cumulus parameterizations. Monthly Weather Review, 121(3): 764-787.

Gudmundsson L, Bremnes J B, Haugen J E, et al. 2012. Technical note: Downscaling RCM precipitation to the station scale using statistical transformations – A comparison of methods. Hydrology and Earth System Sciences, 16: 3383-3390.

Gulev S K, Thorne P W, Ahn J, et al. 2021. Changing state of the climate system//Masson-Delmotte V, Zhai P, Pirani A, et al. Climate Change 2021: The Physical Science Basis. Contribution of Working Group Ⅰ to the Sixth Assessment Report of the Intergovernmental Panel on Climate Change. Cambridge: Cambridge University Press: 287-422.

Hall A, Cox P, Huntingford C, et al. 2019. Progressing emergent constraints on future climate change. Nature Climate Change, 9: 269-278.

Haltiner G J, Williams R T. 1980. Numerical Prediction and Dynamic Meteorology. Hoboken: John Wiley & Sons.

Han Z, Zhou B, Xu Y, et al. 2017. Projected changes in haze pollution potential in China: An ensemble of regional climate model simulations. Atmospheric Chemistry and Physics, 17(16): 10109-10123.

Hansen J, Ruedy R, Sato M, et al. 2010. Global surface temperature change. Reviews of Geophysics, 48(4): RG4004.

Harris I, Osborn T J, Jones P, et al. 2020. Version 4 of the CRU TS monthly high-resolution gridded multivariate climate dataset. Scientific Data, 7: 109.

Hartmann D L. 2022. The Antarctic ozone hole and the pattern effect on climate sensitivity. Proceedings of the National Academy of Sciences of the United States of America, 119(35): e2207889119.

Hersbach H. 2000. Decomposition of the continuous ranked probability score for ensemble prediction systems. Weather and Forecasting, 15(5): 559-570.

Hohenegger C, Brockhaus P, Bretherton C S, et al. 2009. The soil moisture-precipitation feedback in simulations with explicit and parameterized convection. Journal of Climate, 22(19): 5003-5020.

Holtslag A A M, De Bruijn E I F, Pan H L. 1990. A high resolution air mass transformation model for short-range weather forecasting. Monthly Weather Review, 118(8): 1561-1575.

Hostetler S W, Bates G T, Giorgi F. 1993. Interactive coupling of a lake thermal model with a regional climate model. Journal of Geophysical Research: Atmospheres, 98(D3): 5045-5057.

Hu S, Zhou T J. 2021. Skillful prediction of summer rainfall in the Tibetan Plateau on multiyear time scales. Science Advances, 7(24): eabf9395.

Hubbard M E, Nikiforakis N. 2003. A three-dimensional, adaptive, Godunov-type model for global atmospheric flows. Monthly Weather Review, 131: 1848-1864.

Huffman G J, Bolvin D T, Braithwaite D, et al. 2015. NASA global precipitation measurement (GPM) integrated multi-satellite retrievals for GPM (IMERG). [2025-01-21]. https://gpm.nasa.gov/sites/default/files/2020-05/IMERG_ATBD_V06.3.pdf.

Hui P H, Tang J P, Wang S Y, et al. 2015. Sensitivity of simulated extreme precipitation and temperature to convective parameterization using RegCM3 in China. Theoretical and Applied Climatology, 122: 315-335.

Hui P H, Tang J P, Wang S Y, et al. 2018a. Climate change projections over China using regional climate models forced by two CMIP5 global models. Part I: Evaluation of historical simulations. International Journal of Climatology, 38: E57-E77.

Hui P H, Tang J P, Wang S Y, et al. 2018b. Climate change projections over China using regional climate models forced by two CMIP5 global models. Part II: Projections of future climate. International Journal of Climatology, 38: E78-E94.

Hutchinson M F, Nix H A, Houlder D J, et al. 1999. ANUCLIM version 1.8 user guide. Canberra: Centre for Resource and Environmental Studies, The Australian National University.

Hutchinson M F. 1995. Interpolating mean rainfall using thin plate smoothing splines. International Journal of Geographical Information Systems, 9(4): 385-403.

IPCC. 2012. Summary for policymakers//Field C B, Barros V, Stocker T F, et al. Climate Change 2012: Managing the Risks of Extreme Events and Disasters to Advance Climate Change Adaptation. Cambridge: Cambridge University Press: 1-19.

IPCC. 2013. Summary for policymakers//Stocker T F, Qin D, Plattner G K, et al. Climate Change 2013: The Physical Science Basis. Contribution of Working Group I to the Fifth Assessment Report of the Intergovernmental Panel on Climate Change. Cambridge: Cambridge University Press.

IPCC. 2021. Summary for policymakers//Masson-Delmotte V, Zhai P, Pirani A, et al. Climate Change 2021: The Physical Science Basis. Contribution of Working Group I to the Sixth Assessment Report of the Intergovernmental Panel on Climate Change. Cambridge: Cambridge University Press: 42.

Jackson C S, Sen M K, Huerta G, et al. 2008. Error reduction and convergence in climate prediction. Journal of Climate, 21(24): 6698-6709.

Ji Z M, Kang S C. 2015. Evaluation of extreme climate events using a regional climate model for China. International Journal of Climatology, 35(6): 888-902.

Jiang D B, Tian Z P, Lang X M. 2016. Reliability of climate models for China through the IPCC third to fifth assessment reports. International Journal of Climatology, 36(3): 1114-1133.

Jiang J, Zhou T J. 2023. Observational constraint on the contributions of greenhouse gas emission and anthropogenic aerosol removal to Tibetan Plateau future warming. Geophysical Research Letters, 50(17): e2023GL105427.

Kanamitsu M, Ebisuzaki W, Woollen J, et al. 2002. NCEP-DOE AMIP-II reanalysis (R-2). Bulletin of the American Meteorological Society, 83(11): 1631-1644.

Kang S, Eltahir E A B. 2018. North China plain threatened by deadly heatwaves due to climate change and irrigation. Nature Communications, 9(1): 2894.

Kiehl J T, Hack J J, Bonan G B, et al. 1996. Description of the NCAR community climate model (CCM3). NCAR Technical Note, 420: 96-103.

Klein S A, Hall A. 2015. Emergent constraints for cloud feedbacks. Current Climate Change Reports, 1(4): 276-287.

Klocke D, Brueck M, Hohenegger C, et al. 2017. Rediscovery of the doldrums in storm-resolving simulations over the tropical Atlantic. Nature Geoscience, 10: 891-896.

Koo M S, Hong S Y. 2010. Diurnal variations of simulated precipitation over East Asia in two regional climate models. Journal of Geophysical Research: Atmospheres, 115(D5): D05105.

Laprise R. 1992. The Euler equations of motion with hydrostatic pressure as an independent variable. Monthly Weather Review, 120: 197-207.

Large W G, Yeager S G. 2004. Diurnal to decadal global forcing for ocean and sea-ice models: The data sets and flux climatologies. Boulder: University Corporation for Atmospheric Research.

Lee J Y, Marotzke J, Bala G, et al. 2021. Future global climate: Scenario-based projections and near-term information//Masson-Delmotte V, Zhai P, Pirani A, et al. Climate Change 2021: The Physical Science Basis. Contribution of Working Group I to the Sixth Assessment Report of the Intergovernmental Panel on Climate Change. Cambridge: Cambridge University Press: 553-672.

Lenssen N J L, Schmidt G A, Hansen J E, et al. 2019. Improvements in the GISTEMP uncertainty model. Journal of Geophysical Research: Atmospheres, 124(12): 6307-6326.

Li D H, Zhou T J, Zou L W, et al. 2018. Extreme high-temperature events over East Asia in 1.5℃ and 2℃ warmer futures: Analysis of NCAR CESM low-warming experiments. Geophysical Research Letters, 45: 1541-1550.

Li D, Qi Y, Zhou T. 2021. Changes in rainfall erosivity over mainland China under stabilized 1.5℃ and 2℃ warming futures. Journal of Hydrology, 603: 126996.

Li G, Xie S P, He C, et al. 2017. Western Pacific emergent constraint lowers projected increase in Indian summer monsoonrainfall. Nature Climate Change, 7: 708-712.

Li Q X, Sun W B. 2021. China global merged surface temperature dataset (CMST-Interim)-upgraded version. [2025-01-21]. https://doi.org/10.1594/PANGAEA.929389.

Li Q, Wang S Y, Lee D K, et al. 2016. Building Asian climate change scenario by multi-regional climate models ensemble. Part Ⅱ: Mean precipitation. International Journal of Climatology, 36(13): 4253-4264.

Li W, Jiang Z H, Xu J J, et al. 2016. Extreme precipitation indices over China in CMIP5 models. Part Ⅱ: Probabilistic projection. Journal of Climate, 29(24): 8989-9004.

Li Z, Yan Z W. 2010. Application of multiple analysis of series for homogenization to Beijing daily temperature series (1960–2006). Advances in Atmospheric Sciences, 27: 777-787.

Malguzzi P, Grossi G, Buzzi A, et al. 2006. The 1966 "century" flood in Italy: A meteorological and hydrological revisitation. Journal of Geophysical Research: Atmospheres, 111: D24106.

Monin A S, Obukhov A M. 1954.Basic laws of turbulent mixing in the surface layer of the atmosphere. [2025-01-21]. https://gibbs.science/efd/handouts/monin_obukhov_1954.pdf.

New M, Hulme M, Jones P. 1999. Representing twentieth-century space–time climate variability. Part Ⅰ: Development of a 1961–90 mean monthly terrestrial climatology. Journal of Climate, 12(3): 829-856.

New M, Lister D, Hulme M, et al. 2002. A high-resolution data set of surface climate over global land areas. Climate Research, 21: 1-25.

Niu X R, Wang S Y, Tang J P, et al. 2015. Multimodel ensemble projection of precipitation in Eastern China under A1B emission scenario. Journal of Geophysical Research: Atmospheres, 120(19): 9965-9980.

Niu X R, Wang S Y, Tang J P, et al. 2018. Ensemble evaluation and projection of climate extremes in China using RMIP models. International Journal of Climatology, 38(4): 2039-2055.

O'Brien T A, Chuang P Y, Sloan L C, et al. 2012. Coupling a new turbulence parametrization to RegCM adds realistic stratocumulus clouds. Geoscientific Model Development, 5(4): 989-1008.

O'Neill B C, Tebaldi C, van Vuuren D P, et al. 2016. The scenario model intercomparison project (ScenarioMIP) for CMIP6. Geoscientific Model Development, 9(9): 3461-3482.

Oleson K W, Niu G Y, Yang Z L, et al. 2008. Improvements to the Community Land Model and their impact on the hydrological cycle. Journal of Geophysical Research: Biogeosciences, 113：G01021.

Omrani H, Drobinski P, Dubos T. 2012. Spectral nudging in regional climate modelling: How strongly should we nudge? Quarterly Journal of the Royal Meteorological Society, 138(668): 1808-1813.

Pal J S, Giorgi F, Bi X Q, et al. 2007. Regional climate modeling for the developing world: The ICTP RegCM3 and RegCNET. Bulletin of the American Meteorological Society, 88(9): 1395-1410.

Pal J S, Small E E, Eltahir E A B. 2000. Simulation of regional-scale water and energy budgets: Representation of subgrid cloud and precipitation processes within RegCM. Journal of Geophysical Research: Atmospheres, 105(D24): 29579-29594.

Palmer T E, McSweeney C F, Booth B B B, et al. 2023. Performance-based sub-selection of CMIP6 models for impact assessments in Europe. Earth System Dynamics, 14(2): 457-483.

Pan R Y, Li W, Wang Q R, et al. 2023. Detectable anthropogenic intensification of the summer compound hot and dry events over global land areas. Earth's Future, 11(6): e2022EF003254.

Park C, Min S K. 2019. Multi-RCM near-term projections of summer climate extremes over East Asia. Climate Dynamics, 52(7): 4937-4952.

Park S H, Skamarock W C, Klemp J B, et al. 2013. Evaluation of global atmospheric solvers using extensions of the Jablonowski and Williamson baroclinic wave test case. Monthly Weather Review, 141(9): 3116-3129.

Peng D D, Zhou T J, Zhang L X, et al. 2020. Observationally constrained projection of the reduced intensification of extreme climate events in Central Asia from 0.5℃ less global warming. Climate Dynamics, 54: 543-560.

Peng Z L, Hu W P, Liu G, et al. 2019. Development and evaluation of a real-time forecasting framework for daily water quality forecasts for Lake Chaohu to lead time of six days. Science of the Total Environment, 687: 218-231.

Pierce D W, Cayan D R, Maurer E P, et al. 2015. Improved bias correction techniques for hydrological simulations of climate change. Journal of Hydrometeorology, 16(6): 2421-2442.

Prein A F, Ban N, Ou T H, et al. 2023. Towards ensemble-based kilometer-scale climate simulations over the third pole region. Climate Dynamics, 60(11): 4055-4081.

Prein A F, Langhans W, Fosser G, et al. 2015. A review on regional convection-permitting climate modeling: Demonstrations, prospects, and challenges. Reviews of Geophysics, 53(2): 323-361.

Qasmi S, Ribes A. 2022. Reducing uncertainty in local temperature projections. Science Advances, 8(41): eabo6872.

Qian C, Ye Y B, Bevacqua E, et al. 2023. Human influences on spatially compounding flooding and heatwave events in China and future increasing risks. Weather and Climate Extremes, 42: 100616.

Qian Y, Giorgi F. 1999. Interactive coupling of regional climate and sulfate aerosol models over Eastern Asia. Journal of Geophysical Research: Atmospheres,104(D6): 6477-6499.

Qian Y, Wan H, Yang B, et al. 2018. Parametric sensitivity and uncertainty quantification in the version 1 of E3SM atmosphere model based on short perturbed parameter ensemble simulations. Journal of Geophysical Research: Atmospheres, 123(23): 13046-13073.

Qian Y, Yan H P, Hou Z S, et al. 2015. Parametric sensitivity analysis of precipitation at global and local scales in the Community Atmosphere Model CAM5. Journal of Advances in Modeling Earth Systems, 7(2): 382-411.

Qin P H, Xie Z H, Wang A W. 2014. Detecting changes in precipitation and temperature extremes over China using a regional climate model with water table dynamics considered. Atmospheric and Oceanic Science Letters, 7(2): 103-109.

Ranasinghe R, Ruane A C, Vautard R, et al. 2021. Climate change information for regional impact and for risk assessment// Masson-Delmotte V, Zhai P, Pirani A, et al. Climate Change 2021: The Physical Science Basis. Contribution of Working Group I to the Sixth Assessment Report of the Intergovernmental Panel on Climate Change. Cambridge: Cambridge University Press: 1767-1926.

Rayner N A, Parker D E, Horton E B, et al. 2003. Global analyses of sea surface temperature, sea ice, and night marine air temperature since the late nineteenth century. Journal of Geophysical Research: Atmospheres, 108(D14): 4407.

Reiter P, Gutjahr O, Schefczyk L, et al. 2016. Bias correction of ENSEMBLES precipitation data with focus on the effect of the length of the calibration period. Meteorologische Zeitschrift, 25(1):85-96.

Ribes A, Qasmi S, Gillett N P. 2021. Making climate projections conditional on historical observations. Science Advances, 7(4): eabc0671.

Rohde R, Muller R, Jacobsen R, et al. 2013. Berkeley earth temperature averaging process. [2025-01-21]. https://images.procon.org/wp-content/uploads/sites/18/berkeley-earth-temperature-averaging-process.pdf.

Sanderson B M, Pendergrass A G, Koven C D, et al. 2021. The potential for structural errors in emergent constraints. Earth System Dynamics, 12(3): 899-918.

Schneider U, Fuchs T, Meyer-Christoffer A, et al. 2008. Global Precipitation Analysis Products of the GPCC. Offenbach: Global Precipitation Climatology Centre (GPCC), Deutscher Wetterdienst.

Seager R, Henderson N, Cane M. 2022. Persistent discrepancies between observed and modeled trends in the tropical Pacific Ocean. Journal of Climate, 35(14): 4571-4584.

Sherwood S C, Webb M J, Annan J D, et al. 2020. An assessment of earth's climate sensitivity using multiple lines of evidence. Reviews of Geophysics, 58(4): e2019RG000678.

Shiogama H, Watanabe M, Kim H, et al. 2022. Emergent constraints on future precipitation changes. Nature, 602(7898): 612-616.

Simpson I R, McKinnon K A, Davenport F V, et al. 2021. Emergent constraints on the large-scale atmospheric circulation and regional hydroclimate: Do they still work in CMIP6 and how much can they actually constrain the future? Journal of Climate, 34(15): 6355-6377.

Simpson I R, Seager R, Ting M F, et al. 2015. Causes of change in northern hemisphere winter meridional winds and regional hydroclimate. Nature Climate Change, 6: 65-70.

Sitz L E, Di Sante F, Farneti R, et al. 2017. Description and evaluation of the earth system regional climate model (Reg CM-ES). Journal of Advances in Modeling Earth Systems, 9(4): 1863-1886.

Skamarock W C, Klemp J B, Dudhia J, et al. 2021. A description of the advanced research WRF model version 4. [2025-01-21]. https://opensky.ucar.edu/islandora/object/technotes%3A576.

Skamarock W C, Klemp J B, Dudhia J. 2001. Prototypes for the WRF (Weather Research and Forecasting) model. Fort Lauderdale: American Meteorological Society.

Smith T M, Reynolds R W, Peterson T C, et al. 2008. Improvements to NOAA's historical merged land-ocean surface temperature analysis (1880-2006). Journal of Climate, 21(10): 2283-2296.

Solmon F, Giorgi F, Liousse C. 2006. Aerosol modelling for regional climate studies: Application to anthropogenic particles and evaluation over a European/African domain. Tellus B: Chemical and Physical Meteorology, 58(1): 51-72.

Steiner A L, Pal J S, Rauscher S A, et al. 2009. Land surface coupling in regional climate simulations of the West African monsoon. Climate Dynamics, 33(6): 869-892.

Su H, Jiang J H, David Neelin J, et al. 2017. Tightening of tropical ascent and high clouds key to precipitation change in a warmer climate. Nature Communications, 8: 15771.

Takle E S, Roads J, Rockel B, et al. 2007. Transferability intercomparison: An opportunity for new insight on the global water cycle and energy budget. Bulletin of the American Meteorological Society, 88(3): 375-384.

Tang J P, Li Q, Wang S Y, et al. 2016. Building Asian climate change scenario by multi-regional climate models ensemble. Part I : Surface air temperature. International Journal of Climatology, 36(13): 4241-4252.

Taylor K E. 2001. Summarizing multiple aspects of model performance in a single diagram. Journal of Geophysical Research: Atmospheres, 106(D7): 7183-7192.

The R Core Team. 2011. R: A language and environment for statistical computing. Vienna: R Foundation for Statistical Computing.

Tiedtke M. 1989. A comprehensive mass flux scheme for cumulus parameterization in large-scale models. Monthly Weather Review, 117(8): 1779-1800.

Tokarska K B, Stolpe M B, Sippel S, et al. 2020. Past warming trend constrains future warming in CMIP6 models. Science Advances, 6(12): eaaz9549.

Trenberth K E, Guillemot C J. 1998. Evaluation of the atmospheric moisture and hydrological cycle in the NCEP/NCAR reanalyses. Climate Dynamics, 14(3): 213-231.

von Storch H, Langenberg H, Feser F. 2000. A spectral nudging technique for dynamical downscaling purposes. Monthly Weather Review, 128(10): 3664-3673.

Vose R S, Arndt D, Banzon V F, et al. 2012. NOAA's merged land-ocean surface temperature analysis. Bulletin of the American Meteorological Society, 93(11): 1677-1685.

Wang S Y, Fu C B, Wei H L, et al. 2015. Regional integrated environmental modeling system: Development and application. Climatic Change, 129(3): 499-510.

Watanabe M, Dufresne J L, Kosaka Y, et al. 2020. Enhanced warming constrained by past trends in equatorial Pacific sea surface temperature gradient. Nature Climate Change, 11: 33-37.

Wicker L J, Skamarock W C. 2002. Time-splitting methods for elastic models using forward time schemes. Monthly Weather Review, 130(8): 2088-2097.

Wu C H, Huang G R. 2016. Projection of climate extremes in the Zhujiang River Basin using a regional climate model. International Journal of Climatology, 36(3): 1184-1196.

Wu J, Gao X J, Zhu Y M, et al. 2022. Projection of the future changes in tropical cyclone activity affecting East Asia over the Western North Pacific based on multi-RegCM4 simulations. Advances in Atmospheric Sciences, 39(2): 284-303.

Wu J, Gao X J. 2013. A gridded daily observation dataset over China region and comparison with the other datasets. Chinese Journal of Geophysics, 56(4): 1102-1111.

Wu J, Gao X J. 2020. Present day bias and future change signal of temperature over China in a series of multi-GCM driven RCM simulations. Climate Dynamics, 54(1): 1113-1130.

Wu J, Han Z Y, Xu Y, et al. 2020. Changes in extreme climate events in China under 1.5–4℃ global warming targets: Projections using an ensemble of regional climate model simulations. Journal of Geophysical Research: Atmospheres, 125(2): e2019JD031057.

Xie P P, Chen M Y, Yang S, et al. 2007. A gauge-based analysis of daily precipitation over East Asia. Journal of Hydrometeorology, 8(3): 607-626.

Xu J Y, Shi Y, Gao X J, et al. 2013. Projected changes in climate extremes over China in the 21st century from a high resolution regional climate model (RegCM3). Chinese Science Bulletin, 58(12): 1443-1452.

Xu Y, Gao X J, Giorgi F, et al. 2018. Projected changes in temperature and precipitation extremes over China as measured by 50-yr return values and periods based on a CMIP5 ensemble. Advances in Atmospheric Sciences, 35(4): 376-388.

Xu Y, Gao X J, Shen Y, et al. 2009. A daily temperature dataset over China and its application in validating a RCM simulation. Advances in Atmospheric Sciences, 26(4): 763-772.

Yan H, Qian Y, Lin G, et al. 2014. Parametric sensitivity and calibration for the Kain-Fritsch convective parameterization scheme in the WRF model. Climate Research, 59(2): 135-147.

Yan Y H, Lu R Y, Li C F. 2019. Relationship between the future projections of Sahel rainfall and the simulation biases of present South Asian and Western North Pacific rainfall in summer. Journal of Climate, 32(4): 1327-1343.

Yang B, Berg L K, Qian Y, et al. 2019. Parametric and structural sensitivities of turbine-height wind speeds in the boundary layer parameterizations in the weather research and forecasting model. Journal of Geophysical Research: Atmospheres, 124(12): 5951-5969.

Yang B, Qian Y, Berg L K, et al. 2017. Sensitivity of turbine-height wind speeds to parameters in planetary boundary-layer and surface-layer schemes in the weather research and forecasting model. Boundary-Layer Meteorology, 162(1): 117-142.

Yang B, Qian Y, Lin G, et al. 2012. Some issues in uncertainty quantification and parameter tuning: A case study of convective parameterization scheme in the WRF regional climate model. Atmospheric Chemistry and Physics, 12(5): 2409-2427.

Yang B, Qian Y, Lin G, et al. 2013. Uncertainty quantification and parameter tuning in the CAM5 Zhang-McFarlane convection scheme and impact of improved convection on the global circulation and climate. Journal of Geophysical Research: Atmospheres, 118(2): 395-415.

Yang B, Zhang Y C, Qian Y, et al. 2015a. Calibration of a convective parameterization scheme in the WRF model and its impact on the simulation of East Asian summer monsoon precipitation. Climate Dynamics, 44(5): 1661-1684.

Yang B, Zhang Y C, Qian Y, et al. 2015b. Parametric sensitivity analysis for the Asian summer monsoon precipitation simulation in the Beijing climate center AGCM, version 2.1. Journal of Climate, 28(14): 5622-5644.

Yang L Y, Wang S Y, Tang J P, et al. 2019. Evaluation of the effects of a multiphysics ensemble on the simulation of an extremely hot summer in 2003 over the CORDEX-EA-II region. International Journal of Climatology, 39(8): 3413-3430.

Yatagai A, Arakawa O, Kamiguchi K, et al. 2009. A 44-year daily gridded precipitation dataset for Asia based on a dense network of rain gauges. Sola, 5: 137-140.

Yu E T, Sun J Q, Chen H P, et al. 2015. Evaluation of a high-resolution historical simulation over China: Climatology and extremes. Climate Dynamics, 45(7): 2013-2031.

Zeng X B, Zhao M, Dickinson R E. 1998. Intercomparison of bulk aerodynamic algorithms for the computation of sea surface fluxes using TOGA COARE and TAO data. Journal of Climate, 11(10): 2628-2644.

Zhai P M, Zhang X B, Wan H, et al. 2005. Trends in total precipitation and frequency of daily precipitation extremes over China. Journal of Climate, 18(7): 1096-1108.

Zhang D F, Gao X J, Ma J H. 2015. Analysis of summer climate over China from hindcast experiments by CCSM4.0 and RegCM4.4 models. Climatic and Environmental Research, 20(3): 307-318.

Zhang H B, Zhang F, Zhang G Q, et al. 2016. Evaluation of cloud effects on air temperature estimation using MODIS LST based on ground measurements over the Tibetan Plateau. Atmospheric Chemistry and Physics, 16(21): 13681-13696.

Zhang H B, Zhang F, Zhang G Q, et al. 2022. Why do CMIP6 models fail to simulate snow depth in terms of temporal change and high mountain snow of China skillfully? Geophysical Research Letters, 49(15): e2022GL098888.

Zhang H M, Lawrimore J H, Huang B Y, et al. 2019. Updated temperature data give a sharper view of climate trends. Environmental Science, 100: 1-9.

Zhang J, Li L, Zhou T J, et al. 2013. Evaluation of spring persistent rainfall over East Asia in CMIP3/CMIP5 AGCM simulations. Advances in Atmospheric Sciences, 30(6): 1587-1600.

Zhang L X, Wilcox L J, Dunstone N J, et al. 2021. Future changes in Beijing haze events under different anthropogenic aerosol emission scenarios. Atmospheric Chemistry and Physics, 21(10): 7499-7514.

Zhang W X, Zhou T J, Zou L W, et al. 2018. Reduced exposure to extreme precipitation from 0.5 ℃ less warming in global land monsoon regions. Nature Communications, 9: 3153.

Zhang W X, Zhou T J. 2020. Increasing impacts from extreme precipitation on population over China with global warming. Science Bulletin, 65(3): 243-252.

Zhao D M. 2013. Performance of regional integrated environment modeling system (RIEMS) in precipitation simulations over East Asia. Climate Dynamics, 40(7): 1767-1787.

Zhao S Y, Zhou T J, Chen X L. 2020. Consistency of extreme temperature changes in China under a historical half-degree warming increment across different reanalysis and observational datasets. Climate Dynamics, 54(3): 2465-2479.

Zhao S Y, Zhou T J. 2019. Are the observed changes in heat extremes associated with a half-degree warming increment analogues for future projections? Earth's Future, 7(8): 978-992.

Zhong X Y, Zhang T J, Kang S C, et al. 2022. Snow depth trends from CMIP6 models conflict with observational evidence. Journal of Climate, 35(4): 1293-1307.

Zhou B T, Wen Q H, Xu Y, et al. 2014. Projected changes in temperature and precipitation extremes in China by the CMIP5 multimodel ensembles. Journal of Climate, 27(17): 6591-6611.

Zhou S J, Huang G, Huang P. 2017. Changes in the East Asian summer monsoon rainfall under global warming: Moisture budget decompositions and the sources of uncertainty. Climate Dynamics,

51(4): 1363-1373.

Zhou T J, Lu J W, Zhang W X, et al. 2020. The sources of uncertainty in the projection of global land monsoon precipitation. Geophysical Research Letters, 47(15): e2020GL088415.

Zhou T J, Sun N, Zhang W X, et al. 2018. When and how will the Millennium Silk Road witness 1.5 ℃ and 2 ℃ warmer worlds? Atmospheric and Oceanic Science Letters, 11(2): 180-188.

Zhou T J, Yu R C. 2006. Twentieth-century surface air temperature over China and the globe simulated by coupled climate models. Journal of Climate, 19(22): 5843-5858.

Zhou T J, Zhang W X. 2021. Anthropogenic warming of Tibetan Plateau and constrained future projection. Environmental Research Letters, 16(4): 044039.

Zhou W D, Tang J P, Wang X Y, et al. 2016. Evaluation of regional climate simulations over the CORDEX-EA-II domain using the COSMO-CLM model. Asia-Pacific Journal of Atmospheric Sciences, 52(2): 107-127.

Zhou W Y, Leung L R, Siler N, et al. 2023. Future precipitation increase constrained by climatological pattern of cloud effect. Nature Communications, 14(1): 6363.

Zhu H H, Jiang Z H, Li J, et al. 2020. Does CMIP6 inspire more confidence in simulating climate extremes over China? Advances in Atmospheric Sciences, 37(10): 1119-1132.

Zou L W, Qian Y, Zhou T J, et al. 2014. Parameter tuning and calibration of RegCM3 with MIT-Emanuel cumulus parameterization scheme over CORDEX East Asia domain. Journal of Climate, 27(20): 7687-7701.

Zou L W, Zhou T J, Li L, et al. 2010. East China summer rainfall variability of 1958-2000: Dynamical downscaling with a variable-resolution AGCM. Journal of Climate, 23(23): 6394-6408.

Zou L W, Zhou T J, Peng D D. 2016. Dynamical downscaling of historical climate over CORDEX East Asia domain: A comparison of regional ocean-atmosphere coupled model to stand-alone RCM simulations. Journal of Geophysical Research: Atmospheres, 121(4): 1442-1458.

Zou L W, Zhou T J. 2011. Sensitivity of a regional ocean-atmosphere coupled model to convection parameterization over Western North Pacific. Journal of Geophysical Research: Atmospheres, 116: D18106.

Zou L W, Zhou T J. 2012. Development and evaluation of a regional ocean-atmosphere coupled model with focus on the Western North Pacific summer monsoon simulation: Impacts of different atmospheric components. Science China Earth Sciences, 55(5): 802-815.

Zou L W, Zhou T J. 2013a. Can a regional ocean-atmosphere coupled model improve the simulation of the interannual variability of the Western North Pacific summer monsoon? Journal of Climate, 26(7): 2353-2367.

Zou L W, Zhou T J. 2013b. Near future (2016-40) summer precipitation changes over China as projected by a regional climate model (RCM) under the RCP8.5 emissions scenario: Comparison between RCM downscaling and the driving GCM. Advances in Atmospheric Sciences, 30(3): 806-818.

Zou L W, Zhou T J. 2016a. Future summer precipitation changes over CORDEX-East Asia domain downscaled by a regional ocean-atmosphere coupled model: A comparison to the stand-alone RCM. Journal of Geophysical Research: Atmospheres, 121(6): 2691-2704.

Zou L W, Zhou T J. 2016b. A regional ocean-atmosphere coupled model developed for CORDEX East Asia: Assessment of Asian summer monsoon simulation. Climate Dynamics, 47(12): 3627-3640.

Zou L W, Zhou T J. 2024. Convection-permitting simulations of current and future climates over the Tibetan Plateau. Advances in Atmospheric Sciences, 41(10): 1901-1916.

附　　录

名 词 解 释

地球系统模式：该模式是在大气-海洋耦合模式的基础上引入碳循环机制后形成的，该模式能够交互式计算大气中的 CO_2 浓度或相应的排放情况。此外，它还可以包括额外的分量，如大气化学、冰盖、动态植被、氮循环以及初始条件等。

动力和统计降尺度：降尺度是由大尺度模式或资料分析场得到局地和区域（10～100 km）信息的一种方法。降尺度主要有动力和统计两种途径。动力降尺度使用区域气候模式、可分辨率或者高分辨率全球模式进行。统计/经验降尺度通过建立局地和区域气候变量与大尺度大气变量之间的联系开展相关工作。在各种情况下，驱动模式的质量对于降尺度信息的质量是一种重要的制约。

气候模式：气候模式是气候系统的数值表现形式，它建立在气候系统各部分的物理学、化学和生物学特性及其相互作用和反馈过程的基础上，由描述物理、流体运动和化学的基本定律的微分方程构成。气候系统可以由不太复杂的模式表示，早期的简单气候模式包括能量平衡模式、辐射对流模式等，目前的全球气候模式已包括大气和海洋环流模式、海冰和陆面模式等。越来越多的模式中引入了化学和生物学等过程，成为复杂的地球系统模式。气候模式是进行气候研究、模拟，以及月、季、年尺度业务预报的重要工具。

区域气候模式： 区域气候模式是在有限区域具有较高分辨率的气候模式，该模式经常用来对全球模式结果进行降尺度。其最早于 20 世纪 80 年代末由 Giorgi 等提出和发展而来，在气候及气候变化研究中有着非常广泛的应用。中国地处东亚季风区，具有复杂的地形和下垫面特征，使得全球气候模式对这一区域的模拟经常出现较大偏差，如在中国中部出现虚假降水中心等。研究表明，这种偏差主要是由全球气候模式的分辨率不足引起的，而区域气候模式则可以大大减少上述偏差。区域气候模式在能够更好地再现中国地区当代气候的同时，由于其包含更真实的地形强迫作用，所给出的未来气候变化信号也和全球气候模式表现出较大不同。

模式参数化： 在气候模式中，模式参数化是指针对在空间或时间尺度上模式不能直接解析的过程（次网格过程）所采用的一种技术。该技术通过建立模式能够解析的大尺度变量和这类次网格过程的空间或时间平均效应之间的关系来实现。

CORDEX 计划： 该计划提议通过在全球各大陆运行区域气候模式、在岛屿等使用统计降尺度方法，为世界各地的气候变化影响评估和适应工作提供气候变化预估结果。目前为止，该计划已经历多个阶段，目前在一些区域的模拟分辨率可以达到 10km 左右。

分位数映射（QM）方法： 该方法是一种常用的误差订正方法。在建模时段内，计算观测的累积概率分布函数（CDF），并通过构建的传递函数使模式数据的 CDF 与观测尽量接近。当基于经验概率分布建立传递函数时，尤其是采用非参数转换的方法建立传递函数，不需要对原始数据的概率分布做前提假设，其适应性更广。

扰动分位数映射（QDM）方法： 虽然 QM 方法能够有效地减少模式的偏差，不仅对平均值、年际变化还对极端事件的偏差情况有所改善，但它可能会人为地改变气候变化信号，如改变模式预估的未来气候趋势。在气候变化模拟和误差订正研究中，气候变化信号一般是不希望被完全基于数学统计关系的误差订正而改变的，因此需要一种能够有效保留预估模拟中未来变化趋势的误差订正方法。QDM 是保留趋势的误差订正方法之一，其原理是对应每一个分位数，先做去趋势处理，之后再将建模时期构造的传递函数通过 QM 方法对模式的模拟结果进行订正，最后将模式的预估结果叠加回订正结果中，从而最终保留气候模式所预估的未来趋势。

对流分辨模拟：又称对流允许模拟（CPM），为现在区域气候模拟的主要发展方向之一，即模式在公里尺度运行，可直接进行对流尺度的模拟，不再进行传统气候模式的对流参数化，从而更好地描述局地尺度的气候现象。若要完成这样的模拟，绝不仅仅是增加模式的分辨率，还需要模式升级/发展为非静力动力框架，并且对包含边界层和云微物理在内的物理过程有更细致的描述。

误差订正：受气候系统的复杂性以及目前模式发展水平等因素限制，气候模式相较于观测数据，不可避免地存在一定的系统性偏差，体现在气候变量的概率密度分布和平均态等多方面。这些误差可能会影响到其模拟和预估结果，导致模拟结果难以直接应用于如农业和水文等影响评估研究，有时甚至完全无法适用。因此，需要进行误差订正工作。需要注意的是，误差订正能够使气候模拟场符合观测，包括平均及极端事件和变率，但它并不能提高模式预测或者估计技巧，减小模式本身的误差仍然取决于气候模式未来的进一步发展。

百年一遇事件：即百年重现期（Return Period）事件，100 年的重现期是指某一事件每年发生的概率是 1%。受历史观测数据限制，发生概率越小的极端事件越难以从实际观测中捕捉到。因此，超出观测范围的极端事件（即小概率事件）发生的概率，通常采用极端分布函数外推的方法得到。然而，这种方法存在局限性，即误差范围随外推程度的增加而变大，而且采用不同分布函数所得到的结果也不尽相同。假设已知某一事件每年发生的概率为 p，问题是间隔多长时间该事件会再发生一次，这个时间间隔被称为这个事件的重现期。重现期实际上是一个不确定量，该事件可能下一年就又发生，也可能到无穷远的未来才发生（即不发生）。以年发生概率是 1% 的事件为例，其平均重现期是 100 年，也就是平均每间隔 100 年发生一次，即通常所说的百年一遇事件。但并不排除该事件可能在 100 年内就发生，或者 100 年后才发生，或在 100 年间内多次发生。通过计算可知，百年一遇事件在 100 年内至少发生一次的概率为 0.6340，而在 100 年内仅发生一次的概率为 0.3697。